前工业时代的西方科学与建筑

雷晶晶 著

华中科技大学出版社
http://press.hust.edu.cn
中国 · 武汉

图书在版编目(CIP)数据

前工业时代的西方科学与建筑/雷晶晶著. —武汉:华中科技大学出版社,2023.12
ISBN 978-7-5772-0183-2

Ⅰ.①前… Ⅱ.①雷… Ⅲ.①建筑艺术-关系-科技革命-研究 Ⅳ.①TU-859

中国国家版本馆 CIP 数据核字(2023)第 235888 号

前工业时代的西方科学与建筑   雷晶晶 著
Qian Gongye Shidai de Xifang Kexue yu Jianzhu

责任编辑:狄宝珠
封面设计:张　靖
责任校对:程　慧
责任监印:朱　玢
出版发行:华中科技大学出版社(中国·武汉)   电话:(027)81321913
          武汉市东湖新技术开发区华工科技园   邮编:430223
录　排:华中科技大学惠友文印中心
印　刷:武汉科源印刷设计有限公司
开　本:710mm×1000mm　1/16
印　张:15
字　数:260 千字
版　次:2023 年 12 月第 1 版第 1 次印刷
定　价:68.00 元

目录

1.1 研 究 缘 起

1.1.1 为什么研究建筑与科学的关联性

1. 科学技术与世界的现代化

怀特海说:"西方给予东方影响最大的是它的科学和科学观点。这种东西只要有一个有理智的社会,就能从一个国家传播到另一个国家,从一个民族流传到另一个民族。"①但是起源于西方的现代科学技术,并未像怀特海所说的那样,基于人类理智的普遍性而自动传播,反而是西方在殖民主义的旗帜下以贸易和战争为手段,将所有非西方文明纳入其世界经济体系后,才真正被推广到全球范围。近代中国城市的空间生产,直观体现了中国面对西方列强时,在科技与政治经济上全面挫败的境遇中,使建筑与城市空间作为文化产品在奋力转型中作出的抵抗。鸦片战争后,一方面,西方殖民者在长江开埠,以种种西方古典和现代样式修建银行、办公楼和私人住宅,重新塑造半殖民地城市邻近交通要道的口岸商贸中心。另一方面,当时的政府在"中国固有之样式"的民族主义主张下,基于本土传统建筑考古研究和风格化语汇的建立,修筑了一系列带有传统风貌的行政和机构建筑。这一官方努力,本意在于借助现代研究方法、材料和结构技术,促成本土建筑的现代化,催生在文化宣传上足以与西方样式争锋的民族建筑风格。

中华人民共和国成立后,我们在全面建立工业化国家的基本发展路线的指导下,摆脱传统建筑形式的束缚,以实事求是的精神轻装前行。中国在深刻的社会化变革中,进入科学技术现代化和工业化的高速进程。我们不仅学习何谓现代,还以令世界惊诧的速度实践着工业化的现代理想。改革开放后,发展重心早已从关乎存亡的生死问题,转变成积极参与全球化竞争与合作。较公正的共识:古老文明的崛起只是时间问题。乐观与悲观的差异仅在于对过程曲折程度的不同评估。进入 21 世纪之后,中国的角色从世界现代化潮流的追赶者,转换为新路线的求索者。未来人类文明开创者所要面对的,将是一幅有待审慎绘制的未知图景,它需要激发出更强烈的主动

---

① 怀特海.科学与近代世界[M].何钦,译.北京:商务印书馆,1959.

性,以探索更多可能,才能突破陈规旧习带来的种种先入之见,克服旧弊端并建立新的认识。

在这一时代背景下,不容忽视的是在中西方文化的互动历程中,因科学认知的差异性而产生的跨文化设问重新浮现于现实之中。关于前现代社会的科技水平,科技思想史研究者有一个基本共识:中国在科技上曾长期领先于世界其他地区,而西方直到中世纪晚期仍落后于东方的阿拉伯科学。西方在对世界的认知上超过东方,绝非一蹴而就的逆转,而是经过了数百年漫长而深刻的转变历程。经过中世纪晚期长时间的动荡,西方社会相继迎来了文艺复兴、宗教改革、科学革命、启蒙运动和工业革命等一系列深刻的变革。这些变革伴随着海外冒险、新大陆的发现和向非洲、美洲、亚洲的殖民扩张,最终在 19 世纪确立了科技领先的优势地位。这些变革不仅推动了西方社会的快速发展,也为全球历史进程带来了深远的影响。中国科技史研究者李约瑟(Joseph Terence Montgomery Needham,1900—1995)针对中西立场在现代早期的决定性逆转,提出了令其困惑终生的重大问题:为何现代科学革命发生在西方,而不是中国? 它被后来者称为"李约瑟难题"(Needham's Grand Question),也成为科技—文化史跨文化视野所要面对的核心设问。

在科学与技术的光照之下,世界经济体系的建立过程伴随着殖民主义对非西方文明带来冲击和痛苦的暗影。当我们走出历史的阴影,真正以独立自主的自信成为全球化的中流砥柱时;当我们更进一步尝试基于多元合作建立跨文化的全球共同体时,即意味着我们又一次站在了历史的十字路口。李约瑟难题的重要性,不仅在于现代世界体系的建立以科学技术为最大驱动力,现代科学思想和研究方法植根于西方文化,也在于现代早期随着传教活动和殖民主义扩张到全球。因为现代科技革命发源于欧洲并最终形成席卷全球的文化变革,实际上在诞生早期就已在其基本信念中埋藏着种种难以弥合的分裂性,作为科学技术与现代化的潜流始终伴随其间。批判地研究科学、技术与现代思想的根源,既有助于认识现代危机的根源,又是超越并纠正其弊端的钥匙。这些都意味着结合科学思想史的建筑理论研究,在当下有着格外重要的现实意义。

2. 建筑科学性与自然科学客观性的悖论

辞典将"科学"定义为反映自然、社会、思维等的客观规律的分科知识体系①，它是对现代科学状况的笼统描述而非真正的解释。从现代科学的基本观念——进步观念来看待这一定义，将会发现"科学"定义的客观性和分科知识体系之间的矛盾，以及其潜在的历史相对主义。分科知识不是固定的知识框架，而是动态的开放体系，既有学科有其各自的发展历程，新学科和新领域也在不断产生。分科结构结合知识进化论的悖论在于，知识的累积性意味着过去的认知逊于现代，而不断突破其学科边界的认识，只能在有限的历史时期内具有正确性，很难说是稳固的"客观规律"。假如由分科定义的"科学"只在特定年代存续并反映其客观性，那么其客观性与规律性都将在时间中导向相对主义。

建筑介乎于纯艺术（fine arts）与自然科学之间的位置，很难被自然科学的分类和研究方法准确定义，这未尝不是一种幸运。如果以数学和实验方法的一致性来辨认各学科的科学性，那么建筑中只有很少一部分能被归入自然科学的严格分类中。正如绘画、雕塑、诗歌和音乐等现在被明确地归类为艺术的门类，数学的精确性和严格性也使其在科学领域中占据了不可动摇的地位。然而，确定数学的科学地位并非易事，这体现了数学在科学界的独特性和重要性。仅就自然科学的标准而言，很难说建筑比土木工程学更接近于数学—实验科学。在建筑学中创造审美对象是其极为重要的方面。建造活动很大程度上受使用功能、材料与结构技术掣肘，很难说其比追求表现性的纯艺术门类有更多的创造自由。

建筑在科学与艺术之间的位置，导向对于其本质认识上的矛盾，在工业革命早期就已经体现在建筑思想与实践路线之争中。尼古拉斯·佩夫斯纳在《现代设计的先驱者：从威廉·莫里斯到沃尔特·格罗皮乌斯》中以包豪斯为终点，向前追溯了19世纪英国工艺美术运动作为德意志制造联盟和包豪斯思想起源的先驱地位。实际上工艺美术运动将手工劳动道德化，是重新唤起中世纪工匠传统的复古运动，指向的目标是抵抗机械化生产方式，以拯救产品日益贬损的艺术价值。这一运动的早期意图一直延续到20世纪。格罗皮乌斯在1919年发表的《包豪斯宣言》中仍为手工艺留有一席之地，这是工艺美术运动敌视机器、逆潮流而动的保守取向之遗风。通常被认为是现代建筑直接起源的现象，背后所潜藏的仍然是关于建筑本质认知的矛盾性。建筑是追求美的艺术，还是追求以现代科学为基础的技术的本质之争，正是手工艺运动采取抵抗姿态的思想根源，也是德意志制造联盟试图建立

---

① 见《现代汉语大辞典》中"科学"词条。

工匠共同体以调和其矛盾的根源。现代主义者虽以格罗皮乌斯为旗帜,但大多选择忘记被现代科技武装的机械化生产与日渐受贬低的艺术品之间的矛盾,转而拥抱机器在社会实践中的伟大力量。

20世纪30年代,支持国际风格的建筑师,既有对科学技术手段的借用,也有以功能主义拥抱机械化生产的积极设想。国际风格的支持者宣称建筑具有实现工业乌托邦普遍性梦想的潜力,从合理的经济立场出发,捍卫技术手段的合法性,排除一切传统形式和表现性意图,结合平面、直线和单一色彩等抽象风格要素,以简洁与冷漠回应其社会实践的宏愿——以最经济、高效的方式满足现代人生活的所有需要。

国际主义的内核——功能主义建立在建筑满足人们基本需要的信念上,其基础却是欲望在个体间存在差异的相对性,这种相对性后来被消费主义归化为等级制的社会道德价值判断。功能主义结合唯科学论的自反性在第一机械时代便已存在,到第二机械时代并未随着物质产品的丰富而被克服,反而被制度化加剧了其弊端。早在机械化生产早期,已有先见者提出消费与生产关系的转变,以及生产技术多样化对产品价值的影响和社会经济效应。例如,森佩尔在19世纪中叶,已经指出在生产技术多样化的工业时代中,原本由少数发明主导的消费,已经逆转为消费主导下的创造。[①] 在鲍德里亚后续对消费现象的社会化解读中,更进一步阐述了消费主导生产,特别在机器化生产使物质极大丰富后,消费在社会中如何被制度化地确立起来。他认为现代社会的组织化,以提高物质生产效率和流通性为前提,这些都为自愿执行的道德判断标准奠定了基础。

建筑现在居于实证科学和人文艺术之间的位置,恰好是建筑被其本质的精神性即广义的科学性赋予的,难以被实证主义和物质主义规训的古老优势。建筑显然不能被归为基于数学—实验方法的客观的自然科学,也很难被后者赋予实在性和价值判断。建筑也不是个体自我表达的纯艺术,它所仰赖的物质媒介和社会化生产,所要承担的社会职责和文化使命,都为之设置了种种预先存在的背景、底色和基础。无论建筑师最终选择顺应维护,或是挑战革新这些已经存在的秩序、规则、制度和需要,进入现实世界的建造活动都呼唤一种基于严肃而审慎判断下的行动。建立在科学技术基础上的现代世界,正以种种结构性弊端成为质疑现代自身合法性的证据。本书将通过追溯建筑在整体科学知识中位置的变迁,重申这一古老技艺的幸运。

---

① 森佩尔.建筑四要素[M].罗德胤,赵雯雯,包志禹,译.北京:中国建筑工业出版社,2010.

它在 19 世纪最深刻的建筑思考者中，普遍体现为一种深刻的焦虑。工艺美术运动使生产退回到手工艺传统的怀旧理想最终破灭，指望通过回到前现代封闭隔绝的世界纠正其弊端只能是一种怀旧的幻想。建筑的矛盾境况和现代性导致的问题，不应被归咎于科学本身的谬误，而是现代性在品尝了工业化所带来的巨大物质果实后，对广义科学精神本性的致命遗忘。这说明，我们回到广义科学知识根本的精神性，才有可能为建筑这门人类最古老的技艺，重新寻求其应有的知识地位和真正坚实的普遍价值判断。

1.1.2　精神化作为广义科学

建筑在现代科学体系中"无家可归"的境况，与实证主义对科学的狭义化有关。胡塞尔对狭义科学的批判，为建筑从广义科学观出发，借由精神科学重新寻求根本上有意义的认识和行动提供了可能性。在胡塞尔看来，以客观实证为特征的现代科学只是"一种科学"，它被绝对化为唯一被认可的科学直到 19 世纪才成为欧洲人的普遍认同。技术成为科学的目标，伴随着技术化的胜利，为这一认同的奠基和广泛传播起到了决定性作用。19 世纪，现代人在物质成果的诱惑下，多少有些随意地放弃了自然哲学古希腊源头中关乎人性终极的问题，即有关人的生存有无意义的终极设问。成功的现实使得人们放心将思想交托给实证方法，其行动也不再出于对存在意义这一关键问题的审慎观照。原本人的行为是基于理性和主观意志作出的理智判断，反而是基于实证方法限定的理智行事，导致人类对其行动不假思索而出现了种种非理智的盲目性。好在导致意义危机的狭义科学，并非科学本身也并非理性本身导致的谬误，其症状和问题也是晚近的事实，所以通过彻底认识，超越其局限，并克服其后果仍然是有可能的。解除危机的可能性，蕴含在科学思想在历史中意图转换的基本认识中。

实证科学根植于自然科学，后者通过数学抽象和归纳，趋近于揭示自然世界的必然性，旨在预测现实，同时亦包容现实中的偶然性。然而，自然科学尚未到达通过技术手段完全掌控自然变革的终点。现代自然科学先驱们的内在精神性对我们而言显得陌生，因为他们的世界观与我们截然不同。自然科学追求的是知识的确定性，它运用抽象思维和数学精确性来归纳现实，通过揭示必然性来预测未来的可能性和不确定性。然而，认为人的理智仅凭归纳个别现象就能全面认识必然性，并借此掌控现实，这无疑是对人类理性的过度自信。即使在牛顿综合已获成功的 18 世纪，休谟就已经指出，基于个别经验归纳的自然科学能够揭示必然性，这完全是人们一厢情愿的臆想。休谟认为,神意的介入随时可能打破规律,使理性归纳的确认陷入荒谬,这同样反映了当时社会的时代特征。

通过追溯自然科学的思想历程,我们能够得到这一推论,即精神科学是先于自然科学的认识,后者在17世纪为自身划定严格领域后,从神学和形而上学的普遍知识形式转变为认识论、美学、心理学等诸多形式,试图使人对自身精神的认知重新达到普遍性,它们同样以抽象为最基本的认知途径。19世纪确立的现代分科体系,作为自然科学和实证主义主导下的后果,本身就已陷入追求客观主义和自身学科界限的弊端中。

1.1.3　建筑作为认识

如果把建筑与绘画都涵盖在内,20世纪初,艺术中的抽象表观虽存在现象上的一致性,却在意图上有着深刻的分歧。其中隐匿着"抽象"作为经验主义认识论核心概念的悖论,在洛克提出经验论的抽象观念与心灵"白板说"时就已存在,并受到巴克莱的批判。此外,经验论与唯理论的分裂,是伽利略革命对认识论分歧产生的最重要后果。抽象悖论在前工业时代也有各种"前"形式,如哲学黄金时代柏拉图理念说与亚里士多德质料-形式说之间的殊相—共相之争,在前现代神学中体现为唯名论与唯实论之争,启蒙认识论中则有经验论与唯理论的对立。工业革命之后,以19世纪建筑与艺术中新古典主义与浪漫主义的对立为背景,德国艺术史学家威廉·沃林格(Wilhelm Worringer,1881—1965)将之概括为抽象(abstract)和移情(empathy)两种彼此相反的艺术意志[①],代表了出于两种世界观的两种基本认知方式的对立。

"抽象"(abstract)一词源于拉丁文"abstrahere",由"abs"(离去)和"trahere"(抽引)组成,意指"抽离出"。而"移情"(empathy)一词则源自希腊语"enpathos",由"en"(进入)和"pathos"(感觉或激情)构成,意味着"进入某种情感状态"。"移情"倾向于将认知归结于事物之间彼此"相同"的本质,基于本质的相似性,认为万物有序且处于普遍的关联之中,自然之所以可理解,是因为人类作为自然的一部分,与自然具有相似性。"抽象"则更侧重于事物之间彼此"相异"的本质,它基于本质的差异性,认为物质的万物是无序的混沌,自然与人相异;然而,自然能被理解和操作,是因为人类主动创造秩

---

① 艺术意志即 artistic volition;概念源于李格尔,指先于艺术作品产生的有目的的意识冲动。沃林格在《抽象与移情》中借此驳斥并未真正理解森佩尔并将之肤浅化,导致将技术和材料而不是认识作为建筑本性的谬误。

序并将其强加于自然之上。简而言之,从移情的视角看,世界本质上是相互关联的、有序的、可理解的,并充满仁慈;而从抽象的视角看,世界则被视为本质是混乱无序、不可预测且令人畏惧的混沌。纵观西方文化的历史进程,我们可以得出以下简要印象:移情观反映了前现代宗教决定论和古典主义世界的思想;而抽象观则指向了现代的、与科学革命相伴的怀疑主义和虚无主义。后者也是科学和技术革命之后,随着各种文化逐渐融入世界体系,人类所共同面对的问题。

另一种抽象是超越性的,在沃林格看来它体现在东方人的艺术中,是人类能力充分发展后的产物。尽管东方人的艺术在抽象表观现象上与原始艺术相似,但他们面对的是人充分发展建立整体解释后已不那么让人畏惧的世界。原始的用于抵御无常变化的人造偶像,被超越性的知识取代成为更高级的文化,它以对世界的敏锐感知用准确无误的方式展现自身。我们能够在毕加索立体主义对原始艺术的偏好中,体会到前者抽离于自然、敌对于万物的抗争性;也能在蒙德里安受通神学(theosophy)影响指向未来绝对异于自然的新艺术中,发现类似于古代"东方"的神秘主义。

抽象是人类认识的最初起源。在沃林格看来,当人们意识到自然力量的异在性时,抽象冲动便自外而内地驱动着他们的认知;而当人们坚信自然与人类共享某种预定的秩序时,移情冲动则自内而外地将自我投射到外部世界中。从这个角度来看,意识从混沌走向秩序的过程往往始于抽象,随后逐渐倾向于基于秩序信念的移情,并再次转向超越性抽象的新认知阶段。每当既有认知体系经历剧变,秩序的信念动摇时,最先浮现的总是人类最原始的认知动力,即摆脱外部对象影响、趋向内在的抽象冲动。这也体现了认识论中经验论与唯理论的对立:经验论认为,当人们出于抽象冲动远离自然时,实则通过尊重客体的特殊本质而更接近对象;而唯理论则主张,当人们倾向于移情冲动,与自然有序相连时,实际上是将自我意识投射于客体之上,无意识中将其人化,从而掩盖了对象本身的本质。

勒·柯布西耶的现代主义带有古典倾向,它体现了两种认识论冲动和两种艺术意志的折中。作为现代建筑师,勒·柯布西耶在坚信现代机械乌托邦的同时,从立体主义转变为带有移情论倾向的古典主义者,并对神秘主义抱持同情。尽管抽象通常被视为广义认知的起点,他却转向了一种相信人与自然普遍关联的移情观念。然而,与现代古典主义者所面临的情境不同,现代移情说背后缺乏绝对确定性作为先定秩序的保障,这导致了相对主义的困境。勒·柯布西耶对此命运作出了强烈的回应,这正是他深刻理解现代抽象观念悖论的结果。他寻求的解决方案是建筑的理论传统与古典主义，这成为他所认同的药方。勒·柯布西耶致力于建构基于人体测量学的比例学说，深入研究帕拉第奥基于和谐数比的空间布置，使古典主义成为建筑总体度量的基本出发点。因为他认为，"为了工作，人类需要恒常之物"，而建筑中的"恒常之物"在古典主义者勒·柯布西耶眼中，即等同于人体的基本度量与和谐数比。这两者在西方理论史中拥有深远的理论根源，前者由维特鲁威在公元前1世纪提出，后者则是古希腊毕达哥拉斯学派的核心观念，它们都在文艺复兴的古典主义中占据了核心地位。然而，现代科学已经取代了中世纪晚期由基督教神学调和亚里士多德哲学所构建的具有广泛精神关联的有机宇宙图景。现在的宇宙模型是基于万有引力作用下的绝对时空的机械论模型，其普遍性建立在对自然可计量方面的抽象化之上。工业革命以物质性成就巩固了其方法论，但这也使得广义科学指向超越性抽象的终极意图被狭义科学的功绩所掩盖。在工业革命中实践技术乌托邦百年后，勒·柯布西耶重新向古典主义寻求建筑根本稳固性，背后支撑他的是建构人类存在意义的信念，而不再是帕拉第奥时代的普遍科学知识。然而，这一意图的现代尝试最终可能面临巨大的挑战。

建筑不仅在艺术的最初抽象认知意义上等同于知识，更在超越性抽象层面引领着新知识的诞生。从近东文化起源的考古学研究中，我们已找到确凿证据，原始农业与建筑的兴起紧密相连，后者成为人类定居生活的起始点。蒙昧时代，原始的认知如同初民生存环境中逐渐显露的干燥筑屋场地，从混沌中诞生。建筑作为人类智慧的结晶，其本质使命始终未变——在构建物质秩序的同时，成为人类存在意义的象征。自维特鲁威以来，西方建筑理论历经千年，穿越文艺复兴，直至勒·柯布西耶的时代，其追求知识的核心目标始终在回应巴门尼德的终极设问：何为永恒不变且无生有之物？何为永恒变化却无处不在之物？这一设问也反映了现代科学思想萌芽时期，哥白尼与开普勒在探索物理空间与古代知识边界时所面临的挑战。然而，在20世纪初的勒·柯布西耶时代，这个被长久遗忘的问题并未得到充分的解答。无论是奥古斯特·佩雷的钢筋混凝土剧场，还是彼得·贝伦斯为工业生产所设计的玻璃神庙，抑或是多米诺住宅和光明城市的构想，都未能给出真正恰当的方案。尽管狭义科学知识在分科体系中不断增长，当它以技术为先导在现代世界中取得压倒性胜利时，广义科学所追求的超越性抽象的新起点，至今仍是一个悬而未决的难题。

1.2　研究对象与路径

1.2.1　研究对象与研究视角

基于广义科学指向超越性抽象的设问,本书最核心的问题乃是:建筑何以成为知识? 从这一核心问题出发,本书围绕工业革命前的建筑理论与科学思想,主要涉及建筑与科学思想相关联的四个基本问题:①一般知识与建筑;②建筑知识的制度化及其路径;③一般知识分类中建筑与艺术的联动与分裂;④数学工具化与现代工程学起源。本书从本土意识出发回应对李约瑟问题的关心,围绕现代科学思想起源与世界经济体系的建立有若干潜在的关注点:①中西方在现代早期即 15 世纪的分野;②现代世界体系的前身即欧洲世界体系的建立与科学革命的平行关系;③与之密切相关的现代早期物理空间与知识边界的扩张,带来大量外在于古典学识解释范围的经验事实,使得整合经验的尝试往往伴随着对旧有知识系统产生的分离性压力;④传统意识与传统建筑的消亡。两者都是本书将主要研究对象聚焦于 15 到19 世纪初的欧洲建筑理论与科学思想的原因,其目的既在于探索建筑与科学思想的现代之源,又在于理解传统意识与传统建筑在西方消亡的历史原因。

基于广义科学的视角,本书将建筑根本上视为指向超越性抽象认知实践的知识建构。建筑是人类为表征自身有意义存在,依自由意志主动实施的秩序建构活动,而不是诸多外部条件作用下自动产生的被动结果。以西方科学知识的变革历程为线索,本书聚焦于工业革命以前宇宙论和社会总体认识的两次关键性转变——有机宇宙观从有限向无限的扩展,以及机械论宇宙图景在科学革命中建立新的普遍认识的历程,探索建筑在现代早期即古典主义和新古典主义时期的两次知识化。主要基于三个背景讨论:①科学思想与宇宙论的转变;②科学进步观念下建筑知识动机与形式的转变;③现代科学思想背景下审美—艺术与科学—技术的分裂。

以往对建筑现象的研究也大致有两种基本取向:物质的和精神的。本书从建筑结合抽象的精神性出发,讨论建筑与广义科学知识的关联,更倾向于后者,即人的精神方面对建筑现象的研究取向。以建成建筑的物质性方面为主导的研究,时代转变的基本判断标准是新风格、新材料、新技术和新结构的产生,从建筑体现文化、社会、经济等各环境因素影响出发,讨论建筑现象的变迁。另一种是精神和思想的基本取向,更倾向于建筑现象的精神方面,即追问建筑思想和建造行为的主观意图与后果。建筑现象首先被理解为意识与思想,以及在现实中针对相似问题的争论和抉择,而不是统一朝着确定方向、向着同一结论流动的必然结果。后者对建筑精神性的体认与前一种取向的区别在于,不以建筑的表观形象是否接近为基本判断,不以是否采用新材料、新结构、新技术为基本判断,不以是否在后续历史中获得普遍认可为基本判断,建立时间上在先的建筑现象与后来者前后继起的关联链条,而是以社会总体意图与思想转变为大前提,将建筑形式、风格、材料、技术的转变首先辨认为人类出于意识的主观能动性作出的判断和选择,而不是客观因素作用下的必然结果。

这种从主观意图出发,研究建筑现象的方式所具有的普遍性在于,社会现实和思想在总体的转变中会不断产生新的问题,它们是同时代建筑作出回应的普遍基础。判断以建筑为主题的思想者和行动者,能否辨认并积极回应这些问题将是研究的关键。以建筑为主题的思想者和行动者针对彼此共享的问题,可能完全没有意识到或者以过往的方式消极回应问题,也可能会积极响应并尝试解决这些极具时代紧迫性的问题。这一问答过程绝非线性,因为各种解答之间可能彼此冲突和矛盾。答案本身也将面临截然不同的历史选择。有的答案被后世接受并传递下去,成为历史中呈现出来的现实,有的则失败甚至被最近的历史完全遗忘。简言之,两种研究取向的区别在于,前者以结果为导向,后者以问题为导向;前者以决定史观将建筑视为诸多外在因素作用下的必然结果,后者以诠释史观将建筑视为主观意识基于外部条件作出的主动积极回应和经过时代选择产生的暂时结论。

出于认识建筑现象的精神化取向,本书主要从三个路径探索前工业时代早期现代建筑这一特殊的历史现象。

1. 现代世界体系的基本认识

现代世界体系将世界的现代化理解为世界体系建立的长期过程,而不仅仅是工业革命的结果,主要基于伊曼纽尔·沃勒斯坦的现代世界体系理论,采取其具有世界视野的近现代史研究视角。本书采用这一取向旨在克服东西方二元论,并对机械论的文明特殊论导致的冲突保持警惕。以现代世界体系的建立为背景,追溯建筑思想的早期现代化,将提供一种跳出东方/西方、传统/现代、落后/进步的二元对立模式的视野,并且指向建立人类共同体的长远目标。本书将现代化理解为发源于欧洲,借由世界体系的建立传播至全球的整体过程,它既有多重线索,又同时具有一致性和对立性趋向。从科学与技术的互动关系而言,这个整体转变过程可被简要表述为:知识的主导观念,从指向超越性抽象的科学思想,到排除超越性认知的功效伦理和技术理性的转变。这一转变历程中产生的思想冲突,既是 19 世纪折中主义、历史主义、浪漫主义分歧的泉源,也是 20 世纪初先锋派激进的反历史主义和古典主义复兴的泉源。它直接导向现代抽象观念及其分歧与危机的产生。

2. 广义科学的视角

广义科学对早期现代建筑的探索,主要基于胡塞尔对精神科学的主张,其根本目的是通过更加广泛而清晰的认识,"治愈"科学在 19 世纪狭隘化所导致的现代危机。现代危机在科学知识技术化后向更广阔的现代世界扩展,它不断转换形式但从未得到治愈。17 世纪末危机表现为开放宇宙缺乏基本度量的理性危机,19 世纪主要表现为文化危机和虚无主义,20 世纪上半叶体现为两次世界大战及其导致的对人类存在问题无解的精神危机,1968 年以后表现为对意识形态与消费主义的批判,在 21 世纪则主要体现为宗教反全球化运动和新自由主义价值的解体。对于我们这个时代而言,尤其需要清晰认识到,现代危机作为狭义科学建立世界体系的必然结果,从未在科学技术向全球的广泛传播中被克服,也没有因工业生产的大量物质产品自动产生真正让人满意的解答。我们仍然需要让建筑回归其超越性抽象知识建构的初衷,以严肃的态度理解建筑这一特定现象的历史与现实。

3. 长时段整体论的诠释史观

本书基于长时段整体论的诠释史观,澄清了建筑现代化尤其是早期现代思想产生的西方道路,从追求知识同一必然性向追求技术控制偶然性的裂解。通过理解现代危机和虚无主义产生的科学思想根源,及其在建筑思想中呈现出的种种争论,认识中国建筑的现代化在知识碎片化的当下所面临的挑战、任务和所具备的潜力。决定论的进化史观不仅狭隘化了对现象的解释,背后隐藏的逻辑将否定历史研究自身的价值。根据科学进步观念,如果过往的历史必然落后于当下,那么得出的结论将是所有历史观点都是过时而不值得被研究的。这不仅会让西方建筑文化中的种种历史复兴现象变得荒谬,也将使得一切非西方文明作为现代文明建立过程中的失败者,而成为历史进步规律下被排除在现代科学技术理性之外的落后残余物。这些都是掩盖在现代进步观念下,潜在的西方中心论余毒。从问题出发的诠释史观,通过细致的研究能够在历史中不断辨认出有价值的问题和答案。对历史境况相似性的严肃认知,将有助于辨识出今天所面临的类似困境的根源,让研究者能够以一种有目的的主动探究,向历史寻求时代问题真正有意义的描述与解答。从诠释史观出发,即使在过去并未产生直接效果而被视为失败的解答,仍有可能成为今天相似问题的有效答案。从广义科学的视角来看,西方文明对既往问题的失败答案,以及非西方文明对于人类存在境况以及在彼此交互中的回应,都有可能作为理解并治愈现代危机的线索。

1.2.2 研究目的和意义

本研究的主要目的是在西方科学与建筑的互动历程中,追寻对于"建筑何以成为知识?"这一关键设问,在工业革命以前 15—19 世纪的早期现代时期西方人的解答。主要研究目的在于:①澄清建筑在一般知识中的位置;②梳理建筑知识化的历程与路径转换;③区分建筑知识化目标与建立制度化认知之间的差异;④解释并重新确认传统意识与传统建筑的消亡。

(1) 建筑在一般知识中的位置,决定了建筑知识化在不同历史时期的基本出发点及其目标的转换。这有助于我们跳出历史决定论,从当时的总体知识环境出发理解建筑理论所追求的是何种知识,并在广义科学背景下理解建筑基本动机的转换。例如,古代理论传统主要是"思"(thinking)与"做"(doing)的对立,建筑作为"造"(making)的技艺被排除在知识范畴之外。但是建筑在形而上学中作为对理想形式的二次模仿而被贬低的境况,在古罗马移植古希腊学识的过程中发生了转变。这一广义科学环境的转换,实际上促成了维特鲁威对建筑的第一次知识化。到了中世纪晚期,语言与神学精神性的融合,作为人文教育的核心内容和知识导向,为建筑知识化设立了新标杆。修道院生活重新连接了体力劳动与精神修炼,使建筑作为"创造"的艺术,成为信徒在尘世中寻求救赎的支撑,而非被贬为腐蚀精神的世俗残余。在古典学识与基督教教义的和谐中,基于上帝与人的神秘精神纽带,有机论的宇宙观为世间现象提供了全面的解释框架。这既是阿尔伯蒂在佛罗伦萨艺术环境下,基于人文主义重建建筑与古代知识联系的基础,也为其设定了精神化的知识追求。阿尔伯蒂引领的建筑理论第二次知识化,为建筑思想走出中世纪、迈向现代奠定了关键议题,如超越维特鲁威的帝国范式,确立建筑师的普遍伦理,图绘与建造的分离,透视理论与艺术图绘的智力技艺,以及装饰与美的关系等,这些后来成为古典主义建筑知识制度化的基石。到了 16 世纪至 17 世纪,科学和建筑在共同的社会氛围中相互交织、并行发展。古典丰乂的神学内核在宗教改革与战争中动摇,同时面临经验事实和日心说的挑战。伽利略、笛卡儿和牛顿推动了机械论宇宙观的全面解释。巴洛克建筑中,感性经验对建筑精神内核的挑战已初露端倪。到 17 世纪末,科学和认识论中经验论与唯理论的冲突扩展至建筑领域,古典主义关于和谐数比和柱式制度的绝对性在古今之争中被佩罗兄弟相对化。牛顿主义的普及化,在 18 世纪由启蒙思想家传播至大众,使建筑在理性危机导致的广泛相对主义中重新找到寻求普遍知识地位的希望。在认识论的分歧之下,尽管有诸多努力,建筑普遍性目标仍呈现出多元分歧的状态。这种深刻的认知分歧在建筑领域内的百科全书编纂中尤为显著,表现为对建筑理解的裂解和多样化表达。到了 19 世纪初,随着大革命政府和拿破仑政权的建立,建筑知识化被制度化为基于实证主义的工程师理性。自此,广义科学知识的精神性彻底转变为狭义科学知识的实用性,即技术主导的功效论。这一时期,建筑知识化以工程学与设计方法论为指导,虽未立即取代其艺术解释并引发浪漫主义的强烈反对,但最终导致建筑传统形式在 19 世纪的分歧中逐渐僵化并消亡。

(2) 我们能够基于一般知识的转变,在建筑与广义科学的互动历程中发现其目标与路径的转变与分歧。建筑的知识化目标从精神的绝对客观性,向感觉相对性和物质客观性转变。建筑指向广义科学的超越性道德和实践伦理,逐渐被取代为指向狭义科学的功利伦理和实证方法。

(3) 值得注意的是,在建筑的知识化目标和建立可传授的制度化认知之间存在着明显差异,这需要我们将之放置在广泛的时代背景中才能加以考虑。如维特鲁威在《建筑十书》中对建筑的理论化,实际上早于罗马帝国时期的大规模建造活动。它不是对已被充分发展的建筑文化的描述,而是以自由艺术为最高追求,对帝国建筑的既定目标和效应作出的建议和预测。而阿尔伯蒂在建筑的第二次知识化中,更倾向于在佛罗伦萨建立共和国而不是为君主制服务,与维特鲁威的政治目标产生根本分歧。阿尔伯蒂为建筑师设置的道德标准不为特定权力者服务,已经启示了带有现代倾向的主体自由意志。但是 16 世纪由教廷主导的考古合作与建筑知识制度化,逐渐建立的五柱式体系并未完全延续阿尔伯蒂为建筑知识设置的超越性伦理,反而成为建基于上帝精神绝对性的等级化制度。建筑知识目标与建立制度化知识的差异,更加明显地体现在 18 世纪中叶后建筑重新追求普遍性的若干尝试中。以革命建筑师的谱系为例,部雷和勒杜的知识化目标指向建筑图像象征语言的启示性对大众的情感教育。其意图在大革命之后由部雷的学生迪朗通过其教学法推向极致,然而后者所建立的制度化知识和操作性方法论,却与部雷与勒杜使建筑指向出于自由意志的情感启示目标大相径庭。现代科学在这一历史时期同样遭遇了从知识性目标向操作性目的的转变,胡塞尔认为它体现为数学知识从精神性本质向操作性工具的转变。我们当然也能从古典主义到新古典主义的转向中发现数学在其中扮演的角色,从精神化的合法性基石下降为控制物质的操作性工具。本书将在古典建筑的制度化中简要讨论其精神合法性建构,并通过追溯现代工程学起源,讨论数学工具化在工业革命之前的早期历程。

(4)无论是澄清建筑在一般知识中的位置,还是澄清建筑知识化的历程与路径转换,或者区分知识化目标与知识的制度化之间的差异,其目的都是从根本上解释西方传统意识与传统建筑消亡的原因。本书对传统消亡这一历史事实的再确认,不是从历史必然规律的进步论视角出发的决定论;不假定现代形式在经济性上较古典装饰的优越性;也不出于技术决定论和科学进步观,重述现代相较于古典的优越性。本书从广义科学视角出发,解释传统意识和传统建筑消亡的意义在于以下几点。

①基于对现代科学的抽象性与传统意识的抽象性之间根本差异的认识,确认在科技革命和现代世界体系建立之后,无论是在西方传统还是非西方传统中,对于人类知识更高级的超越性抽象,都不存在现成的答案。必须依赖于今人从超越性设问出发,为人类存在的意义重新寻求普遍性解释,并据此为建构人类共同体设想既独特又恰当的方案。现代科学搁置形而上学对终极问题的讨论,在获得了可被严格计量的物质客观性的同时,掩盖了人类追求更高层次超越性抽象的关键问题。而传统意识中的超越性抽象以神秘主义和宗教绝对主义为担保,在世俗化的现代社会中已经很难获得跨文化的广泛认同。

②从广义科学知识出发,基于建筑指向抽象的本质知识这一根本目的,确定科学和理性在启蒙之后的应有价值。

③为从跨文化视角理解现代建筑抽象风格在意识上产生根本分歧的原因提供知识背景,并解释古典主题在失去其认识论根基后,作为超越性目标缺失后填充其位置的替代物,仍然反复出现在现代建筑中的原因。

④为从跨文化和全球化的当代视角理解现代早期以及与之相伴的现代化问题产生的原因,提供建筑方面尤其是西方建筑理论及其相关思想的初步探索。

1.3 研究背景

1.3.1 国外研究综述

1. 工业革命的后果与物质化批判

L. 本奈沃洛的《西方现代建筑史》(*Storia dell'architettura moderna*,1960)[①]中现代建筑思想起源被放在 1760—1890 年,这是建筑技术、社会和经济因素发生急剧变化的时期,同时根据工业革命的起点,现代建筑的起点被放在 18 世纪末和 19 世纪初。该书是第二次世界大战后最流行的建筑史教学读本,然而,它形成了以工业革命作为建筑现代化判定标准的偏见。本奈沃洛这一判断的出发点是威廉·莫里斯对建筑和艺术的定义:广义的建筑是人类对生活整体外部环境的考量,艺术是能被所有人分享的善。出于现代社会平等共享的新需要,本奈沃洛相信工业在促进艺术产品再分配中起积极作用,它有助于实现艺术文化机会平等共享的目的。以对工业积极效应的信念为基础,本奈沃洛认为的现代建筑起点是:①根据工业革命对建筑和城市规划的影响,现代建筑起源于拿破仑滑铁卢战役之后(1815 年);②根据工业思想和行动的结合,现代建筑起源于威廉·莫里斯创办公司的时刻(1862 年);③根据工业寻求方法实现其目标,现代建筑起源于格罗皮乌斯创办包豪斯学院的那一年(1919 年)。在后续讨论中我们可以看到,本奈沃洛实际上将现代建筑工业思想的起源,放在 19 世纪初的空想社会主义者身上,具体而言是亨利·德·圣西门的工业乌托邦,圣西门的追随者夏尔·傅立叶的同心圆城市,以及罗伯特·欧文的方形城市。后两种城市的基本形态均源于古典主义传统。[②] 现代建筑运动深受格罗皮乌斯、勒·柯布西耶、密斯、门德尔松,以及乌瓦德等建筑大师作品的启发。到 1927 年,随

[①] L. 本奈沃洛. 西方现代建筑史[M]. 邹德侬,巴竹师,高军,译. 天津:天津科学技术出版社,1996.

[②] 傅立叶在《宇宙统一论》(*Theorie de l'unite universelle*,1822)中描述了名为"担保者"(garantiste)的乌托邦城镇。它以城市为中心向外基于三圈同心圆建立,雕塑和纪念性建筑置于同心圆外围。欧文于 1800 年在苏格兰建立工业城,1825 年在美国建立"新协和村",其主要规划思想见《致工业和劳动贫民救济协会委员会报告》。

着国际联盟举办竞赛和魏森霍夫住宅展的举行,各种不同的理念、风格和取向在个人、国家和团体间汇聚,共同推动了现代建筑的发展。至 1928 年,国际现代建筑协会(Congres International d'Architecture Moderne,CIAM)的成立,标志着现代建筑运动达到了其最终形态。现代建筑的出现,被普遍认为是对工业革命及其带来的深刻变革,尤其是工业城市危机的回应,同时也是社会经济、政治、文化及其相关生产关系转变下的产物。

肯尼斯·弗兰姆普敦在其著作《现代建筑:一部批判的历史》(*Modern Architecture:A Critical History*,1980)[①]中,将现代建筑的起源追溯至 18 世纪中叶,即巴洛克风格终结与新古典主义诞生的时期(1750—1900 年),称之为"文化的变革"。他认为现代建筑的思想起源可归结于 17 世纪中叶的两大因素:首先,科学和技术的发展——人类在这一时期驾驭自然的能力已远超文艺复兴时期的技术范畴;其次,社会意识形态的转变——文化结构从贵族主导逐渐转向新兴资产阶级的生活方式。这两种因素在 18 世纪中叶产生了深远影响。其中,科学技术方面的标志性事件是巴黎桥梁和道路学校的成立,这是第一所工程师学校;而社会意识形态方面则推动了启蒙运动,促进了人文主义学科的发展,陆续出现了现代社会学、美学、史学、考古学的先驱,如孟德斯鸠、鲍姆加登、伏尔泰、温克尔曼等人的著作。在对洛可可装饰风格的批判中,基于建筑遗迹的考古研究,这一时期还出现了关于古埃及、伊特鲁里亚、古希腊和古罗马谁为真正古代建筑起源的争议。新古典主义建筑的起源也涉及了功能主义、幻想建筑、结构理性主义、浪漫主义等多种分歧。相较于本奈沃洛将现代建筑的起源归结为社会主义乌托邦,弗兰姆普敦则将现代建筑的起源视为 17 世纪科学、技术、社会意识形态总体转变的结果,并将新古典主义视为这一系列目标分歧的早期形态。

雷纳·班纳姆的《第一机械时代的理论与设计》(*Theory and Design in the First Machine Age*,1960)[②]摒弃了将现代建筑视为目标一致、线性发展的成功整合过程的传统视角,转而以批判性的深度思考,揭示了技术变革与古典美学之间难以调和的矛盾与分歧。他聚焦于现代主义在第一机械时代的兴起,探讨了工业文明在 19 世纪末至 20 世纪初对现代艺术和建筑产生的深远影响,既有热情的向往,也有激烈的批判。班纳姆批判性地分析了法国

---

① 肯尼斯·弗兰姆普敦.现代建筑:一部批判的历史[M].张钦楠,等,译.北京:生活·读书·新知三联书店,2012.

② 雷纳·班纳姆.第一机械时代的理论与设计[M].丁亚雷,张筱膺,译.南京:江苏美术出版社,2009.

与德国工程与建筑学院中的理性主义传统,以及德意志制造联盟、未来主义、风格派、勒·柯布西耶和包豪斯学派的建筑师及其理论。最终,他以对结构理性主义和现代功能主义的批判,以及对文化价值的呼吁,对 20 世纪早期建筑师的命运作出了深刻的评价。在班纳姆看来,现代主义从未在工程师的理性主义与古典主义的审美追求之间找到真正的平衡,机器时代的美学更像是一个精心构建的神话,而非真实可触的现实。

刘易斯·芒福德的《技术与文明》(*Technics and Civilization*,1934)及其续篇《机器的神话:技术与人类发展》(*The Myth of the Machine:Technics and Human Development*,1967)将现代技术问题的探讨置于更为广阔的人类时空和文化背景之下,这两部作品是对当代机械化与物质化危机的深刻批判。在《技术与文明》中,芒福德回顾了数千年以来西方文明的技术发展史,揭示了社会环境如何与发明家、企业家和工程师的成就相互作用。《机器的神话:技术与人类发展》则是对《技术与文明》中"发展方向"一章的深入扩展,芒福德将视线投向人类文明的起源,探究了现代技术在古代文化中已初露端倪的负面效应。他试图将这些效应与 20 世纪技术成就所伴随的社会危机相联系,从而对整个技术文明及其引发的社会危机进行思想性的历史文化解读。

在批判资本主义意识形态的深刻洞察中,马克思揭示了工业化物质生产组织方式如何通过社会组织化有效重塑个体的社会性人格。而让·鲍德里亚的《物体系》(1968)和《消费社会》(1970)[①],以及罗兰·巴特的《神话修辞术》和《流行体系》等作品,则代表了西方学者从消费文化和大众传媒角度对资本主义物质化的批判性研究。曼弗雷多·塔夫里和弗朗切斯科·达尔科的《现代建筑》[②]并未遵循本奈沃洛以欧洲空想社会主义为现代建筑起点的视角,而是聚焦于美国资本主义社会中工人通过有意识的阶级斗争,在城镇规划的公共设施中实践推动大众福祉建设的新成就。[③] 他们与佩夫斯纳的精英主义保守观点形成鲜明对比,将现代建筑定义为 19 世纪社会危机中积极寻求建筑"新语言"的历史。书中区分了那些借用新技术手段却服务于

---

① 让·鲍德里亚.消费社会[M].刘成富,全志钢,译.南京:南京大学出版社,2014.

② 曼弗雷多·塔夫里,弗朗切斯科·达尔科.现代建筑[M].刘先觉,等,译.北京:中国建筑工业出版社,2000.

③ 美国自 1860 年以来的大规模城市化产生了阶级斗争的新现状:资本家以提高生产率为导向摈除旧有形式,以及由工人领导在城镇规划领域的斗争实践。工人们基于美国人在文学运动影响下对自然的共同偏好,以争取公共服务为斗争场地,促使科学技术与自然结合。

资本主义物质化建制的伪革命者,以及那些真正致力于建筑新语言和社会公共福祉奋斗的革命实践者。[①] 在此之前,希格弗莱德·吉迪恩在《机械化主宰》(*Mechanization Takes Command*,1948)一书中已开始尝试从社会意识而非设计师个人经历出发,探讨设计如何在含糊的社会主导观念影响下,超越个体意识,影响设计师的行为,进而探究社会观念与设计物质化之间的关系。伯纳德·鲁道夫斯基在《没有建筑师的建筑:简明非正统建筑导论》(*Architecture Without Architects*:*A Short Introduction to Non-Pedigreed Architecture*,1964)[②]中,将视角从过度强调建筑师个体创作的传统视角中抽离出来,转向那些被西方进步史观贬斥为粗陋、实则代表人类文明共享的"非正统"建筑。他旨在挑战"工业化国家建筑"的观念,强调建筑作为公共事业的本质,是源于共享文化传统的群体经验的自发创造,而非经济与美学主导下的工业生产,或人类以科技武装征服自然的战利品。阿德里安·福蒂的《欲求之物:1750 年以来的设计与社会》(*Objects of Desire*,1986)[③]探讨了设计作为生产的一环,如何在商品生产、宣传和销售过程中,将设计师的个人意图规训为资本主义生产流通的一部分。通过对 18 世纪中叶以来由受雇设计师和商品制造者共同建构在产品及其流通中的美学神话的祛魅,他批判了"好的设计"这一对工业产品至今流行的正面评价,揭露了这是资本主义政治经济学通过物质化的消费宣传口号对其结构性弊端的掩饰。

综上所述,将 19 世纪工业技术革命视作现代科学思想狭义化的结果,并将其单独视为现代建筑的起源,是一种带有技术决定论和技术乐观主义色彩的有待深入探讨的偏见。弗兰姆普敦提出的文化变革论、班纳姆对第一机械时代建筑意图的深刻揭示、芒福德对技术胜利更广泛历史的追溯,以及从现代消费主义角度对建筑物质本质的批判,均为我们提供了一条从建筑的精神性及其思想起源出发,重新理解和认识建筑现象的替代性路径。这些观点共同指向了建筑现象的复杂性和多维性,要求我们超越单一的技术视角,以更全面的视角来审视和理解现代建筑的发展。

---

① 曼弗雷多·塔夫里,弗朗切斯科·达尔科. 现代建筑[M]. 刘先觉,等,译. 北京:中国建筑工业出版社,2000:12-19.

② 伯纳德·鲁道夫斯基. 没有建筑师的建筑:简明非正统建筑导论[M]. 高军,译. 天津:天津大学出版社,2011.

③ 阿德里安·福蒂. 欲求之物:1750 年以来的设计与社会[M]. 苟娴煦,译. 南京:译林出版社,2014.

2. 近现代建筑思想的起源

杰弗里·斯科特的著作《人文主义建筑学：情趣史的研究》（*The Architecture of Humanism：A Study in the History of Taste*，1914）[1]写于第一次世界大战前夕。他深邃而富有预见性地洞察到即将发生的灾难与现代建筑理解的种种谬误之间的关联，并坚信回归人文主义是应对现代技术决定论的解药。在希格弗莱德·吉迪恩的《巴洛克后期与浪漫古典主义》一书中，他将古典传统的崩溃归咎于"浪漫的古典主义"，即晚期巴洛克建筑对感性表现的偏好。《空间·时间·建筑：一个新传统的成长》（*Space，Time and Architecture：The Growth of a New Tradition*，1941）[2]继续了吉迪恩在前作中的探讨，书中涉及了大量关于文艺复兴建筑与城市的内容。吉迪恩由于偏爱有机建筑，将 17 世纪反宗教改革运动中感性化的晚期巴洛克建筑与 20 世纪现代建筑的有机倾向相联系，作为解读现代建筑思想演变起点与终点的关键。

埃米尔·考夫曼的《理性时代的建筑》[3]按英国、意大利、法国的顺序逐一探讨了建筑形式的演变，这部著作不仅是研究古典主义至新古典主义建筑的宝贵资料，还展现了他晚年对 17 世纪至 18 世纪建筑思想如何影响 19 世纪建筑危机的深入探索。考夫曼认为，个别建筑形式的变迁已不再是新旧建筑评判的首要准则，而是构建全新建筑体系的基础，这才是创造性革命所追求的目标。希区柯克的《建筑：19 世纪和 20 世纪》（*Architecture：Nineteenth and Twentieth Centuries*，1958）以及同年意大利出版的罗宾·米德尔顿和戴维·沃特金的《新古典主义与 19 世纪建筑》（*Neoclassical and Nineteenth Century Architecture*，1958）均为研究新古典主义建筑的重要文献，书中内容按照各国分别展开章节，为读者提供了丰富的资料。希区柯克的研究尤为值得注意，他采取了一种长远的建筑史视角，受到刘易斯·芒福德的影响，将现代建筑的转变视为从中世纪盛期到 20 世纪数百年的演进过程，而非仅仅是工业革命的产物。

---

① 杰弗里·斯科特. 人文主义建筑学：情趣史的研究[M]. 张钦楠，译. 北京：中国建筑工业出版社，2012.

② 希格弗莱德·吉迪恩. 空间·时间·建筑：一个新传统的成长[M]. 王锦堂，孙全文，译. 武汉：华中科技大学出版社，2014.

③ KAUFMANN E. Architecture in the Age of Reason：Baroque and Post-baroque in England，Italy，and France[M]. New York：Harvard University Press，1955.

彼得·柯林斯的《现代建筑设计思想的演变》(*Changing Ideals in Modern Architecture*,1965)[①]开启了 20 世纪 60 年代以来关于建筑师意图与形式之间关系的深刻思考,其研究新取向聚焦于通过重新评估现代建筑的价值,为建筑新目标寻求思想史的指引。柯林斯认为,过去建筑史研究的一个显著缺陷在于过度强调建筑形式的线性进化路径,而相对忽略了作为建筑形式核心驱动力的思想因素。与佩夫斯纳等学者持续进化的建筑发展观不同,柯林斯认为建筑的发展是在不同思想之间的交替中进行的。他特别指出,在 1750 年左右,建筑思想与实践中发生了意义深远的变革,这一变革与希区柯克所提及的文艺复兴早期(15 世纪)已萌芽的广义"现代"概念相呼应。柯林斯将四位 18 世纪中叶的建筑革新者视为现代建筑真正的思想先驱,他们因质疑古典主义的根本思想原则而独树一帜。柯林斯强调现代建筑思想的主动性,认为新风格源于人创造的自由意志,而非环境、政治、工艺变革的被动产物。他认为,思想变化作为形式转变的直接源头,源于新的意识形成,这种意识是建筑风格变化的积极主动力量。相比之下,技术更新、材料革命以及工业革命导致的生活方式与经济结构变化,更多地被看作是增加了意识转变的效应,而非其产生的根本动因。在柯林斯看来,建筑本质上是思想的感性表达,而非单纯的物质表象。因此,建筑的非物质性被置于历史研究的核心位置,揭示出其深刻的思想内涵。

里克沃特的《最初的现代者们:18 世纪的建筑师》(*The First Moderns: The Architects of the Eighteenth Century*,1980)[②]堪称是西方建筑史上一部深具洞察力的著作,全面剖析了从古典主义晚期到新古典主义转变时期的丰富内涵。该书内容广泛,始于法国科学院与建筑学院中布隆代尔和佩罗的古今之争,不仅评述了伊尼戈·琼斯、雷恩、霍克斯摩尔、伯灵顿、肯特、皮拉内西、洛多利、冯·埃尔拉赫等现代早期的重要建筑师,还关联到牛顿、培根、贺加斯、温克尔曼、维柯等科学与文化巨匠。书中还涵盖了巴洛克晚期与洛可可建筑的特色、园林史、中国对欧洲的影响、节庆建筑等广泛领域,为读者呈现了一个多维度的建筑世界。阿兰·博拉汉姆的《法国启蒙建筑》

① 彼得·柯林斯.现代建筑设计思想的演变[M].2 版.英若聪,译.北京:中国建筑工业出版社,2003.

② RYKWERT J. The First Moderns: The Architects of the Eighteenth Century[M]. Cambridge:MIT Press,1980.

(*The Architecture of the French Enlightenment*，1980)①则聚焦于 18 世纪中叶全大革命前后的法国建筑及其理论，深入探讨了启蒙思想对建筑领域的深远影响。巴里·伯格多尔的《1750—1890 年的欧洲建筑》(*European Architecture* 1750—1890，2000)②则试图为新古典主义建筑的研究提供理论上的架构和框架。作者从三个主要趋势出发，深入探讨了这一时期欧洲建筑的多样化取向：①建筑与历史传统之间的新对话；②建筑对科学研究大爆发的积极响应；③在社会经济变革与民族国家形成中，公众作为新兴建筑参与群体的出现。该著作以这一时期的欧洲建筑为中心，广泛涉及科学、社会文化、政治经济学等多个领域，为理解新古典主义到现代建筑转变提供了宝贵的视角和见解。

黑尔的《建筑理念——建筑理论导论》(*Building Ideas：An Introduction to Architectural Theory*，2000)③是一部综述性著作，深入探讨了西方哲学观念与建筑之间的紧密联系。该书从两种对立的观点出发：一种将建筑视为仅提供使用功能的空间机器，另一种则视其为超越实用功能的艺术形式。黑尔倾向于后者，围绕现象学、结构主义和马克思主义的意识形态理论三种主要诠释模式，对现代与后现代时期的哲学思潮与建筑实践进行了详尽的讨论。在其另一篇论文《追逐阴影：非物质建筑》④中，黑尔进一步强调了建筑的非物质维度，这一维度超越了建筑的物质建造本身。他通过探讨绘图、建筑师与设计之间的关系，展示了建筑图绘在设计过程中的灵活性和无限可能性，从而深化了我们对建筑艺术多维度的理解。

综上所述，超越科学进步观念主导下的历史决定论，近现代建筑中的形式转变应被理解为人在自由意志驱动下积极行动的成果，而非政治、环境、工艺变革等外部因素自动引发的结果。这种认识为我们提供了更为广阔的视角，以探寻现代建筑思想的起源。这种对建筑精神本性的认知，将西方建筑的现代思想起源追溯至与现代科学思想起源并行的中世纪晚期，而非仅限于作为工业革命物质性后果的 19 世纪。

---

①　BRAHAM A. The Architecture of the French Enlightenment[M]. London：Thames and Hudson，1980.

②　BERGDOLL B. European Architecture 1750—1890[M]. Oxford：Oxford University Press，2000.

③　黑尔.建筑理念——建筑理论导论[M].方滨，王涛，译.北京：中国建筑工业出版社，2015.

④　黑尔.追逐阴影：非物质建筑[J].冯炜，译.建筑师，2005(06)：9-15.

3. 数学知识、工程学史与建筑

在 20 世纪上半叶,欧洲兴起了一股复古新思潮,呼吁在建筑中重新运用和谐数比,从而引发了人们对建筑中数学知识研究的新兴趣。这一兴趣涵盖了比例理论、透视学、制图学,以及作为数学知识工具化独特分支的现代工程学等多个方面。科林·罗的《理想别墅的数学》(*The Mathematics of the Ideal Villa*,1947)最初发表于 1947 年,该文深入探讨了勒·柯布西耶在加歇别墅中对帕拉第奥平面比例模式的独特运用,使得比例理论和数学方法在建筑领域重新受到重视,成为当时热议的话题。鲁道夫·维特科尔的《人文时代的建筑原理》(*Architectural Principles in the Age of Humanism*,1949)[①]则从和谐数比的角度出发,解释了文艺复兴建筑基于整体宇宙论的超越性抽象,至今仍是建筑学校理解这一时期建筑知识的经典之作。勒·柯布西耶的《模度》(*Le Modulor*,1950)则进一步阐述了一种基于黄金分割和人体测量的比例理论。然而,1957 年英国皇家建筑师协会就比例在建筑设计中应用的问题展开了激烈辩论,最终以 60 票对 48 票的结果否决了使用比例能够避免丑陋形状并使建筑更易设计的观点。

伊文思的《艺术与几何学:空间直觉的研究》(*Art & Geometry:A Study in Space Intuitions*,1946)[②]深入探讨了绘画、雕塑与科学中的几何学,并指出了古代希腊的韵律几何学与文艺复兴时期兴起的现代透视几何学在艺术感知上存在的根本差异。伊文思认为,这种差异源于古希腊世界观对文艺复兴艺术和科学,特别是绘画与几何新观念发展的阻碍。他进一步指出,古代对触觉与视觉的混淆在文艺复兴时代得到了阿尔伯蒂、佩林、丢勒等艺术家的纠正,他们建立了最初的透视学理论。这一理论为画法几何学的前身射影几何学奠定了基础,而库萨的尼古拉、开普勒和德萨格等现代科学先驱也为之作出了重要贡献。

阿尔伯托·佩雷兹-戈麦斯的《建筑与现代科学危机》(*Architecture and the Crisis of Modern Science*,1983)[③]聚焦于 17 世纪科学革命引发的认识

---

① WITTKOWER R. Architectural Principles in the Age of Humanism[M]. New York:W. W. Norton,1949.

② IVINS W M. Art & Geometry:A Study in Space Intuitions [M]. Cambridge:Harvard University Press,1946.

③ PÉREZ G A. Architecture and the Crisis of Modern Science[M]. Cambridge:MIT Press, 1983.

论危机,追溯了从 17 世纪下半叶到 19 世纪初,建筑思想、教育和实践中几何与数的工具化进程,以及这背后的原因。这部作品以几何、数与建筑的意义为核心,探讨了古典比例体系的解体、具有象征意义的几何学、作为技术工具的几何学,以及技术主义与功能主义之间的关系等关键议题。在《建筑再现与透视之链》(*Architectural Representation and the Perspective Hinge*,1997)①一书中,佩雷兹-戈麦斯与露易丝·佩尔蒂埃共同探讨了西方早期现代建筑知识化与当前问题的关联性。该书主要聚焦于建筑的图绘再现作为智性操作工具的潜在意义,旨在揭示再现工具对设计方案的概念发展和形式生成的直接影响。此外,书中还为当代建筑实践中无意识的、作为还原工具使用的图绘技术提供了若干替代性方案,使建筑能够以批判性的立场超越透视,最终实现对非人化技术霸权的超越。

罗宾·埃文斯的《投射铸形:建筑及其三种几何学》(*Projective Cast*:*Architecture and Its Three Geometries*,1995)深入探讨了几何学与建筑再现之间的关联,以及这些关联在实践中所展现的功能、潜力和限制。全书分为九个章节,将几何投影视为历史上不断演变、富有象征性的意图在建筑中的具体化体现,无论是成功还是失败。书中覆盖了从手法主义到心形教堂再现宇宙的方式的转变;伯鲁乃列斯基和阿尔伯蒂所发明的艺造透视(perspectiva artificialis)经由皮耶罗·德拉·弗朗切斯卡的发展,直至今天的演变历程;射影几何学对工程设计、建筑造型以及模块化建造所产生的深远影响;并对 20 世纪早期轴测投影法创造新维度以及现代空间再现相对论的虚假断言进行了批判。埃文斯通过对投影及其背后的几何学知识的讨论,强调了知觉心灵与物质自然之间并非简单的对应关系,而是始终依赖于某种象征性的精神表达。在这个过程中,图像作为设计再现的重要工具,有时成为设计师个人化意图实现的中介,有时又成为精神在具象化过程中不得不面对的限制和樊笼。

理查德·帕多万的《比例——科学·哲学·建筑》(*Proportion*:*Science*,*Philosophy*,*Architecture*,1999)②从建筑的精神性和科学性双重视角出发,深入探讨了古今比例理论的对比,并详细阐述了关于艺术中比例规则应用的各种不同观点。帕多万在具有历史深度的理论研究中,试图探讨一种古

---

①　PÉREZ G A,PELLETIER L. Architectural Representation and the Perspective Hinge[M]. Cambridge:MIT Press,1997.

②　理查德·帕多万. 比例——科学·哲学·建筑[M]. 周玉鹏,刘耀辉,译. 北京:中国建筑工业出版社,2005.

老且根深蒂固的信仰——为了让人造物具备存在的基础,它们必须遵循由世界作为和谐数学体系所制定的法则。然而,科学革命的出现动摇了这一信仰的客观性,使得个人的主观判断逐渐成为人造物艺术价值的基石。同时,抽象与移情之间的争论在现代依然持续,勒·柯布西耶和范·德·拉恩便是分别站在现代认识中移情与抽象两端的代表性人物。

此外,关于西方近现代工程学的起源、历史及其理论的著作中,黑尔的《文艺复兴筑城术:艺术还是工程?》(*Renaissance Fortification: Art or Engineering?*,1977)①深入探讨了文艺复兴时期的筑城学与现代早期工程学的技术偏好,这些偏好受到古代宇宙观、人体象征以及社会境况转变的艺术—技术双重动机的影响。《机械与机械主义图说简史》(*A Brief Illustrated History of Machines and Mechanisms*,2010)是一部关于世界机械史的图文并茂的论文集,其中收录了从古代、中世纪到文艺复兴时期,包括中国在内的机械与机械学方面的珍贵图文资料。② 亚历山大·J. 汉的《伟大建筑的数学实施》(*Mathematical Excursions to the World's Great Buildings*,2012)主要探讨了从古埃及到 20 世纪著名历史建筑的数学形式及其结构特征,是数学史与建筑工程学交叉研究的佳作。③ 而《围城战:早期现代筑城术 1494—1660》(*Siege Warfare: The Fortress in the Early Modern World* 1494—1660)及其续集《围城战Ⅱ:沃班与弗雷德里希大帝时代的筑城术 1660—1789》(*Siege Warfare Volume Ⅱ: The Fortress in the Age of Vauban and Frederick the Great* 1660—1789)④则是军事工程与建筑学领域的研究力作,它们详细讨论了从 15 世纪末到法国大革命以前近代早期围城战和筑城术的理论与实践。《民用工程学的历史》(*A History of Civil Engineering*,1952)⑤详细阐述了西方从古代至现代民用工程学及其

① HALE J R. Renaissance Fortification: Art or Engineering? [M]. New York: Thames and Hudson,1977.

② PAZ E B,CECCARELLI M,OTERO J E,et al. A Brief Illustrated History of Machines and Mechanisms[M]. Netherlands,2010.

③ HAHN A J. Mathematical Excursions to the World's Great Buildings[M]. New Jersey: Princeton,2012.

④ DUFFY C. Siege Warfare: The Fortress in the Early Modern World 1494—1660[M]. London and Henley: Routledge & Kegan Paul,1979.

DUFFY C. Siege Warfare Volume Ⅱ: The Fortress in the Age of Vauban and Frederick the Great 1660—1789[M]. London,Boston,Melbourne and Henley: Routledge & Kegan Paul,1985.

⑤ STRAUB H. A History of Civil Engineering: An Outline From Ancient to Modern Times [M]. Massachusetts: Branford,1952.

专业化的历史,深入分析了现代民用工程学与建筑、艺术和社会变迁之间的互动关联,为读者展现了一幅现代工程技术理论历史的宏伟画卷。《结构理论的历史》(*The History of the Theory of Structures*,2008)①是一部机械工程、数学史和工程学史交叉研究的巨著,它广泛涉及了近现代结构与材料学说理论、实验研究与工程学实践的科学思想根源等方面的内容。《启蒙时代的法国建筑师与工程师》(*French Architects and Engineers：In the Age of Enlightenment*,1988)②最初以法语出版,后被译为英文,该书以 18 世纪启蒙时代为核心,深入探讨了法国自文艺复兴晚期以来建筑师与工程师职业的缓慢分裂过程。该书通过追溯在法国桥梁与道路学校中建筑师与工程师的交锋和后者的胜利,揭示了当时处于欧洲思想和科学中心的法国从古代信念向 19 世纪技术理性主义的转变。

1.3.2　国内研究综述

在国内,对现代数字技术和信息技术在建筑领域应用现状的深入考察,倾向于归纳和总结具有可操作性的设计生产新方法,并着重探讨数字技术在建筑设计中的应用性成果及新趋势。东南大学虞刚的博士论文《数字建构的建筑形态研究》(2003)、天津大学滕军红的《整体与适应——复杂性科学对建筑学的启示》(2003)、同济大学陈志毅的博士学位论文《信息时代建筑非线性三维形态研究》(2006),以及天津大学任军的博士论文《当代科学观影响下的建筑形态研究》(2007)均聚焦于现代数字技术在设计中的应用潜力,将新技术视为激发建筑师创新思维、推动建筑形态生成的积极力量,并关注计算机技术对建筑空间与表皮形态的直接塑造作用。另一类建筑理论研究则采取认识论层面的方法论导向,着重探索建筑知识制度化和建筑理论方法化的路径。例如,重庆大学杨健的博士论文《论西方建筑理论史中关于法则问题的研究方法》(2008),从科学的制度化角度出发,探讨了西方古今建筑理论中法则问题的研究,涉及建筑学理论从认识论到现代本体论的转变,但最终仍指向操作性方法的法则性。而重庆大学另一位杨健的博士论文《建筑学理论形成方法——基于知识进化观的研究》(2010),则基于现代知识进化论的视角,试图揭示主导西方建筑理论产生的认知方法,以及

---

① KURRER K-E. The History of the Theory of Structures：From Arch Analysis to Computational Mechanics[M]. Ernst & Sohn,2008.

② PICON A. French Architects and Engineers：In the Age of Enlightenment[M]. New York：Cambridge University Press,1992.

与建筑设计直接相关的具体设计方法。

　　建筑与几何知识的关联性研究主要聚焦于建筑几何形式的分析和案例研究。东南大学周凌的博士论文《建筑形式中几何观念的演变及其专题研究》(2008)便是一次以形式分析为核心,对古今建筑几何知识进行的深入探索。作者将西方建筑形式在几何知识影响下的演变脉络,按照时间顺序整合为一条连贯的演进线索。上篇侧重于理论探讨,按照古代与科学革命时代、20世纪初现代主义的机械时代和21世纪数字理论的时代划分,详细分析了建筑形式与几何学在认识论和方法论层面的紧密联系;下篇则基于上篇的历史线索,通过具体案例研究,展示了三种不同几何学导向在建筑形式中的具体实践和应用。在几何形式案例研究方面,清华大学唐文丹的硕士论文《几何的纯粹性与建筑的复杂性:以椭圆为例的研究》(2003)和李倩怡的硕士论文《建筑几何性浅析:15—18世纪意大利和明清中国的完美形式》(2011)均取得了显著成果。唐文丹的论文深入探讨了几何学的科学哲学起源,并通过分析西方古代、巴洛克时期和现代建筑中椭圆形的应用案例,揭示了其在建筑设计中的重要地位;而李倩怡的论文则以向心几何形和椭圆形为主要分类,通过案例对比的方式,探讨了意大利古典主义建筑与同时代明清木构建筑在几何形态上的异同。

　　进入21世纪以来,国内对透视学与图绘再现的研究兴趣显著增加,主要集中在建筑与文化、美学及艺术的关联上,而较少探讨认识论和建筑知识层面的问题。天津大学吴葱的博士论文《在投影之外:文化视野下的建筑图学研究》(2004)深入比较并剖析了东西方建筑图绘的差异性特征。华南理工大学沈康的博士论文《从观念到实践——西方近现代建筑的视觉文化研究》(2011)则从建筑与现代视觉艺术的交汇点出发,强调了设计再现作为视觉文化生产载体的建筑在实践应用中的巨大潜力。同济大学张顼的硕士论文《透视法发展时期的绘画空间与现代建筑空间的比较研究》(2007)则选取透视学发展阶段的绘画和建筑作为典型案例,进行了深入的对比分析。此外,城市空间认知的图解与图示及其与 GIS 技术的融合,已成为建筑图在宏观城市研究领域中展现的新趋势。

　　关于工业革命之前的中西方文化交流,特别是在建筑领域的研究成果,主要倾向于实证历史学和艺术史方面的研究,而对科学认知的差异性比较则相对较少。例如,天津大学王晓丹的博士论文《17—18世纪中西建筑文化交流》(2004)采用实证历史学的研究方法,深入探讨了欧洲18世纪洛可可装饰与自然式园林受到的中国影响。另一篇来自上海师范大学的硕士学位论文《18 世纪中国造园对欧洲的影响》(2010)则从艺术史的角度出发,分析了 18 世纪欧洲园林设计与装饰风格中中国风元素的融入与影响。

关于建筑与具体科学门类的关系,当前的研究成果主要集中在天文学、现代工业技术与文化关联性方面。王贵祥的著作《东西方的建筑空间:传统中国与中世纪西方建筑的文化阐释》聚焦于空间问题,不仅涵盖了中国古代与西方中世纪宇宙论的探讨,而且更侧重于文化内涵而非科学认知的差异性对比。在天文学相关研究方面,天津大学吕衍航的博士论文《古代建筑与天文考古》(2011)以及陈春红的《古代建筑与天文学》(2012)均基于天文考古学理论,对古代建筑进行了深入的科学研究。哈尔滨工业大学程世卓的博士论文《英国建筑技术美学谱系研究》(2013)则以现代工业革命的发源地英国为对象,梳理了 18 世纪至 20 世纪英国建筑中民族主义与现代技术间冲突与融合的历程。

自肯尼斯·弗兰姆普敦的《建构文化研究:论 19 世纪和 20 世纪建筑中的建造诗学》在 2007 年由王骏阳译为中文以来,介于技术与美学之间的西方建筑建构文化研究便成为新世纪国内建筑理论研究的热点。史永高的《材料呈现:19 和 20 世纪西方建筑中材料的建造-空间双重性研究》则是近年来该领域较为突出的研究成果之一。

探讨建筑的知识来源、构成及其制度化已成为中国现当代建筑研究的新焦点,国内已涌现出一系列相关研究成果。例如,李华在《中国建筑 60 年(1949—2009)历史理论研究》一书中发表的《从布杂的知识结构看"新"而"中"的建筑实践》与《"组合"与建筑知识的制度化构筑》(第 33~45 页,第 236~245 页)两篇论文,深入探讨了近代中国第一代建筑师如何参照西方新古典主义教学法,对中国传统建筑语汇进行现代建构与制度化的过程。赖德林在《建筑师》2009 年 12 月刊上发表的《构图与要素——学院派来源与梁思成"文法-词汇"表述及中国现代建筑》一文,以及赵辰在《建筑学报》2017 年 1 月刊上发表的《"天书"与"文法"——〈营造法式〉研究在中国建筑学术体系中的意义》一文,均从建筑设计方法和经典文本规范化的角度出发,对中国近代建筑知识化进行了深入的探讨。

1.3.3　本研究创新性

(1)前工业时代建筑与科学思想关联性的中文语境探讨。本书在研究对象的选择上具备显著的创新价值,突破了国内相关研究中对设计方法和形式分析的过分强调,而忽视了建筑所处的总体知识环境和基本思想意图的局限。通过广泛的历史和理论视角,本研究追溯了建筑在古代知识中的地位变迁,梳理了建筑理论在现代科学思想孕育期提升其知识地位的努力,以及在现代科学思想诞生和技术化初期建筑知识目标的转变。本研究详细阐述了工业革命前建筑在知识化和制度化过程中的动力、目标与路径的变迁及其影响,从而揭示了随着现代科学革命和科学思想技术化的早期进程,西方建筑思想从追求超越性知识的整体一致性,到客观理性与主观感觉、人工与自然、技术与艺术、功能与装饰等多重分歧的思想转变。

(2)科学思想史与建筑理论史相结合的跨学科研究。本研究在方法路径上展现了创新性,突破了决定史观的进步观念,聚焦于前工业时代的科学思想与建筑理论,并采用跨学科视角探讨建筑抽象性的科学思想起源。前工业时代东西方知识地位的关键性逆转,在西方内部并非单一进程,而是不同主张间的激烈交锋。本研究基于长时段整体论的诠释史观,从西方有机整体宇宙论在中世纪晚期的精神建构,到有机宇宙论向机械论的根本转变,这一转变成为包括建筑在内所有学科的基础。本研究旨在揭示早期现代建筑思想在西方道路中伴随的问题转换、争议与分歧,并追溯建筑知识目标从追求超越的同一必然性,到转向依赖技术控制物质偶然性的根本转变。

(3)建筑超越性抽象目标的再解读。本研究在目标上同样具有创新性,从建筑何以成为知识这一关键问题出发,重新探讨了建筑知识目标在西方传统中指向超越性抽象的另一种可能性。基于科学思想中认知性抽象与超越性抽象的区分,本研究有助于澄清现代建筑抽象表象现象及其内在矛盾性的思想根源,即科学知识从认识到行动的根本转变,以及因搁置超越性抽象导致的分科知识原子化后产生的相对主义与虚无主义。此外,本研究还探索了现代危机和虚无主义在现代科学思想中的根源,以及建筑在相关思想中呈现的争论历史原因,从而有助于我们从跨文化视角认识中国建筑现代化在知识碎片化的背景下,面对全球化新问题时所面临的挑战、任务和潜力。

1.4 内 容 提 要

第1章绪论主要阐述了本研究的起源、研究对象、背景以及整体结构。通过区分认知性抽象与超越性抽象,以及科学思想中狭义的实证性与广义的精神性,本章明确了本研究的目的和研究方向。接着,通过对国内外相关研究成果的评述,总结了本研究的意义和创新点。最后,本章还介绍了研究框架等基本情况,为后续章节的展开奠定了基础。

第 2 章探讨了有机论整体宇宙的超越性与人文主义建筑之间的联系。本章主要围绕超越性知识建构、知识制度化及其破格三个方面展开讨论。

在超越性知识建构方面,我们聚焦于中世纪晚期知识与时空扩展的背景下,调和亚里士多德哲学和基督教神学以建立有序封闭的宇宙体系中的争论,以及与之相关的建筑在现代早期的初步理论化尝试。超越性知识的建构从科学思想与建筑中有限与无限观念的矛盾出发,探索了以下两点内容:一是有序封闭宇宙空间观念的产生,以及哲学与宗教真理论争导致的无界空间、无数世界和无限可能性等理论;二是阿尔伯蒂基于人文主义主导的建筑理论化的新尝试,为 17 世纪建筑知识制度化提供了奠基性问题与设想。

阿尔伯蒂作为中世纪晚期神学和现代精神的桥梁,他既相信宇宙有限又坚信诗性描绘的超越目标;既认为人间道德有限,仰赖于通过宗教生活实施的人间正义,又为艺术家的智性操作设定了带有无限隐喻的图绘平台。他不仅为建筑师的新型职业设定了追求至善和普遍正义的高尚伦理,还在基于几何的图绘技艺建构中,彻底颠覆了中世纪传统中将建筑视为技艺并作为人间拯救之路的次要方面的观念。

阿尔伯蒂的普遍知识意图在古典柱式与和谐数比的制度化中得到了特殊限定。古典主义建筑知识的制度化,以及随后宗教建筑中引入感性启示的秩序破格,主要涉及两个方面:一是五柱式体系的制度化与建筑知识的普及,如帕拉第奥的声数比理论和教堂总体布置中涵盖动线设计的超感觉体验;二是反宗教改革迫使教廷僭越教义中的根本精神性,转向感觉体验的启示性。在此背景下,手法主义与巴洛克建筑突破了建筑知识先前的制度化建构,但它们在根本目标上仍然指向通过建筑感官体验,达到超越性精神启示的目标。

第 3 章聚焦于有机论宇宙解体中的建筑与美术(fine arts)。本章详细探讨了整体宇宙图景从有机论向机械论转变过程中,知识稳固性动摇所引发的三个主要分歧:普遍时空观念的相对化、建筑在全新知识对立背景下的地位变迁,以及由于超越性观念解体,古典主义核心观念(如和谐数比、柱式装饰)以及巴洛克全面秩序化向自由式园林的转变。在有机论宇宙解体的总体知识环境下,建筑在第二次知识化过程中基于绝对超越性的精神基石受到了严重动摇,这导致了一系列由知识目标的相对化与分歧所引发的争论。整体知识从有机宇宙论向机械宇宙图景的转变,使得 17 世纪末的建筑知识身份陷入认同危机,造成了严密自然科学与感性诗意想象之间的分裂。本章主要围绕三个核心话题展开讨论:首先,新知识为自然科学划定的研究界限,这引发了关于建筑绝对性与相对性的激烈争论,以及笛卡儿与德萨格对缺乏基本度量的无限空间的独特回应;其次,一般知识中科学与美术的新对立,以及在这种对立中建筑所占据的居中位置;最后,建筑中体现的三种分歧——和谐数比的相对化、柱式装饰的相对化,以及园林从巴洛克超越的一致性向基于感觉论自由式的转变。这些分歧深入探讨了建筑与空间规划中超越性价值的解体及其所带来的路径争议。

第4章深入探讨了机械论宇宙中的知识分科路径。在机械论宇宙图景确立之后,建筑在追求知识普遍性的道路上,逐渐分化为理性主义、感觉论和技术决定论三条不同的路径。这三条路径分别代表了建筑基于机械论宇宙观重建普遍认知的三种尝试:其一,结构与材料理性的普遍性;其二,建筑图像语言表达的普遍性;其三,将工业技术视为科学更高目标的技术决定论。牛顿综合了自然科学的前人成就,为宇宙提供了机械论的全面解释,这一解释促使包括建筑在内的一般知识在理性危机之后开始重新寻求普遍性。18世纪30年代,牛顿主义在启蒙学者的推广下深入人心,对建筑和一般知识的普遍化产生了深远影响。本章将围绕以下四个主要方面展开讨论。

(1)在牛顿色彩理论提供的科学证据下,和谐数比得以复兴。牛顿的综合体系及其绝对时空概念的源流与影响深远,百科全书中对建筑的分类——材料、结构力学和美——既展现了经验主义对人类认知功能的基本理解,又凸显了这一时期建筑目标的根本分歧。

(2)在牛顿主义盛行的时代,建筑追求在结构和材料理性上的普遍性。洛吉耶受哥特-古典主义影响,从结构理性出发,采纳牛顿倡导的分析-综合研究方法,通过抽象归纳提出了棚屋概念,并将其作为衡量建筑的一般标准。洛多利则将材料学研究与建筑超越性目的相结合,试图通过理解材料特性来赋予建筑表现性潜力。然而,他的理念被学生阿尔加洛蒂片面地解读为孤立的材料理性。

(3)幻想建筑师们以文学理论中想象认识普遍性的观点为基础,试图以感觉为基本路径,构建建筑新的普遍语言表达。佩尔和勒加缪率先探索了建筑的象征性;部雷则以图绘方式表达了建筑的崇高诗意;勒杜则将部雷的目标扩展到世俗建筑领域,试图通过公开表达建筑的"个性"来与公众沟通,进而促进契约社会的建立。

（4）建筑知识技术化的发展趋势显著。一方面,军事需求促进了现代早期工程师职业的兴起;另一方面,民用工程师教育制度的建立、材料测量、工程预算和结构学说的进步,以及迪朗在现代设计方法论上的贡献,都在工程师理性的推动下对后世产生了深远影响。

第 5 章结语,进一步深化了本书的核心讨论,重申了本研究的主要意图、目的和取得的成果。在工业时代的早期,建筑路径的分歧凸显了职业专门化和工业生产导向所带来的历史终结感。通过回顾建筑思想从积极行动到克服虚无这一漫长转变的思想历程,我们再次强调并肯定了本研究的主要意图、目的及其对于建筑领域的重要贡献。

第2章
有机论整体宇宙与人文主义建筑

　　自中世纪盛期起,拉丁西方对古希腊和阿拉伯著作的翻译工作,彻底改变了中世纪知识领域中神圣与世俗的对立格局。通过阿拉伯人的桥梁作用,古希腊学识得以广泛传播,极大地拓宽了西方的自然知识视野。将这些知识与基督教教义相结合,成为中世纪晚期哲学与神学研究的核心议题。围绕真理应由异教哲学还是基督教神学主导的问题,产生了自然科学与神学的激烈论争。这一论争以阿奎那神学的建立为顶点,最终在 13 世纪的两次宗教大谴责中,以哲学从属于神学的结论告终。进入 14 世纪,经过数个世纪的知识扩展与融合,欧洲构建了一个由上帝创造、逻辑严密、易于理解的高度秩序化的有机整体宇宙观,即亚里士多德-托勒密体系。这一有机整体宇宙观的基石,在于大宇宙与小宇宙之间,通过神与人之间最高精神关联性的纽带,由中间存在物所构成的普遍联系的生命链条。

　　本章将深入解读有机论整体宇宙的基本空间观念,进而探讨 15 世纪阿尔伯蒂如何为建筑领域带来知识化、制度化和创新性的突破。一方面,大宇宙与小宇宙之间的有序精神关联为古典建筑语汇的规范化提供了坚实的认识论支撑。另一方面,当建筑的思想内核致力于追求确定性真理时,神学与形而上学的真理论争便如影随形,始终潜藏于其中。古典建筑语汇的形成,主要体现在柱式与和谐数比的制度化上,而阿尔伯蒂在这一过程中发挥了举足轻重的作用。他围绕为建筑知识设定的基本议题,推动了古典建筑的制度化和创新。这主要涉及五柱式体系的规范化,以及和谐数比在调控建筑整体尺寸中的基础性应用。更值得一提的是,阿尔伯蒂在单点线性透视的主观相对视角建构中,赋予了知性图绘者对画面完全掌控的预测能力,这一创新不仅重塑了绘画艺术的视角,更颠覆了建筑作为物质加工技艺和精神拯救必要支持的中世纪传统观念,为建筑领域带来了新的思考和启发。

　　值得注意的是,古典语汇的形成并非仅由内在的思想诉求所驱动。新职业的技能需求、教会主导的古代建筑规范化,以及显赫赞助人对于意识形态合法化的追求,同样构成了推动古代建筑规范化的重要环境因素。此外,在古典建筑语汇的塑造过程中,考古测绘的直接经验与维特鲁威权威文本的深度结合,共同孕育了一种与现代科学经验主义相呼应的知识倾向。随后,随着反宗教改革的兴起,教廷需要在宗教建筑中寻求更强烈的感性体验,以激发信徒的虔诚之情。在此背景下,手法主义和巴洛克建筑对已经制度化的建筑秩序进行了创新性的破格尝试,为建筑艺术注入了新的活力。

2.1 知识视野的扩展

现代时空观念,源于欧洲在吸收阿拉伯与古希腊学识的过程中对古希腊知识的重新解读,这成为推动现代科学革命早期观念的原始动力。中世纪大学在原有的七艺基础上,引入了古代自然哲学和逻辑学科目,试图将这些知识与基督教教义相融合。随着中世纪知识视野的扩大,一方面,基于亚里士多德和托勒密的天文学理论,形成了有序而封闭的同心圆宇宙体系;另一方面,逻辑学引入神学研究,引发了异教学识与基督教真理之间的激烈辩论,这也成为启蒙时期经验论与唯理论之争的雏形。在同心圆宇宙体系基督教化的过程中,上帝全能的信念动摇了原本基于物质元素有序分布的等级制宇宙体系的稳固性。在原本确定的物质宇宙边界之外,出现了上帝超距作用的无尽虚空。宇宙的中心不再是由最重的土元素构成的地球,而是转变为毕达哥拉斯-柏拉图宇宙中的形而上学中心(图 2-1)。这种精神化的宇宙时空观念,从一开始就蕴含了科学革命中自由与秩序、现实与超越、有限与无限之间悖论的早期形态。

图 2-1 封闭有序的宇宙,Peter Apian's Cosmographia, 1539

知识视野的扩展与古代物理边界的变动紧密交织。商贸活动中,穿越国境的贸易使得技术和工具通过物品交换得以广泛传播。战争带来的国土更替则使得小型社会被迫打破各自边界,经过冲突、交流,最终整合成更为复杂的社会结构。古代通过武力征服建立的帝国体系,规模化地整合了原本零星的交融,促使不同文化在交流、移植和融合中,为复杂社会的组织性生产了新的合法性话语。例如,亚历山大的战争征服在希腊化世界中催生了亚历山大城的科学繁荣;罗马人则学习了古希腊知识,并试图将横跨东西的版图整合成庞大的帝国,他们既普及了古希腊自然哲学,又将形而上学的怀疑论引入古代晚期宗教与哲学的争执与融合中。随着罗马帝国的分裂,古代文化在拉丁西方逐渐衰落,但在拜占庭帝国得以保存。同时,南方伊斯兰宗教的兴起和伊斯兰国家的建立,与拜占庭和拉丁西方一同,形成了中世纪环地中海文明的三股主要力量。[①] 此后,自然知识经历了三次重要的移植[②]:①阿巴斯王朝在 8 世纪至 10 世纪翻译了大量古希腊自然科学手稿,这些手稿为阿拉伯帝国的占星术研究及其统治合法性提供了服务;②原本属于穆斯林世界的西班牙安达卢西亚地区在 11 世纪重回基督徒手中,这使得古希腊-阿拉伯科学被翻译成拉丁语并传播到西方;③1453 年君士坦丁堡的陷落,使拜占廷帝国继承的大量希腊语著作得以原貌重现于文艺复兴时期的意大利,这些著作成为现代科学革命的奠基性文本。

12 世纪至 13 世纪对古希腊-阿拉伯著作的翻译,不仅奠定了中世纪盛期科学繁荣的基石,其知识整合更为 17 世纪的科学革命孕育了无限的可能性。在拉丁西方,对"新知识"的吸收贯穿了整个 13 世纪,直到 15 世纪早期,基于亚里士多德世界观的中世纪科学终于步入其鼎盛时期。对亚里士多德科学框架的批判,其实早在古代文本的翻译研究过程中就已悄然萌生。经过 15 世纪、16 世纪早期的相对沉寂后,经院科学-哲学在对中世纪科学的全面审视与批判中,终于准备就绪,扬帆起航,引领了由哥白尼、伽利略、开普勒、笛卡儿、牛顿等人主导的科学革命。事实上,17 世纪众多由翻译引发的科学难题,在中世纪时便已有迹可循,那时主要表现为哲学与神学在真理主导权上的激烈争夺。大学教育中引入自然科学教育,结合古希腊哲学的严密逻辑论证,开始动摇神学真理的绝对地位。然而,自然哲学对亚里士多德自然学说和逻辑证明的过度依赖,导致 13 世纪宗教议会对大学教授亚里士多德自然哲学的严厉谴责,其主要矛盾聚焦于信仰与理性之间的主导权之争。

宗教与哲学之间的真理论争,最终引发了 1270 年和 1277 年的两次宗教大谴责。在这两次大谴责中,阿奎纳的多项学说被判定为异端,这预示了 14 世纪智力危机的到来。大谴责实际上是保守派对自由派试图拓展知识领域,特别是将亚里士多德哲学融入神学的一次反击,他们试图捍卫对古希腊-阿拉伯科学新知识的限制。最终,保守派神学取得了胜利,并明确宣布哲学

---

① (美)朱迪斯·M.本内特,C.沃伦·霍利斯特.欧洲中世纪史[M].杨宁,李韵,译.上海:上海社会科学院出版社,2007:72.

② (荷)H.弗洛里斯·科恩.世界的重新创造:近代科学是如何产生的[M].张卜天,译.长沙:湖南科学技术出版社,2012:40-44.

应从属于神学。[①] 随后,欧洲进入了中世纪晚期或"前早期现代"(early early modern)的 14 至 15 世纪,这一时期也是早期文艺复兴的真正萌芽期。[②]

2.2 阿尔伯蒂:建筑知识化的有限道德与无限隐喻

在文艺复兴早期,尽管艺术家和工匠的地位因劳动价值的提升而有所改善,但他们尚未获得与自由艺术同等的地位,这仍旧基于中世纪的知识分类体系。人文主义者重新发掘了维特鲁威的著作,并率先对视觉艺术和建筑的规律进行了系统的探索与开创性研究(图 2-2)。人文主义者阿尔伯蒂(Leon Battista Alberti,1404—1472)与 1500 年前的维特鲁威在相似而又迥异的境遇中,共同追求着建立自由艺术与技术之间联系、提升建筑知识地位的目标。他们的相似之处在于都站在了社会对普遍性产生新需求的历史节

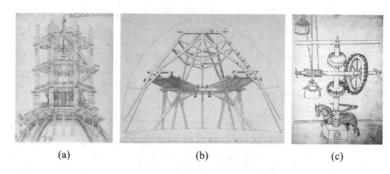

(a)   (b)   (c)

图 2-2 伯鲁乃列斯基的机械发明

(a)圣母百花大教堂采光亭外脚手架;(b)搭建在鼓座上的木脚手架;(c)阉牛提升机:提升重物至穹顶上

---

① 大谴责之后的哲学-神学家更倾向于缩小哲学的解释领地,如司各脱(John Duns Scotus)和奥卡姆的威廉(William of Ockham)虽然并未将哲学与神学彻底分离,但质疑哲学尤其是逻辑学能够确定地论述信仰,而削弱了两种真理一致性的重合地带。

② 通常认为 1500 年是开启"现代欧洲"的年份,其思想发源、技术积淀和不可避免的争论的根系,可被追溯至更早的时代。现代早期的文艺复兴、科学信仰、宗教改革、资本主义经济、城市的扩大化、地理扩张主义、单一民族国家、政治迫害、奴隶制的复活和各阶级间的紧张状态等种种表现,都植根于被称为中世纪晚期的14—15 世纪。如果依照对现代问题的一般看法,将 16—18 世纪称为早期现代(early modern)的话,那么 14—15 世纪则可被称为前早期现代(early early modern)。见(美)朱迪斯·M.本内特,C.沃伦·霍利斯特.欧洲中世纪史[M].杨宁,李韵,译.上海:上海社会科学院出版社,2007.

点上;而差异则在于他们对待历史与现实的立场。维特鲁威作为过去与现在的守护者,阿尔伯蒂则积极开创未来,当面对混沌未知的过去与未来时,阿尔伯蒂看到了当代人积极进取的希望之光,而维特鲁威则更侧重于向后看,作为建筑师和理论家,他更多地守护着传统。

在那个时代,旧有权威的组织基础正逐渐动摇,而新的秩序与制度则如雨后春笋般涌现。社会主导权的新归属使得新的等级制度尚缺乏明确的界定。社会各阶层都急于确立自己的地位与威望,他们通过炫耀财富和武力,以及赞助艺术和学术研究等方式,来追求这一目标。自古以来,赞助并修建宗教或公共建筑一直是展示财富与权力、争取民众支持、确立权威的重要手段。维特鲁威在撰写《建筑十书》时,正值罗马从共和制迈向帝国制的转折点。阿尔伯蒂在撰写理论著作时,佛罗伦萨已经由商人和银行家掌控政治,美第奇家族即将掌控共和国大权,预示着僭政的来临。[①] 但丁深信佛罗伦萨的每一项传统都源于罗马。历史学家乔万尼·维兰尼则向同胞们传递了未来的希望:"罗马正在衰落,而我生出的城市正在崛起,并准备完成伟大的事业。"

尽管维特鲁威和阿尔伯蒂都视罗马为秩序组织与实现的典范之地,但两者所面临的情境和基本态度却大相径庭。维特鲁威早年接受自由教育,以军事技术工程师的身份加入恺撒的行伍,随军征战,为帝国的扩张立下赫赫战功。他的学识深受罗马共和晚期学术风气的影响,向往希腊化世界的自由知识。而他的职业实践又让他精通共和时代晚期的建筑、军事、机械和实用技术。维特鲁威的著作是对古今建筑成就的全面总结,旨在为奥古斯都皇帝巩固权威服务。尽管维特鲁威对当代技术的评价从未超越对古希腊知识的向往,但他仍被尊为罗马建筑辉煌成就的预言者,而非最终辉煌成果的亲眼见证者。

阿尔伯蒂虽然与古希腊的自然哲学和罗马的技术相距甚远,但世纪之交佛罗伦萨的新艺术为他这位热衷于学习的青年展现了一幅清晰而震撼的当代画卷。因佛罗伦萨的政治纷争,阿尔伯蒂的家族被迫流亡。巴蒂斯

---

① 美第奇家族 13 世纪以工商业发家,自 1397 年由乔万尼(Giovanni di Bicci de'Medici,1360—1429)创办美第奇银行后,逐渐依靠银行业成为佛罗伦萨最为显赫的家族。到 15 世纪中叶前夕,美第奇家族通过银行业务积累巨额财富,开始通过经济的影响在政治上逐渐扮演重要角色。1434 年,乔万尼的继承人科西莫(Cosimo di Giovanni de'Medici,1389—1464)成为佛罗伦萨的僭主,开启美第奇家族对佛罗伦萨长达四个世纪的统治。见(美)坚尼·布鲁克尔.文艺复兴时期的佛罗伦萨[M].朱龙华,译.北京:生活·读书·新知三联书店,1985.

塔·阿尔伯蒂是洛伦佐·阿尔伯蒂在热那亚流亡期间所生的私生子。少年时代的阿尔伯蒂在意大利中北部的博洛尼亚接受人文教育,这使他精通拉丁文法,并对数学和自然产生了浓厚兴趣。当时,他对古代建筑的了解主要源自古代文献,因为实体遗存的罗马帝国及其殖民地建筑已寥寥无几。随着时代的变迁,古代建筑赖以产生的整个建筑行业和建造技术几乎失传。直到 24 岁,阿尔伯蒂才首次回到佛罗伦萨,在此期间,他接触到了佛罗伦萨新艺术运动核心艺术家的绘画、雕塑和建筑作品。特别是佛罗伦萨大教堂的现代工程奇迹,使他深受启发,对建筑师的创新和创造力大为钦佩。通过伯鲁乃列斯基在罗马的测绘研究,他得以窥见古代建筑的些许门道,看到了伯鲁乃列斯基在大教堂的穹顶工程中复活了古代建筑技艺(图 2-3)。

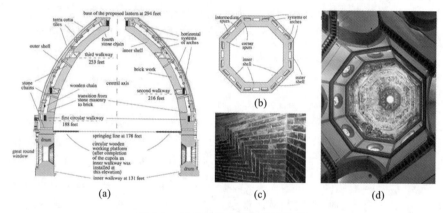

图 2-3 圣母百花大教堂穹顶构造

(a)鼓座结构和带石头链的双层壳穹顶;(b)八角形穹顶;(c)人字形砌砖;(d)穹顶内景

伯鲁乃列斯基的设计深受维特鲁威机械学的启发。他巧妙地运用了直接搭建在鼓座上的木头脚手架和由牲畜驱动的巨型起重设备,[①]使得圣母百花大教堂的穹顶高耸入云,庇护着整个佛罗伦萨。伯鲁乃列斯基凭借这一令人惊叹的成就,为建筑师赢得了超越画家和雕刻家的崇高声誉。[②] 阿尔伯蒂对这项工程赞不绝口,毫不吝啬地将赞美献给这位奇迹的缔造者,认为他

---

① （意)乔治·瓦萨里.著名画家、雕塑家、建筑家传[M].刘明毅,译.北京:中国人民大学出版社,2004:61-76.

② 教堂从 13 世纪末就已经开始兴建,到 1420 年其东端的八角形洗礼堂直径达到 55 米。到伯鲁乃列斯基晚年,当时闻名的人文主义者,如阿尔伯蒂、波焦(Poggio)、尼科利(Niccolo Niccoli)开始承认绘画、雕塑和建筑作为自由艺术的地位。见(英)彼得·默里.文艺复兴建筑[M].王贵祥,译.北京:中国建筑工业出版社,1999:7.

在缺乏示范的困境中发掘出前所未有的艺术和科学知识,其成就理应超越那些依赖现成样板临摹学习的古人。[①]

面对文献的晦涩难懂和遗迹的残破不堪,年轻的阿尔伯蒂不禁发出这样的感慨:

> 大自然,万物之母,已经老了、累了,她青春而光荣的年华,那
> 段塑造了多少神妙的天才和巨人的时光,已经过去了。[②]

古代文明的衰亡和家族的流亡经历,使阿尔伯蒂的命运与但丁有着相似之处:爱者怀揣着无尽的热情,而所爱之人却注定难逃命运的终结。然而,当代建筑艺术的辉煌成就激发了阿尔伯蒂积极投身实践的决心,使他与众不同地超越了前人。诗人往往只能在理性的想象中,通过精神的漫游跨越生死之间的鸿沟。而模仿自然造物的艺术家,却能积极地向自然寻求启示,赋予生命以神奇的力量,让理想之美在现实中重生,再次化身为人的存在。文艺复兴时期,古代留下的遗迹和文本将在人类理性推理的积极介入下,被艺术家们用手脑重新创造,成为自然中的新生命。这个新生命的诞生,并非简单地遵循古代文本中的特定教条或遗迹的个别范例,而是基于万物存在的自然必然性和美与善的人间尊严。

2.2.1　知识与行动的界限

1. 积极行动的道德

阿尔伯蒂的宗教信仰深深烙印着一条箴言:上帝使人追求他所能得到的知识。他生活在被亚里士多德有限宇宙观所影响的中世纪晚期,认为人所能获取的知识受限于肉体的感觉经验。然而,阿尔伯蒂的主要知识背景却涵盖了人文主义和自然科学,他甚至将手工技艺如绘画、建筑等视为严肃的兴趣去追寻。维特鲁威在基础教育之后接受了建筑师的职业培训,同时把修辞和写作作为毕生的爱好去追求。对于追求知识的人来说,试图围绕上帝进行探索似乎徒劳,因为作为大全之父的上帝的知识超出了人类的想象,但这并不意味着人应放弃求知而陷入无知和愚昧的境地。阿尔伯蒂倡导人们遵循上帝的教导,"不要完全无视你们眼睛所看到的东西",尽力去了解和掌握通过经验所能感知到的知识。他对理性抱有相对乐观的态度,但

---

① (意)阿尔贝蒂. 论绘画[M]. 胡珺,辛尘,译注. 南京:江苏教育出版社,2012:Ⅵ.

② Ibid:Ⅴ.

并未达到鼓吹理性主义的极端。在借助理性对感觉的引导，以及通过节制使人过上正确和善的生活方面，阿尔伯蒂可以被称为一位理性主义者。他通过对不同感官知觉的比较，建立直觉与自己的关系，得出初步结论，并通过数学验证将这些结论转化为可应用的知识。[①]

　　与知识的界限相对应的是行动的界限。尽管在基督教的决定论中，命运被视为按照自身规律发展的进程，但阿尔伯蒂坚信，人不应放弃在人生奋斗中运用理智的积极性。在《命运和运气》这部伦理学对话中，阿尔伯蒂如是说："我们必须下到河里用我们的胳膊战胜惊涛骇浪。"[②]他反对任何绝对规则和永恒的确定性，并反对人们试图从绝对稳定的启示中寻求一切答案，或将一切建立在稳定的真理、良好的愿望和不违背原则的基础上，更反对将所有规则的制定都拘泥于绝对规则。[③] 这种态度并非源于基督教对死后拯救的悲观绝望，而是源于阿尔伯蒂对世界的深刻洞察——他认为，这个世界中的一切都会随时间流逝而消逝，不存在绝对的规则和永恒的安全。在讨论这些普遍相对性时，如果我们将绝对和无限的特征归于上帝，那么阿尔伯蒂的观点将非常接近同时代库萨的尼古拉的核心论点。后者提出，上帝的无限性和宇宙的无止境（interminatum）都是无法被有限的认知整体精确理解的。

　　阿尔伯蒂所秉持的是一种倡导积极行动的道德观，而非逃避现实的遁世厌世之态。加林对他如是评价：

　　　　呼吁人的道德，用道德战胜命运，改变命运的拘束，创造自己的世界，使用把科学和诗结合起来的艺术，给事物一种新的面貌。[④]

　　个人的首要目标是成为一个优秀的公民，这意味着他应该尽其所能地为社会和同胞作出贡献。美德是成为好公民的前提，它需要在善念的驱使下，用理性在自然中寻求实现。善念，即行善的意愿，为行动提供动力，也直接决定了个人所能取得的成就和所能达到的美德高度。理性为追求提供方向，避免误入歧途，而求诸自然则使人了解并尝试达到自身所能达到的最高境界。尽管阿尔伯蒂重视感觉经验在认识中的价值，但他仍主张人应以精神的善作为终极目标，不应被感觉和激情所左右，因此必须超越物质，进而独立于信仰。他似乎受到斯多亚伦理学的影响，但并未完全走向抑制情感

---

① 　Ibid:81.

② 　（意）欧金尼奥·加林. 中世纪与文艺复兴[M]. 李玉成，李进，译. 北京：商务印书馆，2016：94.

③ 　Ibid:94.

④ 　Ibid:93.

的极端。因为他认为,一个人如果完全不为情绪所动,那将是非人性的。人所能做到的不是宗全摒弃一切情绪,而是控制并平衡各种感受,享受世界之美,同时不受感官刺激和过度激情的束缚。阿尔伯蒂将节制视为理性最重要的特征和所能达成的结果,它引导人的心灵走向内在的平静,这是正确的,也是善的生活所应追求的理想状态。

　　值得注意的是,《建筑论》以拉丁文撰写,其主要目标读者是那些热心赞助艺术事业的教廷、王公贵族以及受教育者。这部作品不仅将建筑视为赞助人实践其政治抱负的绝佳途径,更通过深入的论述,向王公贵胄们传达了道德训诫。① 在阿尔伯蒂看来,人世间所能追求的最高善与公共利益紧密相连,它平等地将王公与普通市民凝聚在一起。他所倡导的普遍善,是由统治者和个体市民的善共同构成的,并非抽象的理念,而是具有实际政治意义的实践指南。在善与行善的美德上,无论是普通个体还是王公,都共同构成了国家总体的善,两者在这一层面上具有同等的价值。阿尔伯蒂深受古罗马斯多亚派影响,认为统治者应追求普遍的善,王公应避免成为暴君,而应以市民利益为重进行统治,保护他们的自由并遵守城市法律。此外,维护城市和平也至关重要,因为派系斗争引起的冲突将给民众带来深重灾难。阿尔伯蒂既赞赏共和制,也不排斥开明王公对城市利益的守护。他强调,法官作为公共和私人利益的保护者,必须既严格又充满人性,从而无须过度依赖严苛的法律来管理城市。在代表其学术兴趣转向建筑学的拉丁文戏剧《莫摩斯》中,阿尔伯蒂表达了一个观点:任何公众人物都应借助建筑向其同胞展示美德,作为他们命运的回馈。② 正是在这一时期,阿尔伯蒂更名为列奥·巴蒂斯塔·阿尔伯蒂,并设计了独特的题铭纹案——审慎的狮子之眼。这个图案结合铭文"Quid tum"(然后呢?),寓意着死后向神圣的全知全能飞升(图 2-4)。③ 尽管阿尔伯蒂以设问的方式表达,但他设想建筑师能够为所有人——包括普通公民、王公贵族、国家和社会,乃至整个人类——提供适宜

---

　　① 阿尔伯蒂被视为几何学家和建筑理论家早于《建筑论》的面世。他在 1450 年后将该书献给著名的人文主义教皇尼古拉五世后,成为教皇重建罗马的顾问。阿尔伯蒂死后,《建筑论》于 1486 年印刷出版,由诗人波利齐亚诺撰写引言并题献给洛伦佐·德·美第奇。此前这位佛罗伦萨实际的统治者就已经有这本书的手稿,并对此爱不释手。ALBERTI L B, TRANS. BY JOSEPH RYKWERT R T, NEIL LEACH. On the Art of Building in Ten Books[M]. Massachusetts:The MIT Press, 1988:xvi-xviii.

　　② Ibid:xvi.

　　③ Ibid:xvi.

的慰藉和满足。①

图 2-4　Leon Battista Alberti,Occhio alato and motto Quid Tum,1435, Florence,Biblioteca Nazionale Central,cod. 11iv,c. 119v. Countesy of the Ministero dei beni e delle attivita culturali e del turismo

如果这种慰藉和满足仅限于为人们建造实用便捷的建筑,那么建筑活动的规划者就需要预先构想如何在可承受的预算内建造房屋,并为此制订周密的计划。这通常是"石匠和木匠行会"工匠们的职责所在,无须阿尔伯蒂为这一职业群体重新界定其知识与技艺的边界。②然而,他所构想的建筑师却是一种全新角色,他们不应仅仅依赖工匠们加工木头和石头的熟练技艺,而应基于人文主义者的审慎和成熟思考,掌握设计与建造的原理,以实现"为人类高尚需求提供最美配置"的

愿景。③ 驱动这类建筑师进行预想与判断的,是追求完美与完善的目标,他们为建筑活动周密地筹划。阿尔伯蒂以理性的想象力翱翔,以自然法则为蓝本,洞察建筑的自然规律,然后将其转化为人们可以理解和应用的语言。他所探讨的不仅是过去和现在的建筑,更是未来建筑应如何建造的问题。正如他自己所声称的,在维特鲁威晦涩难懂的拉丁语逐渐模糊,古代建筑实体也将随时间消逝之际,他的使命是重新构建建筑的整个话语体系。④ 阿尔伯蒂的愿景不仅在于让建筑建立在自然必然性的坚实基础之上,更在于通过完美的形态体现人类高尚的尊严。他追求的建筑不仅要满足人们的庇护、舒适和愉悦需求,还要激发人们行善的社会美德。无论是源于对人文主义语言的深刻理解,还是受到建筑遗迹实际状况的客观条件限制,阿尔伯蒂都展现出了从中世纪的静态观察转向近代积极行动的决心,使包括建筑在

---

① Ibid:5.

② 在瓦萨里之前,建筑和雕塑从业者依照 13 世纪以来的"机械艺术"划分,属于"石匠和木匠行会"(Guild of Masters of Stone and Wood),画家则因颜料制备而属于"医药行会"。工匠共同体的凝聚力,源于他们各自在操作材料上精湛的技术以及共同工作场景中的相互协作。但行会成员和行会之间是平等关系,并且掌握多种技术的手工艺人可同时属于不同的行会。

③ ALBERTI L B, TRANS. BY JOSEPH RYKWERT R T, NEIL LEACH. On the Art of Building in Ten Books[M]. Massachusetts:The MIT Press,1988.

④ Ibid:154-155.

内的设计艺术成为实现普遍道德和积极行动的有力工具。

2. 图绘与建造的区分

在商人和银行家主导下重构的社会体系中,阿尔伯蒂不仅为建筑和建筑师赋予了崇高的地位,还为这一学科的未来发展做出了深远的规划。大学教育使阿尔伯蒂深受人文主义语言和道德论题的熏陶,他的早期著作在戏剧和伦理学领域表现出色,同时保持了对数学和测绘学的浓厚兴趣。[①] 他深受西塞罗的法律与修辞学作品影响,这些作品成为他著作的典范,并体现了人文科学的修辞学传统。阿尔伯蒂心目中的建筑师是这样的:

> 他们运用卓越的理性和方法,不仅懂得如何用心智和能力进行设计,还了解如何移动重物、连接体块,以实现人类高尚需求下的最完美布局。[②]

在提升建筑知识地位的过程中,阿尔伯蒂通过对抽象线性轮廓(lineament)和物质结构(matter & structure)的区分,明确了建筑师工作的智力层面,而将工匠的实际建造工作归类为受物质限制的体力劳动。这使得材料、技术和设计成为新型建筑师职业不可或缺的知识技能。阿尔伯蒂认为,建筑作为一个有机整体,由轮廓和物质两个既不同又相互对照的方面组成。这一区分回归了古希腊传统,将知识置于技术和劳动之上。轮廓源自人类的知性心灵,是建筑师运用理性进行图绘设计的产物,是理智与推理的结晶。而结构则是建筑的物质层面,由材料构建而成,它基于大自然的规律,依赖于经验和判断的选择。然而,轮廓和物质结构并非孤立存在。熟练的工匠按照轮廓的指引,将材料塑造成形体,使建筑得以在现实世界中呈现。在阿尔伯蒂对建筑的这一基本区分中,艺术家绘图的双手与工匠们加工材料、装配建筑构件的双手被明确区分开来。艺术家的双手远离了工匠们繁重的体力劳动,他们试图通过图绘与理智的结合,既满足建筑的基本需求,又追求更高的道德和美学价值,同时还能发明机械装置,使各种设想通过建造变为现实。阿尔伯蒂的图绘(disegno)理念可进一步细分为图绘研究

---

① 这里"人文主义"采用克利斯特勒的狭义理解。人文主义者(humanista)可被追溯至 15 世纪后期,指从事人文学科的学生、教师和研究者。"人文学科"局限在有限的语言科目中:语法、修辞、诗歌、历史和道德哲学。参见(美)克利斯特勒(Kristeller,P. O.). 意大利文艺复兴时期八个哲学家[M]. 姚鹏,陶建平,译. 上海:上海译文出版社,1987.

② ALBERTI L B, TRANS. BY JOSEPH RYKWERT R T, NEIL LEACH. On the Art of Building in Ten Books[M]. Massachusetts:The MIT Press,1988.

和图绘设计两个层面。图绘研究旨在形成理性判断,而图绘设计则直接指向生产实践。其中,研究性图绘被称为 outline,生产性图绘则被称为 lineament。生产性图绘进一步细分为基址(locality)、覆盖范围(area)和分隔(compartition)三个方面。而物质性的结构则包含墙(wall)、屋顶(roof)和孔洞(opening)三个要素。[①]

阿尔伯蒂以知识为导向,而非技术,将材料和结构置于线性图绘的轮廓之下,从而清晰地界定了建筑师与工匠各自的责任领域。建筑师作为生产计划的策划者,负责赋予建筑以理念和生命,而工匠则作为执行者,凭借熟练的技艺将材料加工成建筑师所构思的形态。[②] 在建筑实体的形成过程中,建筑师是思想的赋予者和生成的驱动力,而工匠则在建筑师理念的指导下,成为物质层面上的执行者。工匠作为建造活动的参与者,其角色在于精准地执行建筑师意图所体现的生产性图绘。材料与结构,作为建筑中受理念支配的物质元素,在工匠的巧手中被赋予图绘所定义的形式。线性轮廓,作为生产性图绘的核心,既是建筑师与工匠交流沟通的桥梁,也是知识向物质转化的模板。从历史的角度审视,当阿尔伯蒂将图绘与结构进行区分时,已预示着设计与建造、建筑与工程、建筑师与工匠之间的一系列现代界定。无论这一根本的区分在时间长河中产生的影响是积极的还是消极的,阿尔伯蒂所重塑的建筑师职业语汇体系,以及基于这套语汇所形成的对建筑的全面理解,已经超越了维特鲁威,成为现代建筑认知的基石。

3. 美与装饰的关联

自古以来,美的普遍理论便认为美蕴含在事物的各部分大小、性质、数量及其相互关系中。[③] 广义的美,指的是这些元素之间的质的关系;而狭义的美,则特指那些能通过数量乃至特定数比来表现的各部分之间的关系。古希腊的艺术家们很早就开始探索音乐和视觉艺术中的完美比例,并将其作为创作的规范。古代哲学家毕达哥拉斯及其学派不仅坚信万物皆数,还认为度量和比例是万物之美的基础。亚里士多德也持有类似的观点,他认为美存在于事物的大小和有序的安排中,认为秩序、比例和确定性是美的核心要素。到了古代晚期,普罗提诺的流溢说进一步将灵魂之光融入美的概

---

① Ibid:7-9.

② Ibid:3.

③ (波)瓦迪斯瓦夫·塔塔尔凯维奇.西方六大美学观念史[M].刘文潭,译.上海:上海译文出版社,2006.

念之中。伪狄奥尼修则主张美在于"比例与光辉"(proportion and brilliance)的结合,这一观点在 13 世纪被阿奎纳所接受,他认为美的概念包含了"清晰和恰当的比例"(claritas et debita proportio)。文艺复兴时期,这种"比例与光辉"相结合的美学观念得到了普遍的认同,这一时期的佛罗伦萨学院领袖菲奇诺便是对此有着深刻理解的代表。文艺复兴时期坚持的美,是"众多部分构成的隐蔽和谐"(armonia occultamente resultante della compositione di piu membri)。

阿尔伯蒂赋予了美以绝对的必然性,将其置于自然中个别事物之上,然而,人却能够通过积极的造物活动,参与到实现世界终极目的——美的过程之中。这一观点鲜明地体现在他对"美"(beauty)与"装饰"(ornament)的细致区分与关联中。在阿尔伯蒂的眼中,"美"是造物内在固有的、完满的理性表现,而"装饰"则是人为增添的、附加的特征。他如此定义美:

> 美是一个身体中所有部分的理性和谐,任何增加、减少或改动都会导致劣化。这是伟大而神圣的事务;要求我们用一切技能和巧智去追求;但制造出在各方面都完美的事物绝少能够达成,这对自然(nature)本身而言也是一样。[①]

当鉴赏家们从自然造物中感到愉悦,意味着他们在其中发现了美,但是自然造物的美总是不能与美的法则保持一致。装饰被阿尔伯蒂定义为:"一种辅助光线(auxiliary light)和对美的补充(complement to beauty)。"[②]美,被视作一种内在的、理性的完满性,鲜少在单一的受造物或人工造物中得以完美体现。尽管阿尔伯蒂未直接提及上帝的绝对伟力,但自然与人为的造物因其物质性的局限,往往难以触及美的本质,这已间接地指向了绝对美作为上帝本性的体现。在多变的自然界中,鲜有受造物能达至完美之境,然而,那些能够引发人们愉悦感受并被称为美的事物,都在某种程度上分享了绝对美的特质。即便这些个别的美与绝对美相比显得匮乏与不足,但事物自然状态的局限性也为人的积极介入提供了空间。人们不满足于静观宇宙之美,更渴望参与其中,为其增添光彩。装饰便是人们参与其中的一种重要方式,它掩盖了自然造物中的不完美,凸显出令人愉悦的美感,使之更趋近于上帝的绝对美。如果说美是一种不可增减的理性与和谐的体现,那么人为的装饰则在增减之间,让人得以参与到这伟大而神圣的事务中,从而赋予

① ALBERTI L B, TRANS. BY JOSEPH RYKWERT R T, NEIL LEACH. On the Art of Building in Ten Books[M]. Massachusetts:The MIT Press,1988:156.

② Ibid:156.

其应有的尊严。若将神圣造物视为从光明流向物理世界的馈赠,美则是"比例与光辉"的交融。而人造物则在这和谐的数比中点亮美的光辉,为自然造物增添了一道"辅助光线"(auxiliary light),使其在人工装饰的点缀下逐步趋近于美的完满(complement to beauty)。

总而言之,对阿尔伯蒂而言,美是建筑内在的和谐数比,它是建筑存在合法性的基石,是符合自然必然性的理性原则。在 15 世纪的知识背景下,实现建筑各部分与整体内在一致的比例,关键在于毕达哥拉斯的和声比例体系。而广义上的"装饰",指的是所有超越必需范畴的修饰行为,它赋予了建筑及其使用者崇高的尊严与愉悦。阿尔伯蒂特别强调,在所有的建筑形式中,柱子是最基本的装饰元素。[①] 柱子的优雅与其美的比例紧密相关,为建筑增添了高贵的气质,是对美的升华。柱子在阿尔伯蒂的美学理论和实践中占据核心地位,因为它作为人类积极实践的产物,参与并推动了自然造物向美的目标迈进。因此,柱子随后成为古典建筑的核心议题,并在文艺复兴时期的考古和理论研究中,人为地衍生出了古代所不存在的五种柱式体系。

2.2.2　有限与无限

1. 有限:道德的有形界限

对于阿尔伯蒂而言,古代自然哲学的宇宙-社会类比依旧鲜明。他将城墙之内的社会道德视为王公维系的对象,正如神圣的普遍正义在宇宙有限的边界内得到体现。古代宗教、公共建筑及其社会制度,作为人类积极构建普遍秩序的道德行为,阿尔伯蒂对这三者之间的关系进行了深刻的阐述。[②] 他认为,有远见的古代统治者是"伟大的审慎者",他们对建筑事业的重视远超现代。通过壮丽而奢华的机构建筑,统治者让民众相信他们必须依赖这些机构才能生存。然而,当这些建筑的外饰被剥去后,它们所支持的公共和宗教事业,不仅远非外表所展示的那样伟大和神圣,甚至可能显得乏味而可鄙。在这段充满批判意味的论述中,阿尔伯蒂将艺术家比作诗人,他们用华丽的言辞编织了一层现象纱幕,掩盖了可鄙的真实。他们将繁华的表象呈现给那些愿意相信感官体验的观看者,而将揭示纱幕下真实、道德论题及更

---

① (意)阿尔伯蒂. 建筑论——阿尔伯蒂建筑十书[M]. 王贵祥,译. 北京:中国建筑工业出版社,2010:177.

② ALBERTI L B, TRANS. BY JOSEPH RYKWERT R T, NEIL LEACH. On the Art of Building in Ten Books[M]. Massachusetts:The MIT Press,1988:155.

深层次的隐秘,留给了那些用真理之眼积极探究的心灵。

阿尔伯蒂深信,在古代,城墙和神庙被赋予了至高无上的神圣地位,这既源于人文主义者对道德议题的深切关怀,也受到了中世纪晚期有限宇宙论广泛影响。他构建了一个以"公正"为核心的神人交叠的建筑理论,其中墙扮演着至关重要的角色(图 2-5)。若将阿尔伯蒂对社会的关注与历史倾向与布鲁尼(Leonardo Bruni,1370—1444)相比,后者的美学观点,即善与快乐的统一,则深受当时伊壁鸠鲁学说的基督教调和者瓦拉(Lorenzo Valla,1407—1457)的影响。神对尘世中易朽的人类漠不关心,只关注那些能使人们心怀虔诚,灵魂得以净化,并与神交流的地方——神庙(或教堂)。为了实现人神之间的直接沟通,神庙(或教堂)应能最大限度地激发人们的虔诚之情。由于美最能唤起人的虔诚之心,因此在神庙中竭力展现美的元素,使进入其中的人不由自主地产生敬畏之情,从而使神庙成为上帝在人间真正的居所。[①] 在阿尔伯蒂看来,古代社会如同在充满偶然性的海洋中漂泊的扁舟,仅仅依靠世俗社会的组织性,难以防范人与人之间的争斗。为了长久地维持社会的稳定,必须仰赖高于人的智慧和力量。古代城墙之所以被献给神,是因为它受到神的庇护,既能抵御外敌,又能保护城内居民的团结。神庙的献神也同样出于类似的理由,但更多地通过人的身体实践,在精神上给予人们深远的影响和庇护。

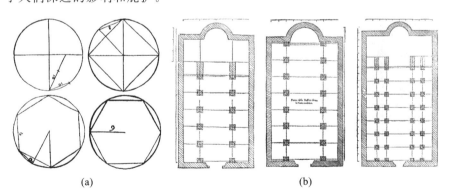

(a)　　　　　　　　　　　　(b)

图 2-5　公正之墙:集中式神庙与巴西利卡

(a)神庙平面范围的三种形状:圆形、四边形、正多边形,都以圆形为主;(b)巴西利卡方形平面:
　　世俗正义的裁判所

阿尔伯蒂在探讨"公正"这一抽象的道德论题时,深入剖析了神庙物质

---

① Ibid:194,187-188.

性存在中蕴含的神圣与世俗之间的本质。他坚信,诸神的精神性本质与神庙的物质性存在是截然不同的。诸神真正关注的是市民的虔诚而非物质奉献的贵重。他们并不在乎用何种材料建造神庙,无论这些材料对人而言如何珍贵难得、耗费巨资,它们都不及在神庙中所体现的与神共享的公正与道德。正是通过人们在神庙中的虔诚活动,精神性的神与居于凡尘俗世中的人们在神庙中达成了和解。市民在神庙中度过的虔诚生活,实际上是在传递并实践神赐予的公正,这正是神与人类社会共同关注的焦点。在神庙中,市民与神共同缔结的团结盟誓,有助于保护城市免受内部分歧和争斗的侵蚀,使其更加团结稳固。基于对神庙在社会中所发挥的精神庇护作用的深刻理解,阿尔伯蒂理解了犹太神秘主义的观点,即神无须通过神殿的供奉来彰显其存在,因为世界本身就是诸神的殿堂。然而,他并未就这一问题进行更深入的探讨。①

　　阿尔伯蒂以道德论题中的"公正"与基督教的"拯救"为核心理念,提出了他对理想教堂的设想。这一设想虽以建筑为载体,但其意义远超出职业范畴,实则蕴含了他对理想社会的全面构想。② 他认为,神圣的"公正"之地即为神庙(教堂),而世俗的"公正"之地则表现为巴西利卡。在教堂的平面设计中,阿尔伯蒂参考了古代建筑先例和自然范例,提出了三种可能的形状:圆形、四边形和正多边形。圆形,作为自然造物最钟爱的形状,可见于大地、动物巢穴和星辰之中。四边形则主要源于人类祖先所建的古代神庙,其长宽比涵盖了 1∶2、2∶3 和 3∶4 三种。而正多边形则是由圆形衍生而来,包括正四边形、正六边形、正八边形、正十边形、正十二边形和正二十四边形等,其中三种四边形衍生自正方形,而圆形则是所有正多边形的基础。阿尔伯蒂进一步指出,这九种基本图形可通过添加矩形或半圆形的小礼拜堂,演化出多种复合几何形态,使每一边都与中心焦点形成和谐的对等关系。在局部与整体的呼应关系中,每一个单独的部分都反映了整体的比例关系,确保了局部与整体的均衡性。这种几何绝对、不变且静态的明晰性,以及各部分与整体之间无处不在的和声法则,使得大宇宙与小宇宙之间产

---

① Ibid:193.

② 阿尔伯蒂提出教堂的基址(locality)应位于广场上,周围环绕宽阔的街道或若干小广场,使之能从各个方向观看,并建在高出地面的台基上独立于尘世的沾染。门廊和神庙都应高于所在城市的地面高度,就像人和动物一样总是头在上而足在下。在身体的这个类比中,各部分都与其他部分对应并组成彼此不可分割的有机整体。所以,他建议神庙基座应为建筑宽度的1/6,大型神庙的基座则为建筑宽度的 1/7 或 1/9。Ibid:90,192.

生了深刻的联系。这些几何定式所展现的和声完美性,不仅是对神性普遍正确和声的一种视觉表达,更是阿尔伯蒂对理想教堂与理想社会构想的具体体现。

　　阿尔伯蒂对神圣建筑方形平面的深入研究,主要源于对古罗马神庙和早期基督教建筑的详尽考察。他在巴西利卡这一早期基督教的虔诚场所中,发现了将古代建筑范例与基督教建筑特色融合的可能性。这种融合不仅体现在建筑形式上,更体现在他对早期教会礼拜仪式,尤其是圣餐礼的深刻理解和关注上。在古罗马的多神信仰体系中,每位神灵都有其独特匹配的神庙样式。而古代基督徒则坚守一神信仰,选择巴西利卡作为他们举办宗教活动的场所。巴西利卡的方形平面设计巧妙,内部空间通过列柱廊划分为中殿(nave)和侧廊(pavement),其中中殿尽端的祭坛(altar)占据着最为重要的位置,祭坛背后设有法官席(tribunal),周围环绕着唱诗席(choir)。此外,早期巴西利卡的木构架屋顶设计,相较于使用穹顶的神殿,更有利于清晰地传播牧师布道的声音。[①] 值得注意的是,巴西利卡在古代也作为司法裁判所使用,是执行人间正义的场所。这种与神圣"公正"的深刻关联,使得巴西利卡这种建筑形式在宗教领域中显得尤为适宜。[②]

　　早期基督徒的主要宗教活动包括圣餐礼以及《圣经》的讲解布道。[③] 在阿尔伯蒂看来,早期基督徒分享圣餐礼并非为了果腹,而是在每个人品尝圣餐之际,通过声音传播的布道充盈并激荡信徒的心灵。这些宗教活动不仅交流思想,更激发了信众内心对普遍美德的热爱,促使他们通过善行融入耶稣的普遍拯救之中。受宗教体验触动而焕发出美德的信徒,都根据自己的意愿,奉献出虔诚的捐赠。主教收集这些捐赠,并组织教会将其分发给穷人。这些由宗教体验激发的德行,让教众在宗教活动中分享同胞间的友爱,并通过捐赠与再分发,使神圣的公正得以在现实社会中通过宗教活动得到

---

① Ibid:202.

② (德)鲁道夫·维特科尔.人文主义时代的建筑原理(原著第 6 版)[M].刘东洋,译.北京:中国建筑工业出版社,2016:18.

③ 耶稣在受难前夜与门徒的晚餐上的言行,是基督徒圣餐礼的来源,也是纪念耶稣以自己的牺牲为中保,订立普遍的解放和拯救的"新约"。他们围坐在一张低矮的桌子和椅子上,边喝葡萄酒,边吃苦菜和无酵饼。晚餐快结束时,耶稣拿起一块饼,向神祝谢后说:"这是我的身体,为你们舍的。你们也应当如是行,为的是纪念我。"并以同样的方式拿起酒杯说:"这杯是用我的血所立的新约,你们每逢喝的时候,要如此行,为的是纪念我。"

实践。[①] 阿尔伯蒂以基督教"拯救"理念与人间"公正"的结合为出发点,建议教堂中仅设一圣坛,并每日举行一次圣餐礼。如何将代表宇宙普遍性的向心形穹顶与象征人间正义的方形礼拜空间相融合,即如何调和神圣建筑中古典的向心性与基督教建筑轴向性的矛盾,成为后来古典主义建筑师们亟待解决的核心问题。

维特科尔为阿尔伯蒂对墙体问题的关注提供了一种解释,[②]这主要源于当时的情况:他们唯一能够参考的古代建筑指南主要来自古罗马帝国的建筑,而对古希腊神庙的了解则几乎为零。古罗马建筑以墙体为核心,而古希腊神庙则显著地以圆柱为特色。因此,阿尔伯蒂在定义圆柱时,总是以墙体为基本参照。他时而将圆柱视为墙体的加固结构,时而又认为圆柱是墙体被洞口穿透后剩余的部分。若将圆柱的装饰问题视为与比例无关的独立元素,我们或许可以推断出,他对古希腊建筑的无知导致了他在圆柱作为独立要素上的矛盾认知。然而,从阿尔伯蒂将装饰视为美的升华这一观点出发,若墙体被视为有限宇宙的基本框架,使建筑从整体到部分都受到比例的严格调控,那么圆柱作为与美紧密相连的装饰元素,自然需要以墙体为基础来确立自身的位置和形态。柱式受到墙体的调节,正如装饰受到整体比例的制约,这是建筑超越物质层面,达到审美愉悦不可或缺的要素。

2. 无限:透视的相对视角

阿尔伯蒂的一点透视法不仅将感性时空几何化,还全面掌控了画面空间,这彰显了他将数学作为控制手段的工具化取向,以及他渴望将理论付诸实践的新理念。他的透视学直接来源于数学家托斯卡内利(Paolo Toscanelli,1397—1482),后者向他介绍了古代、阿拉伯和中世纪的光学知识(图2-6)。托斯卡内利恰好与无限宇宙观念的先驱库萨努斯有深厚的友谊。更值得一提的是,阿尔伯蒂以实用为导向传授几何学知识,将其作为一种技术性培训融入理论著作中,使之成为新职业不可或缺的技术手段。这种教学方式并非源于中世纪大学中主张沉思默想的理论传统,而是植根于中世纪行会中注重劳动和生产的数学技能传授。这种数学技能的教授和学习,并非为了探寻事物的本性和真理,而是为了让人能够用数学掌控事物在现

---

① (意)阿尔伯蒂.建筑论——阿尔伯蒂建筑十书[M].王贵祥,译.北京:中国建筑工业出版社,2010:218.

② (德)鲁道夫·维特科尔.人文主义时代的建筑原理(原著第6版)[M].刘东洋,译.北京:中国建筑工业出版社,2016:41-42.

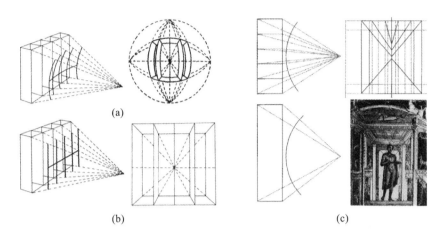

(a)

(b)   (c)

图 2-6 古代球面投影和单眼线性投影

(a)球面投影;(b)线性透视的平面投影;(c)公元 1 世纪意大利壁画上的透视

实中展现的规则。另一方面,尽管阿尔伯蒂的实用几何学也受到了古代机械学的影响,但在这里,几何与制造的关系得到了重新的定义。设计和制造机械不再是数学家在思考理论之余的消遣,相反,艺术家们可以自由选择那些实用的理论,甚至为了实用性和可操作性,暂时搁置那些与所涉技艺"不相关"的理论争辩。这使得技术在普遍认知受到挑战时,能够成为既定解释的有力挑战者。这种意图与伽利略在一个世纪后借助仪器发明挑战人的直接感觉、现象世界和逻辑推理的做法有着异曲同工之妙。

如图 2-7 所示,"阿尔伯蒂的纱屏"设计精巧,由一坚固的外框与若干彼此垂直

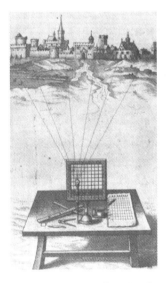

图 2-7 "阿尔伯蒂的纱屏"

的细线交织而成。画家从特定的固定视点出发,仔细观察对象在方格网上的精确位置,并将之准确描摹到方格纸的对应位置上,从而得以捕获并呈现对象的细致轮廓,确保了画面的精准度与细腻感。

阿尔伯蒂的单眼线性透视法,植根于相似三角形理论,但其核心理念与欧几里得光学的基本几何原型存在显著的差异。欧几里得假定从物体表面

到人眼之间,视觉射线可抽象为几何线条,进而形成单眼为顶点、球面为投影面的"视觉圆锥"。[①] 公元前 25 年,维特鲁威提出所有视觉直线在远处聚焦于一个圆形中心,这一观点正是基于欧几里得的几何光学。然而,阿尔伯蒂的几何透视学对此进行了革命性的简化,他将"视觉圆锥"转变为以单眼为顶点、以三角形为底的"视觉棱锥"。[②] 这一关键性转变使得棱锥的投影面可由方形平面构成,极大地提高了实用性。相较于古代的"视觉圆锥",阿尔伯蒂的"视觉棱锥"体系使得可见物体的表面轮廓能够被精准地投射到方形网格构成的平面上。在传授实用数学技能的过程中,阿尔伯蒂巧妙地搁置了自古以来未有定论的一些基本争论,如视觉射线是从物体到人眼还是从物体发射到视觉;[③]视力是眼睛主动发射还是像镜子一样反射物体表面的图像。[④] 通过简化这些深奥的理论论争,阿尔伯蒂将透视问题简化为极具操作性的单眼线性一点透视,使得投影图像的尺寸、被看物体的尺寸以及物体之间的相互位置关系,都能根据观察点与物体之间的距离,在投影面上进行精确的度量、计算和预测。

阿尔伯蒂在引用普罗泰格拉的名言——"人是万物的尺度"时解释道:"也许他的意思是,人类需要通过将世间万事和自己对比才能得到对万物的认识。"在一段关于比较的论述中,阿尔伯蒂似乎在以库萨努斯的口吻谈论视角与人类理解的相对性问题:

> 如果神将天空、星星、大海、高山以及世间的一切都折成一半,我们不会察觉到任何的不同。大、小、长、短、高、低、广、窄、明、暗,以及其他类似的概念,都是由对比而形成的。因为它们不一定是物体的固有属性,先哲将其称为或然性质。……我们通过对比了解万物。对比本身就包含一种判断力量,立刻分辨出物体之间的

---

① 对欧几里得定理以及其与透视的关系的讨论详见 TOBIN R. Ancient Perspective and Euclid's Optics[J]. Journal of the Warburg and Courtauld Institutes,1990,53(14):41.

② 阿尔伯蒂的视觉棱锥,即以观察者的眼睛为顶点,观看对象为底边,建构了一个基于三角学的投射体系。

③ "这些视觉射线……从眼睛延伸到我们观察的面……每当视觉射线碰撞到厚的、不透明的物体,它们将在这里设置一个点并停留在此点上。关于射线是来自眼睛还是来自面本身,前人有不少争议。不过,这些争议对于我们的论题来说则是复杂又毫无意义。我们不去考虑它们。"见(意)阿尔贝蒂.论绘画[M].胡珺,辛尘,译注.南京:江苏教育出版社,2012:4.

④ "这里,我们不讨论视力到底是居住在眼部神经的深处,还是像活镜子一样将图像映现在眼球表面。肉眼在视觉感应过程中扮演何种角色,在此不需考虑。"Ibid:6.

大、小、相等的关系。①

人对于概念的理解，其起点往往在于比较。而在比较的过程中，选择何种事物作为基准度量至关重要。阿尔伯蒂认为，人体作为我们最熟悉的事物，自然成为最基本的度量标准。如果"人是万物的尺度"这一观点意在表达以人体为尺度来认识世界，那么不同的个体差异，如选择哪个人的身体，或是身体的哪个部分作为基准度量，便带有一定的偶然性和主观任意性。在《论绘画》一书中，阿尔伯蒂就提及了头和手臂作为两种基本度量（图 2-8）。而维特鲁威的古代传统则是以手、脚作为基准度量，这基于的是实际测量的习惯。然而，阿尔伯蒂特别强调以头作为度量的重要性，这一选择受到了伪狄奥尼修对中世纪晚期神学影响的启发。尽管阿尔伯蒂后来解释他发现脚长与下巴到头顶的长度相等，从而确保了以头作为基本度量并不违背维特鲁威的标准，但以头为基本度量却蕴含了截然不同的神圣价值取向。库萨努斯曾经指出过以头为度量的宗教内涵：

> 主啊，你的面容都具有美……你的面容就是绝对的美，是给予所有美以存在的形式。②

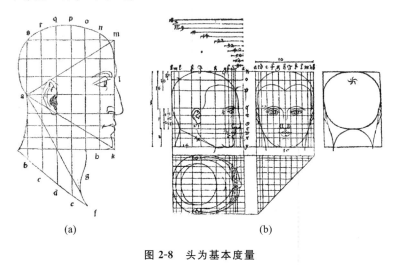

　　　　(a)　　　　　　　　　　　　　　　(b)

图 2-8　头为基本度量

（a）达·芬奇，Luca Pacioli，Divina Proportione，Venice，1509；（b）丢勒（Albrecht Dürer），Vier Bucher von menschlicher Proportion，1532

这赋予了面部绝对美的象征性。然而，在构建透视网格的过程中，阿尔

---

①　Ibid：16.

②　（德）库萨的尼古拉.论隐秘的上帝[M].李秋零，译.北京：商务印书馆，2012：70.

伯蒂却选择了画家的臂长作为基本度量,这一选择使得整个体系的基础设定从一开始就带有了一定的主观性和任意性。

在阿尔伯蒂所创立的线性一点透视体系(Construzione Legittima)中,投影截面网格的纵向和横向平行线,均以一臂长(即人体身高的1/3)作为基本的度量单位(图2-9)。关于透视网格纵向平行线的具体设定如下[①]。

> 我设定一个随意大小的直角四边形,将它视为一面打开的窗口,从中可观我想画的场景。此时,我会权衡画中人体的高度,然后将其一分为三,每三分之一相当于一个"臂长"——一个普通人的身高含有三个这样的长度。我用臂长为单位切分取景方框的底边。对我来说,取景方框的底边相当于地面上离我最近的一条平行横切线。在取景方框里,我在最合适的地方设定中心射线的落点,称其为中心点。如果中心点是准确的,它离取景方框底边的距离应当与画中人的身高相等。这样才能让观察者觉得自己眼前的可视面与画家创造的画面是同一个面。

> 确定了中心点的位置,我将直线从中心点连接到取景方框底边的每个切分点。用这些似乎无限长的线条,我提示自己去注意每条横切线的视觉变化。[②]

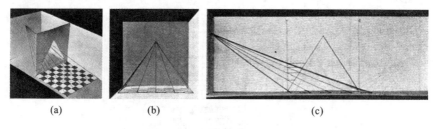

(a)　　　　　　(b)　　　　　　　　　　(c)

图 2-9　以一臂长为基本度量

(a)阿尔伯蒂透视正法模型;(b)正面;(c)侧面

透视网格中横向平行线的设定方法,同样受到了伯鲁乃列斯基(Filippo Brunelleschi,1377—1446)的启发。据传,伯鲁乃列斯基在建造洗礼坛时,站在距离大门三臂长的位置,以教堂大门为取景框,通过测量得到了建筑各点的基本位置和线条之间的基本角度。阿尔伯蒂的方法如下:

---

① 阿尔伯蒂纵向平行线的设定方法可能来自画家洛伦采蒂(Ambrogio Lorenzetti,1290—1348)所使用的线性透视方法,也可能来自当时用一种针孔方盒来测量特定场景的实用方法。

② (意)阿尔贝蒂.论绘画[M].胡珺,辛尘,译注.南京:江苏教育出版社,2012:17.

在一个小空间中，我画一条直线，按照取景方框底边的切分，将其分成等长段落。然后，在等同于底边到中心点的高度设定一个点，并且画出该点与前述直线上各切分点的连接线。接着，我设定眼睛与画面的距离。我用中心射线的一条垂直线切割这若干条连接线。按照数学家的定义，一条直线与其垂直线相交所形成的都是直角。这条垂直线与所有连接线的交叉点让我了解到画中平行横线应有的线间距离。我据此设定画中所有的横向平行线。（图 2-10）[1]

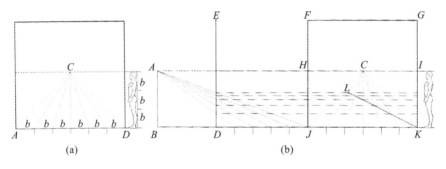

图 2-10　手臂为基本度量：透视网格设定方法

(a)纵向平行线设定方法：AD 与中心点 C 之间的距离等于人的身高，b 为臂长，等于身高的 1/3。以 b 为 AD 的间隔点，连接中心点 C 与底边的各个间隔点产生纵向平行线。(b)横向平行线设定方法：以臂长 b 分割 DJ，作 BD 等于观看者与画面的距离，A 点为假设观察点。连接 A 点与 DJ 上的各间隔点，得到横向平行线。连接水平网格的对角线 KL，观察它是否落在网格内的对角点上，校正水平线

画家在绘制对象轮廓时，会伸直手臂，使得被画物体、画家的手与眼睛之间自然形成一个三角形的斜边。基于这种系统化的网格绘制法，所创作的图像将兼具精确性、可控性和可预测性。当画作完成后，若观看者从画家预设的位置观赏，将能精确领略到画家期望呈现的画面。阿尔伯蒂透视网格的中心点确定，依赖于画家对画作摆放位置的考量，以及画家主观上决定的观看者应当从何种距离来欣赏画面。此外，阿尔伯蒂的投影法中的基本度量并非固定，投影中心点的位置设定同样具有主观性。首先，作为透视网格基本度量的手臂长度，并非普遍接受的标准度量，而是基于画家个人臂长设定的特定数值。不同画家之间的个体差异会导致手臂长度设定的差异。其次，透视中心点位置的设定也是画家主观决定的，它代表了画家认为观看

① Ibid;19.

画作的最佳位置。

在 15 世纪中叶,同质空间的概念仅存在于库萨努斯的理性思辨之中,那时无限性被赋予了上帝而非宇宙本身。然而,阿尔伯蒂则从可传授的图绘技艺角度出发,为图像构建了一个同质的无限空间框架。这一框架不仅让画家能够依靠一套固定方法精确地勾勒出物体的轮廓,还能根据个人意愿,将描绘对象置于一个可准确预测物体间相互关系的画面中。在这个画面空间框架中,透视中心的位置、基本度量的设定,以及透视网格的横向和竖向布局,都带有相对性、偶然性和主观性。以画家或观察者的眼睛作为视觉棱锥的顶点,延伸至画面无限远处地平线的射线,共同构建了一个围绕主观视角展开的无限同质性画面空间。值得强调的是,这种画面空间是人为的主观建构,旨在实现高度的控制性,而非真实地描绘我们通过感知体验到的可见世界。在这个过程中,观察者的眼睛、头部和身体的移动被严格限制,他们被迫静止地站在固定位置;原本可运动的双眼视觉被简化为无法转动的独眼视觉;视觉投影面也从球面转变为平面,使得原本难以精确测量的尺寸和距离都能通过相似三角形进行计算并准确预测。这些变革是透视作为操作性工具对视知觉的抽象化,其目的不仅在于满足轻松描绘对象的需求,更在于实现对画面中事物显现的精确掌控。

2.2.3　设计图绘的智性操作

1. 图绘 disegno

阿尔伯蒂认为图绘居于三门"设计"艺术的最高位置,是三者的基础、中介和最终完成形式。阿尔伯蒂认为一切人工之美皆由绘画诞生:

> 古代作家三重伟大的赫尔墨斯断定,绘画和雕塑与宗教同时诞生。……绘画已取得了所有公众和私人、宗教和异端的学问中最高尚的地位,成为全人类最敬仰的学问。[①]

关于雕塑和绘画的关系,阿尔伯蒂认为:

> 雕塑和绘画这两种艺术是相连的,而且出自同一种才智。但我总是给予画家的才智以更高的地位,因为他的工作难度更大。[②]

更为重要的论点是关于建筑和绘画的关系,阿尔伯蒂提出绘画是建筑

---

① Ibid:29.

② Ibid:31.

装饰的来源：

> 事实难道不是绘画是所有艺术或它们装饰的女主人吗？如果我没搞错的话，建筑师从画家那儿拿来楣构（architraves）、柱头（capitals）、柱础（bases）、柱身（columns）还有山花（pediments），以及所有那些建筑上的出色特征……绘画是所有艺术之花。①

这直接建立了绘画与建筑装饰之间的紧密联系。鉴于绘画被誉为所有艺术之母，一切人工之美均源自绘画，建筑自然也不会成为这些艺术中的可悲例外。正如绘画始于对人体形象即轮廓的精确描绘，这些独立的轮廓被巧妙地融入可信的透视空间中，并进一步借助阴影与色彩的运用，使之逼真地再现自然造物。建筑同样是一门"模仿"自然的艺术，它确保作为人造物能在自然中尽可能稳固地存在，其稳固性源于对图绘轮廓的精准把握。正如阿尔伯蒂所言：

> 所有线性图绘的意图和目的都在于找到正确的，绝对不会出错的方式将那些确定并围合建筑表面的线和角结合并安装到一起。②

图绘兼具认知和创作的双重属性，它在 15 世纪为建筑逐步获得接近自由艺术的知识地位起到了关键性的桥梁作用，其中几何学是不可或缺的知性因素。

"Disegno"（意大利语，意为"设计"）这一术语，最初由瓦萨里（Giorgio Vasari，1511—1574）在其著作《名人传》（*Le vite de' piu eccellenti architetti，pittori，et scultori italiani*，1550）中引入。这部作品的标题已经预示了三种"设计艺术"（disegno arts）的存在，即绘画、雕塑和建筑。值得注意的是，瓦萨里并非首位将这三者并列的学者。在他之前的一个世纪，瓦拉（Lorenzo Valla，1407—1457）在 15 世纪初，对佛罗伦萨的杰出艺术家如马萨乔、多纳泰罗、吉贝尔蒂等人的才华深感钦佩，因此将绘画、雕塑和建筑与 14 世纪已获自由艺术地位的诗歌相提并论。与瓦拉同时代的阿尔伯蒂更是首次分别为绘画、雕塑、建筑建立了理论体系，并将这三者的智性基础均归结于图绘，他们都为瓦萨里将这三者并立提供了重要的先行思想。

---

① 　Ibid：27.

② 　All the intent and purpose of lineaments lies in finding the correct，infallible way of joining and fitting together those lines and angles which define and enclose the surfaces of the building. ALBERTI L B，TRANS. BY JOSEPH RYKWERT R T，NEIL LEACH. On the Art of Building in Ten Books[M]. Massachusetts：The MIT Press，1988：7.

瓦萨里坚信,绘画、雕塑和建筑的共同基石正是 disegno:

> disegno 堪称三种艺术——建筑、雕塑和绘画的共同根源。它
> 源自智性,能从众多个别事物中提炼出普遍性的判断。disegno 就
> 像自然万物中的形式或观念,广泛涵盖了诸多奇妙之处,不仅体现
> 在人体和动物的身体结构中,也体现在植物、建筑、雕塑和绘画作
> 品中。disegno 是一种认知,它揭示了整体与部分之间、部分与部
> 分之间以及它们与整体之间的比例关系。鉴于这些知识能够孕育
> 出独特的概念和判断,disegno 是在心灵中逐渐形成的。当这些概
> 念通过双手得以表达时,我们便称之为 disegno。因此,我们可以得
> 出结论:disegno 是一种可见的表达,是我们内在概念的宣言,是他
> 人曾经想象过并以观念赋予形式的事物。①

Disegno 的史前史可追溯至中世纪晚期,然而,将绘画、雕塑和建筑以
disegno 的概念统一起来,则是文艺复兴时期画家、雕塑家和建筑师们努力
使他们的艺术活动模仿自由艺术的成果。这一过程中,智性活动被从繁重
的体力劳动中解放出来,并以精神性为基准,将艺术置于肉体性和物质性之
上。在此之前,绘画、雕塑和建筑无论是在古代还是中世纪,都各自属于不
同的认识论分类。尽管古希腊、古罗马和中世纪的认识论分类经历了巨大
变革,但这三种艺术始终被认为与物质和技术有着更为紧密的联系。在古
罗马时代,绘画若用于生计,往往被视为需要体力劳动的手工艺,仅在作为
绅士的消遣活动时才享有较高的社会地位。而在中世纪的神-自然-人的三
分世界中,仅有建筑曾一度被纳入自由艺术与机械艺术的认识论分类体系。
然而,由于建筑的主要目的是满足人们暂时的生存需求,并且因其体力劳动
的属性,即使在机械艺术的整体分类中也处于较低的地位。

自由艺术与机械艺术的界限,构筑了中世纪整体知识体系的循环,它象
征着从神到人的知识下降之路,以及从人向神精神上升的阶梯。自由艺术
旨在由上至下地启迪精神,而机械艺术则助人由下向上攀登拯救之路的台
阶。然而,随着中世纪的尾声,不以生产为目标的自由艺术与产生成果的其
他艺术形式之间的界限,被诗歌及诗人所获得的地位所动摇。诗歌作为一
种创作性的艺术形式,凭借诗人通过灵感所触及的真理直观,以及语言所遮
蔽下向读者揭示的隐蔽真理,获得了近乎自由艺术的地位。尽管在中世纪

---

① VASARI G,MACLEHOSE T B L S. Vasari on Technique[M]. Dover Publications,1960:
205.

的哲学-神学分类体系中,诗歌从未被明确归入任何认识论分类,但人文主义者的推崇使其近乎提升至自由艺术的崇高层次。这一现象与 12 世纪至 14世纪人文主义者成为继神学-哲学之后的新兴权威,并根据他们的视角改写既有认识论体系紧密相连。这些人文主义者围绕语言三艺展开对古代学识的研究,他们虽受早年教育的基督教信仰影响,但研究并不旨在恢复古代的多神宗教信仰,而是更关注其中的道德和历史议题。演讲和诗歌成为人文主义的核心,它们均与语言三艺紧密相关。

但丁借鉴菲洛的寓意解经学,将诗性语言划分为四个层次。首先是字面意义,它局限于文字的直接含义;其次是比喻意义,它隐藏在诗歌的幕后,是美丽谎言背后掩藏的真实;再次是道德意义,这是读者及其学生为追求个人成长而孜孜以求的;最后是秘密含义,它指向诗歌中不朽的超验精神性。[①]彼特拉克则认为诗的语言如同半透明的纱幕,人们能够感受到其存在,但真理藏匿于纱幕之下。要揭示这层纱幕后的隐藏真理,需依赖于内在理性之眼的洞察力,它能够穿透感性的迷雾,洞察更深层次的真相。因此,彼特拉克认为诗人的使命具有双重性:一方面是用语言编织贴近真实的感性纱幕,另一方面则是竭力隐藏纱幕背后的真理,仅让拥有真理之眼且勤于探索的读者能够窥见。[②]这样,诗歌便成为真理的启示,读者通过阅读或聆听诗歌,在沉思隐藏意义的过程中,灵魂得以升华。这一过程使表象之美与超越性真理在人的精神追求中得以连接。此外,彼特拉克从贺拉斯的《诗艺》中发现了诗歌与绘画的相似之处,并从绘画中识别出修辞学的基本元素,这促使绘画在设计相关的三门艺术中首次获得了与诗歌相媲美的地位。

2. 知识与教育

直到 15 世纪初,建筑依旧被归类于机械艺术,尚未与以诗歌为核心的准自由艺术形成联系。瓦拉是首位将绘画、雕塑和建筑这三种艺术形式并列,并赋予它们与自由艺术同等地位的人文主义者。[③] 作为阿尔伯蒂的同代人,

---

① （波）塔塔科维兹. 中世纪美学［M］. 褚朔维,等,译. 北京:中国社会科学出版社,1991:242.

② 诗人的任务是用美丽的帷幕润色真实,这样真理就对无鉴赏力的庸众隐藏。

③ 瓦拉不反对宗教,主要持宗教与哲学的调和立场并倾向于伊壁鸠鲁哲学。在《优雅的拉丁语》中他在谈拉丁语应清除中世纪的污染,并回到古代起源的时候提到,在一些艺术中与古代相似的完美正在出现:"我不知道为什么这些与自由艺术紧密相关的艺术——绘画、雕刻、雕塑和建筑——长期以来变得如此堕落,与文学一样近乎死亡,也不知道为什么现在它们又都站起来并都变得有生机了;好的手工艺人和好作家现在都大量涌现出来。"

他可能同样在吉贝尔蒂、多纳泰罗和伯鲁乃列斯基的雕塑与建筑中,感受到了古典文化的全面复兴,并对它们与诗歌一样被赋予了近乎自由艺术的崇高地位以示嘉奖。同样作为人文主义者的阿尔伯蒂,为后来由瓦萨里统称为"disegno"的三种艺术——绘画、雕塑和建筑,分别撰写了专著,这些著作成为 16 世纪艺术认知的权威总结。①

佛罗伦萨设计学院(Accademia del Disegno in Florence,成立于 1541年)是首个集绘画、雕塑、建筑教育于一体的官方艺术教学机构。② 然而,在15 世纪末的意大利,基于艺术新认知的研究社团和学校已零星出现。其中,洛伦佐在佛罗伦萨建立的雕塑家学校是最早的新艺术学校之一,③而达·芬奇(Leonardo da Vinci,1452—1519)在米兰主持的艺术学院则是最早的新艺术研究社团。④ 1490 年,洛伦佐·美第奇任命雕刻家贝托尔多为雕塑学校的教师和校长,并委托多米尼科·吉兰达约推荐有天赋的青年前来接受训练,以培养能荣耀自己和佛罗伦萨城的雕塑家。米开朗琪罗少年时便被选中成为吉兰达约的学生,不在行会中接受传统教育,而是在师傅的指导下学习素描,并深入研究美第奇家族收藏的古今名作。这种教育方式在当时已属前卫。达·芬奇受阿尔伯蒂启发,坚信将绘画提升至科学领域能使艺术家因知识和思想获得更高的尊重。他致力于提升绘画的学术地位,赞美绘画为"献给上帝的祭品",认为没有绘画,科学也难以存在。然而,达·芬奇贬低体力劳动,因此不认为雕塑是一门"科学"。据卢卡·帕乔利(Luca Pacioli)在《神圣比例》(Divina Proportione)中的记载,1498 年米兰曾建立过一个以达·芬奇为核心的艺术和学术研究团体。基于艺术知识化的主张,达·芬奇反对传统的行会教育制度,认为初学者应先研究科学,然后从事由科学指导下的实践,使科学研究成为艺术家创作的"指南针"。为此,他为初学者设

---

① 《论绘画》(De pictura / Della pictura)是三部作品中最早的一部,其拉丁文版本写于 1435年,随后在 1436 年出版意大利文版本。两者都包含三部分,分别讨论三个问题:透视几何学、形象构成和画家的角色。其中第一部分是对透视学的首次理论表述。《论雕塑》(De statua)的篇幅是三部作品中最短的,研究焦点集中在记录人体的尺寸和姿势上。论文成书于 1443—1452 年间,通常认为写于《论绘画》之后,但也有学者持不同看法。《建筑论》(De re aedificatoria)是其中篇幅最长的,写于 1447—1452 年间,但此前一直以手稿的形式流传,直到 1485 才出版。

② 佛罗伦萨设计学院,由科西莫·德·美第奇任学院保护人和校长,他与米开朗琪罗共同任学院首脑。(英)尼古拉斯·佩夫斯纳. 美术学院的历史[M]. 陈平,译. 北京:商务印书馆,2016:43-46.

③ Ibid:37-39.

④ Ibid:25-37.

计了一套全新的学习步骤:首先学习透视法和物体比例;接着临摹大师作品,锻炼观察力,随后师法自然,巩固所学法则;之后,借鉴不同大师的风格;最后,将艺术天赋付诸创作实践。① 在 1530 年之前,佛罗伦萨和罗马均存在一种由雕刻家作坊主办的非正式集会,这些集会上,初学者和师傅们共同切磋素描技巧,探讨艺术理论与实践问题,其形式模仿了人文主义者所称的"学院"。十年后,在瓦萨里的积极推动下,科西莫·德·美第奇于 1541 年创建了佛罗伦萨设计学院,这是一个集研究与教学于一体的机构。该学院的宗旨在于解放艺术家们,将他们从旧有的行会制度中解放出来,并统一到一个新的"行会"之中,使他们能够服务于新的统治者,并为其所用。

综上所述,文艺复兴时期"disegno"的含义远超过现代设计的狭义理解。现代设计通常指的是设计师个人创作的生产性图绘,而文艺复兴时期的"disegno"则兼具了认识和生产的双重意义。作为认识手段时,它类似于"sketch",艺术家运用银笔、墨水羽笔等工具,以"模仿"的方式研究自然和先例,形成对世界的理性认识。而在生产层面,它则表现为"lineament",是建筑师设计思想的精确表达,能够指导工匠在建造过程中准确执行设计意图。若以科学研究方法作类比,图绘在艺术家的生活中既是归纳自然、形成认识的工具,也是演绎和产生审慎判断的基础。这两方面都是艺术家智性活动的重要组成部分,而非简单地对自然对象的直接描摹。在模仿与认识的阶段,艺术家通过图绘模仿自然,从中抽象出理念,形成内心的判断。而在生产阶段,艺术家则将这种认识与判断融入设计图绘,以指导生产。在人造物的总体生产过程中,艺术家的心灵和工匠的手扮演着桥梁的角色,图绘则是连接自然和人造物的媒介。人造物的生成可分为四个阶段:从自然造物,到艺术家运用图绘进行研究,再到艺术家运用图绘进行表达,最后通过工匠的劳动和技艺,将图绘转化为实际的人造物。这一过程与神创论中的自然与人造物的连续性高度契合,艺术家和工匠的共同努力,通过"lineament"和"structure",实现了从自然到人造物的无缝过渡。到了 16 世纪末,当费代里科·苏卡洛(Federico Zuccaro)创办罗马设计学院时,文艺复兴对"disegno"的内外双重认识,已经演化为内在设计(internal disegno)和外在设计(external disegno)的区分,成为未来艺术家们通过教育所获得的基本认知。

---

① (意)列奥纳多·达·芬奇著.(美)H.安娜·苏编.达·芬奇笔记[M].刘勇,译.长沙:湖南科学技术出版社,2015:38.

2.3　古典建筑制度化

2.3.1　五柱式：知识的制度化

古希腊的普遍观念将知识视为对真理的不懈探求和对宇宙全面认知的追寻。相较于工匠对材料的加工技艺，这被视作对理念的间接模仿。阿尔伯蒂基于传统的知识认知，明确区分了艺术家绘画的巧手和工匠劳作之手，使前者成为后者的引领者和创造活动中的主动力量。工匠作为精神和物质间不可或缺的桥梁，尽管阿尔伯蒂给予了他们重要地位，但他们在造物过程中往往被视为辅助角色和被动执行者。建筑师的绘图工作，既是对自然进行深入研究和智性判断的体现，也是指导工匠进行材料加工的蓝图规划。建筑师不仅恪守道德准则和普遍的善，还懂得如何通过积极的行动推动他人行善，进而促进社会的神圣与世俗道德的践行。在图绘的认知和创造过程中，艺术家被赋予了近乎创世者的主动地位。在艺术创作中，艺术家模仿了原本仅由神享有的创造行为，他们通过自身的知识、技艺和创造力，追求美在作品中的实现，既实践了世俗伦理，又参与了宇宙终极目的的达成。

基于普遍的道德主张，作为艺术家的建筑师能够运用与造物神匠相仿的几何创造语言，践行他们在人世间有限的道德理想。早在 13 世纪，科尔瓦比便洞察到几何如何从"沉思的艺术"转化为"机械艺术"，成为连接二者之间的桥梁。阿尔伯蒂对一点透视法的理论化，不仅强化了创造者的主动性和主观性，更展现了将理论付诸实践，用几何精确控制自然再现的新方向。透视网格以画家的手臂为基准度量，确保从画家预设的固定视角观看时，能够精准地再现其想要呈现给观众的景象。通过上述分析，我们不难发现，线性透视技术所构建的并非客观现实与画面虚构之间的简单联系，而是画家通过固定视角虚构的可控图景与观众观画体验之间建立的深刻感性联系。固定视角的单眼透视并非对感性空间的真实再现，而是指向全面控制和准确预测的抽象操作目标。阿尔伯蒂的线性几何塑造了一种相对、主观，同时又高度抽象、可控、可预测的虚构再现空间，为艺术家的研究、思考和创造活动划定了共同的奋斗领域。

图绘不仅是建筑师等艺术家区别于工匠手工技艺的主要方面,更是他们进行智性研究、形成审美判断,并以此为基础制订建造计划、传递设计意图的重要途径。鉴于古代先例是艺术家成长的必经之路,图版画在 15 世纪末迅速受到相关学者的青睐,成为新建筑师们学习古代权威知识的最佳途径。印刷术的普及与新艺术家职业的兴起相辅相成,为建筑新规则的确立创造了有利条件。

1. 人体测量与普遍知识

古代建筑最为显著的外观特征之一,便是那些带有特定装饰的圆柱,而方形壁柱则是后世的创新之作。柱式的分类体系,我们如今所熟知的,始于 15 世纪。这一体系基于中世纪晚期对有机宇宙论的普遍理解,涵盖了人体类比、算术比例、等级制排布等方面,并结合了当时在建筑实践中广泛运用的古代建筑测量技术。在教廷对古代建筑制度化的推动以及建筑师通过知识化追求更高职业地位的双重作用下,古典建筑五柱式体系在 16 世纪得以形成,并流传至今。

五种柱式的依序排布并非源自古代的传统,而是文艺复兴时期确立的规范化近代装饰体系。维特鲁威在《建筑十书》中描述了三种柱式的起源和流传地域,其中带有罗马征服的帝国视角,并简略提及了塔司干柱式。他使用"genus"一词来指代不同的柱子,这在当时是一个泛化的"类型"概念[1],适用于多个领域,而尚未使用"柱式"(order)这一专有名词来特指建筑中的等级制圆柱分类系统。中世纪时期,伊西多尔(Isidore of Seville,560—636)的百科全书《语源学》中涉及古代建筑的内容,主要参照了瓦罗的《学科九卷》。在《语源学》中,他提到了四种圆柱(多立克式、爱奥尼式、塔司干式和科林斯式),以及一种方柱(阿提卡式)。[2]

文艺复兴早期,人文主义者首先表现出对维特鲁威的浓厚兴趣,随后这种兴趣迅速在建筑师、艺术家和赞助人之间传播开来。维特鲁威的古典主义倾向使得《建筑十书》成为除少数完整保存遗迹外,理解古代建筑最为重

---

① 罗兰(Ingrid D. Rowland)提出《建筑十书》中维特鲁威在多种语境下使用这个术语,用来区分音乐、战争装备、修辞等级和柱子的不同类别,并非特指建筑范畴内的 order。(古罗马)维特鲁威. 建筑十书[M]. 北京:北京大学出版社,2012:35.

② (德)汉诺·沃尔特·克鲁夫特. 建筑理论史——从维特鲁威到现在[M]. 王贵祥,译. 北京:中国建筑工业出版社,2005:10.

要的参照系。① 伯鲁乃列斯基从罗马的测绘数据中深入了解了古代圆柱,并在建筑实践中广泛应用,但尚未形成系统的理论。阿尔伯蒂在《建筑论》一书中将圆柱(column)视为最基本的装饰元素,详细描绘了古代柱式的通用构成部分。② 同时,阿尔伯蒂以历史的视角,阐述了各种圆柱的起源地区和传统做法。他对柱式体系形成的贡献尤为显著,不仅在三种古希腊柱式之外增添了一种意大利风格即"混合式",还融合了古希腊三种柱式的装饰特点,形成了独特的柱式体系。③

菲拉雷特(Filarete)与阿尔伯蒂虽几乎同代,但他的对话体建筑著作在流传广度上远不及后者,仅在小范围内传播,并未形成后世公认的奠基性理论。④ 菲拉雷特从人体测量的角度出发,为三种古代柱式划分了等级,并制定了相应的比例标准。他是一位经过职业训练且实践经验丰富的雕刻家和建筑师,这与阿尔伯蒂作为人文主义者对艺术的业余兴趣形成鲜明对比。尽管菲拉雷特能够阅读拉丁文学术著作,他却选择使用口语词汇和故事化的文风进行写作,旨在凭借自身的实践经验和能力,向赞助人、执业者以及知识相对有限的广大读者传授"建筑的模式和尺度"。他将中世纪后期形成的大宇宙与小宇宙普遍关联的整体理解,应用于对建筑的全面阐释中,这反映了与阿尔伯蒂所代表的人文主义相对立的 15 世纪手工艺者对于艺术知识化的普遍追求。

值得关注的是,大宇宙与小宇宙之间的有序关联所呈现的心理与物理双重模式,对于确立艺术的知识地位具有举足轻重的意义。变动与物质化的俗世不再是精神的腐蚀和冗余,更非仅仅是人类寻求精神拯救的过渡阶

---

① 最早对《建筑十书》产生兴趣的是早期人文主义者彼特拉克和薄伽丘。彼特拉克为教皇重修在阿维尼翁的宫殿时,曾经参考过维特鲁威的著作。薄伽丘自己收藏有维特鲁威《建筑十书》的手抄本,并在著作中引用过维特鲁威的话。从 14 世纪中叶开始维特鲁威已被早期人文主义者熟知。到了 15 世纪维特鲁威的知识才以手抄本的形式广泛传播并为当时的人们熟知。洛伦佐·吉贝尔蒂(Lorenzo Ghiberti,1378—1455)有一部维特鲁威著作的手抄本,他曾部分地翻译了这本书,并准备将之使用在自己有关建筑的论文中。

② 包括底座、柱基、柱身、柱头、梁、梁上皮、椽子、楣、檐口。(意)阿尔伯蒂.建筑论——阿尔伯蒂建筑十书[M].王贵祥,译.北京:中国建筑工业出版社,2010:177,193.

③ Ibid:193-208.

④ (意)菲拉雷特.菲拉雷特建筑学论集[M].周玉鹏,等,译.北京:中国建筑工业出版社,2014:4.菲拉雷特的建筑著作于 1461—1464 年间在米兰写作完成,是一篇对话录式的日记小说。1490 年与米兰相关的艺术家如阿马代奥(Amadeo)、弗朗西斯科·迪乔治·马提尼(Francesco di Giorgio Martini,1439—1501)、达·芬奇、伯拉孟特和切萨雷·切萨里亚诺(Cesare Cesariano)都引用过他的著作,但是因为并未正式出版,其著作在当时的影响十分有限。

段。在中世纪晚期对宇宙秩序同质化理解的背景下,诗人能够在精神冒险中追求对至高真理的直观感受,艺术家同样可以在人造物中寻求物质在更高秩序上的和谐统一。制造者将形式烙印在物质材料之上,使其融为一体,从而模仿了至高神匠创世的宇宙起源论。上帝与工匠的神学类比使得具有积极行动力的理性人,能够通过有形物体的创造来实现美与秩序,进而参与到神创论目的性宇宙的伟大计划中。

关于人的身体,菲拉雷特探讨了自然造物的五种体形,包括侏儒和巨人这两种极端形体,以及居于其间的大、中、小三种普遍形体。他通过对这三种普遍体形的细致度量,确立了人体的一般尺度和比例,并将这些尺度与维特鲁威提及的多立克、科林斯和爱奥尼三种古代柱式相联系,从而建立了人体度量与柱式之间的普遍关联(图 2-11)。柱头作为柱子的顶部,其设计参照了人脸的比例,以鼻子为基本度量单位,被细致地划分为三个部分,并辅以相应的装饰。基于这种头部为基本度量的方式,菲拉雷特指出,高大的多立克柱高为九个头长,适中的科林斯柱高为八个头长,而较为纤细的爱奥尼

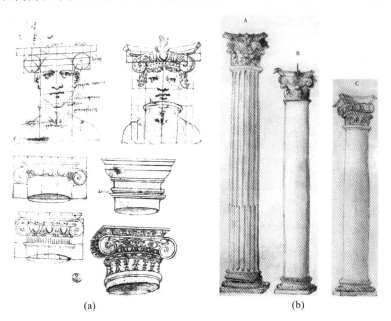

(a)　　　　　　　　　　　(b)

图 2-11　菲拉雷特圆柱与等级制人体类比(Giogio Martini, Turin)

(a)柱头类比于人脸和头部装饰;(b)菲拉雷特的多立克-科林斯-爱奥尼序列,以人头部为度量,代表人体的大中小三种体格,代表社会的上中下三阶层之间的支撑-承载关系

柱则为七个头长。① 值得一提的是,多立克柱作为三种柱式中最古老且最为完美的代表,其设计灵感来源于上帝创造的第一个人——亚当的形体。

此外,多立克、科林斯和爱奥尼的等级序列,还对应了君主制国家社会关系的等级制度,分别代表了上层、中层和下层三个阶级。② 在菲拉雷特看来,建立社会等级秩序,犹如建造一座大型的建筑,社会组织方式中的被服务者与服务者的关系,对应于建筑中承载-支撑的荷载逻辑。君主制社会中,人的类型和等级依照一定方式组织,其中等级越高需要越多的支持者、佣人、保护和装饰。依照承载-支撑的结构逻辑,以及装饰从简至繁的愉悦原则,三种不同等级的柱子在建筑中各司其职。多立克柱以其壮硕的形体,宛如社会上层的贵族,被服务、被支持、被保护,处于承担最轻重量且装饰最为丰富的位置。科林斯柱则具备中等形体,如同中产阶级的绅士,既支持又保护着贵族,承载相应重量,同时装饰相对朴素。而爱奥尼柱则身形纤细,宛如社会底层的劳动者,满足贵族的实用需求并为其服务,在建筑中承担着最重的重量。这种依据简单人体度量与等级制排布的柱子设计,与我们今天对它们的一般认知有所不同。其中,多立克柱以其修长的身形和华丽的装饰,更接近于现代的复合柱;科林斯柱则较为简洁,柱身无凹槽,仅有爱奥尼柱顶部的涡卷装饰是我们所熟悉的。侏儒柱被巧妙地运用在无法使用三种一般类型的柱式的特殊位置。而巨人柱,作为古罗马记功柱的化身,形体高大、装饰极为奢华,追求视觉震撼而不承担实际建筑重量,是其中最为尊贵与独特的存在。

在柱子的等级制划分中,菲拉雷特引入了一种基于普遍关联的自然-社会-个人的整体理解。他还对哥特建筑提出了批判。菲拉雷特以知识的真理性为标准,批评哥特建筑忽视自然必然性,违背古代权威,其最大的缺陷在于缺乏真知。尽管他的这些批评在很大程度上受到民族动机的影响,但这也反映了15世纪艺术家们推崇的新知识观。中世纪晚期的共相之争和教会权威的动摇,使得真理不局限于神学和理论知识,还能通过唯名论的假设,从观察自然现象的直接经验中获得。艺术家们通过对自然的深入研究而获得的理性判断,成为他们对物质世界进行组织性筹划的重要思想源泉。阿尔伯蒂围绕三门艺术的理论著作,使得掌握图绘技艺的设计师-艺术家,以其知性和道德上的优越性,与工匠基于经验传承的手工艺劳动得以区分开来。

---

① Ibid:33-35.

② Ibid:138-141.

　　在阿尔伯蒂和菲拉雷特之后,弗朗西斯科·迪乔治·马提尼(Francesco di Giorgio Martini,1439—1501)也致力于探索人体度量与建筑之间的深刻联系,力求为建筑研究著作注入更多的思想深度。他在 1470 年的一部关于防御性要塞的手抄本中,不仅将柱子与人体进行类比(图 2-12),更将城市和建筑整体视为人体的延伸。他坚信城堡作为城市的灵魂所在,应被精心雕琢,如同人的头部一般尊贵。更进一步,他主张建筑的所有度量和比例皆源于人体,将这一理念推广至建筑学的每一个角落。通过知识的普遍性外推,马提尼认为巴西利卡教堂也应体现出人体的形态和比例,其中圣坛作为教堂的核心,如同人的头颅般重要。在更为系统的著作《民用与军事建筑》(1492)中,他宣称建筑学是一门"重新发现"的学问,意味着建筑学正等待在新的知识框架下被全面重构。[①] 马提尼将大宇宙与小宇宙的类比与菲拉雷特关于柱子比例源于人体的观点相结合,坚信人体作为小宇宙,蕴含着世界的所有完美。他深信古代柱子已完美融入了人体的所有比例。因此,将人体视为连接宇宙与建筑的神圣中介,并深入探索人体与建筑整体及其各部分之间的关联,将有助于建筑学作为一门新学科,通过接近宇宙的真理而实现美的极致。[②]

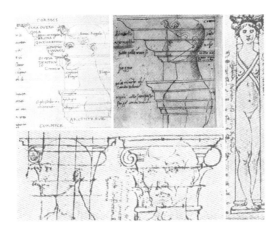

图 2-12　马提尼的柱式-人体类比以头部为基本度量

此外,卢卡·帕西奥利(Luca Pacioli,1445—1517)在其著作《神圣比例》

---

　　① (德)汉诺-沃尔特·克鲁夫特.建筑理论史——从维特鲁威到现在[M].王贵祥,译.北京:中国建筑工业出版社,2005:32.

　　② Ibid:33.

(*Divina Proportione*,1509)中,赋予了不同柱子以人的心理特征。他描绘爱奥尼柱象征着忧伤与抑郁,而科林斯柱则象征着愉悦与欢快。

以古迹测绘和人体测量为路径,更新建筑知识、提升建筑地位,不仅是当时建筑师们积极探索的方向,更成为激发个人创作的新途径。自从伯鲁乃列斯基和吉贝尔蒂在佛罗伦萨崭露头角的时代起,这一路径就已被业界的佼佼者所认可。杰出建筑师伯拉孟特(Donato Bramante,1444—1514),基于对古代遗迹的测绘研究,设计并建造了坦比哀多(Tempietto)小教堂,其设计之精妙即刻被视作可与古代建筑相媲美的现代经典[1][2]。他也是古迹测绘激发创作思路的坚定实践者。在1500年,伯拉孟特发表了一部关于古罗马纪念性建筑的诗歌。在这本书的封面上,他描绘了自己心目中的理想建筑师形象:这位建筑师赤身裸体,跪立在圆形的中央,左手持一副脚规,精准地测量并绘制着三角形,右手则托起一个星盘球[3],用以测量天空中行星与恒星的位置与轨迹。背景则是庄严宏伟的古代建筑遗迹(图2-13)。德拉·波塔认为,伯拉孟特在这幅画中试图传达的,是鼓励每一位到访罗马的建筑师摒弃旧有知识,如同蛇蜕皮般寻求全新的创作灵感。[4] 这位执掌度量工具的建筑师,以古代遗迹为背景,跪立于天地之间,这一画面深刻地暗示了建筑师作为创造者的角色,他们通过手脑并用,将天地人三者融为一体,展现出建筑艺术的深邃与博大。

2. 建筑知识普及与柱式制度化

除了私人研究的人文主义者和致力于自我教育的实践建筑师外,还有一种官方制度化的需求,它在印刷术这一关键性技术普及的推动下,回应了知识增长和广泛传播的呼唤。随着印刷术的普及,《建筑十书》在1486年首次被印刷出版,随后的16世纪前25年,这本书的意大利文译本和西班牙文译本大量涌现。其中,最为著名的版本是由乔孔多修士(Fra Giocondo)在

---

① 伯拉孟特设计原型来自古罗马圆形的维斯塔神庙,但不是对古代先例的简单模仿,而是融入了许多创造性元素。如把科林斯柱式变为更适合圣彼得的多立克柱式,并把圆形小礼拜堂建在三层台基上,并在柱式下又增加一个底座。内殿比环formed柱廊更高,上面覆盖半圆形穹顶。

② 坦比哀多小礼拜堂在塞利奥和帕拉第奥的雕版画中,成为和万神庙或君士坦丁凯旋门一样的现代经典。后来雷恩在英国设计圣保罗大教堂的穹顶的时候,在大尺度上重现了坦比哀多的处理方法。(英)萨莫森.建筑的古典语言[M].张欣玮,译.杭州:中国美术学院出版社,1994;30.

③ 中世纪天文仪器,用来测量太阳或其他天体的高度。

④ (德)汉诺-沃尔特·克鲁夫特.建筑理论史——从维特鲁威到现在[M].王贵祥,译.北京:中国建筑工业出版社,2005;37.

1511 年编纂的拉丁文版(图 2-14),这个版本包含了多达 140 张木刻图版,迅速流行并多次再版。1521 年,伯拉孟特的学生切萨里亚诺(Cesare Cesariano,1483—1543)出版了第一个带有详尽注释的意大利文版,这个版本参考了乔孔多版本,并加入了大量图版,其中详细列出了六种柱子(图2-15)。

图 2-13　《赤裸的建筑师》,伯拉孟特,1500 (Antiquaglie Prospettiche Romane Composete per Prospettivo Milanese Dipintore)

图 2-14　乔孔多(Fra Giocondo)拉丁文版本《建筑十书》扉页柱式图版,1511

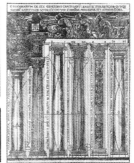

图 2-15　切萨里亚诺(Cesare Cesariano)意大利文注释版中的柱式,1521

从左至右依次为:多立克柱(两种),爱奥尼柱,科林斯柱,阿提卡柱(方柱),塔司干柱

同一时期,拉斐尔及其团队首次使用"柱式"(ordine)一词来指代五种不同类型的柱子。为了满足新职业的专业化需求,并结合教廷希望将古典建筑正统化的期望,对建筑的研究开始结合维特鲁威的文本和测绘技术,逐渐

走向制度化。在教皇列奥十世的指示下，拉斐尔、科洛奇（Angelo Colocci）和卡尔沃（Marco Fabio Calvo）负责对古罗马建筑进行测量并绘制复原图，以准备出版一个由教廷认可的新版《建筑十书》。尽管这一出版计划最终未能实现，但在拉斐尔写给教皇的信中，他首次提及了五种"柱式"（ordine）的概念。拉斐尔采用的"公司式"运营模式，使他和他的合作伙伴对设计中准确复制的技术性原则给予了极高的关注。[①] 他在与教皇的通信中说[②]：

> 对于画家而言，知道怎样制造成比例的尺度良好的装饰，是有用的，所以建筑师应该了解透视，因为它能更好地描画带有装饰的整个建筑。除了一点之外其他无须赘言，即所有装饰都来自古代人使用的五种柱式（ordine），它们是多立克式、爱奥尼式、科林斯式、塔司干式和阿提卡式（指方形柱）……我们出于艺术家们的需要，应该以维特鲁威的话为前提解释这五种柱式。

在这段描述中，维特鲁威对古代柱式的分类术语从泛化的"genus"（类型）转向含有"方法"意味的"ordine"（秩序），标志着这一分类从相对模糊的语言概念向更为精确的操作性方法的转变。[③] 具体到建筑领域，"ordine"不仅隐含了以图绘为基础的设计方法，还涵盖了"genus"在修辞学背景下所体现的等级区分。罗兰认为，从术语的演变来看，拉斐尔对柱子问题的研究已经达到了"卓越的准确性"。标准化和准确性正是可传播、可学习的操作性方法的核心特征。在拉斐尔及其同僚的推动下，原本基于习惯用法、较为灵活且不追求精确性的古代圆柱，被转化为具有相对严格划分和明确规定的控制性原则。这种原则在建筑师看来极具实用性，在教廷看来则具有明确的意识形态目的，它将古人对柱子的多种用法归纳为按一定标准区分的有限类别。此外，他们还创新地将现代人使用的方形"阿提卡柱"纳入这一整

---

① 拉斐尔工作室的运营方式与伯鲁乃列斯基、达·芬奇和米开朗琪罗这样的单干艺术家很不一样。工作室在其名下运行，由拉斐尔本人主导构想，选择意象和个性化样式（maniera），并以一系列可直接识别的、可复制的艺术原则来进行技术操作。此外拉斐尔也希望古代建筑的研究，能有助于他在伯拉孟特于 1514 年去世后继任圣彼得教堂新的设计人的工作。ROWLAND I D. Raphael, Angelo Colocci, and the Genesis of the Architectural Orders[J]. The Art Bulletin, 1994, 76（1）: 81-104.

② Ibid: 97.

③ 当时涉及 ordine 的三种用法，都有与"方法"相关的暗示。根据罗兰的考证，同时期涉及 ordine 一词用法的有三种语境。其一，在 Vannoccio Biringucci 关于烟火（pyrotechnics）的论文中，ordine 意味着建造大炮；其二，在 Agostino Chigi 的商务信件中意思为运送奶酪的方式；其三，在科洛奇为拉斐尔润色卡尔沃的维特鲁威译本的时候，意为绘制古典立面的方法。Ibid: 98.

体分类体系中。

在官方的主导下,结合维特鲁威义本对古代建筑知识的制度化和体系化追求,于 16 世纪中叶体现在一项考古合作研究计划中。该建筑考古合作研究计划以维特鲁威学会的成立为里程碑,早于培根提议的"所罗门学宫"半个世纪。后者不仅奠定了现代知识乌托邦的构想基础,还启发了英国皇家学院、法国皇家科学院和德国科学院的创建。建筑师小桑加洛(Antonio da Sangallo the Younger)早在 1531 年就呼吁重返维特鲁威文本的手抄本,通过对照古代建筑来逐一验证其理论。1542 年,维特鲁威学会在罗马成立,旨在结合文本与考古研究来改进这一局面。锡耶纳的人文主义者克劳迪奥·托洛梅(Claudio Tolomei)起草了学会章程,并提出了一项为期三年的系统性研究计划,主要方法是对比维特鲁威文本与考古学的实际测量和研究,以澄清古代文献与考古实物之间的联系。[①] 然而,托洛梅的计划最终未能实现,仅在 1544 年出版了一个与研究目标不符的新注释版本。随后,文艺复兴在法国与德国兴起,两国均各自出版了维特鲁威著作的方言译本。

3. 塞利奥:五柱式制度的建立

图文并茂的出版物,得益于印刷业的发展,为知识的广泛传播提供了巨大的推动力。在 16 世纪,图文并茂的解说方式已广泛融入各类科学著作之中。[②] 塞利奥(Sebastiano Serlio,1475—1554),凭借其实用性建筑著作集《建筑学》及其专门探讨柱式的《建筑第四书》(于 1537 年率先出版),成功以图像形式固定并广泛传播了"五柱式"体系(图 2-16)。在这部专著中,塞利奥首次正式列出了我们今日所熟知的五柱式序列:塔司干式、多立克式、爱奥尼式、科林斯式和混合式。其中,三种古希腊柱式源自古代传统,而塔司干式和混合式则是文艺复兴时期的创新之作。尽管此前维特鲁威学会的合作测绘研究计划未能完全实现,但塞利奥凭借一己之力,推动了五柱式的制度化

---

① 这项系统性的研究计划主要有两个目标:其一,重新出版带插图的托斯卡纳方言注释翻译版本;其二,将大量古代建筑实例与维特鲁威的文本观点相互比照。第二个方面包括一系列子目标:a. 以罗马尺作为统一度量的古代建筑测绘图基础文集,平面、立面、剖面及所有必要的细部图;b. 以同样模式出版古代雕塑、花瓶、题铭、绘画及徽章文集。这个庞大的计划需要大量参与者分工协作整整三年时间才能够完成。

② 1527 年在纽伦堡出版的阿尔布雷特·丢勒(Albrecht Durer)的筑城学著作《城市、城堡和村庄的防御工事教程》中绘制有大量供军事工程师使用的图画实例。1543 年在巴塞尔出版的安德烈·维萨里(Andreas Vesalius,1514—1564)的解剖学著作《人体的构造》,对现代生理学研究而言深具开创性意义,与塞利奥的作品一样,该书也分为七部,并以图绘加文字解说的方式出版。

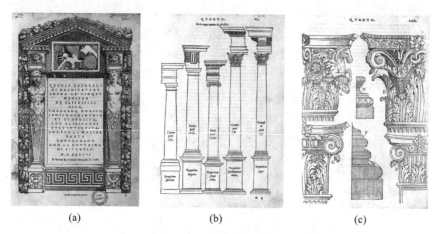

(a)   (b)   (c)

图 2-16 塞利奥的《建筑第四书》,1537,威尼斯
(a)扉页;(b)五柱式;(c)混合柱式

和建筑图体例的标准化,为建筑学和艺术领域留下了宝贵的遗产。

塞利奥的柱式研究独特之处在于,他首次将知识编纂的焦点放在了建筑的实际修建上。与 16 世纪之前以知识和思想为导向的建筑著作不同,塞利奥的著作为解决实际修建中的具体问题提供了具体指导和建议。他填补了这一空白,使得建筑知识不再局限于有学识者或思想家的范畴,而是向普通读者敞开。在塞利奥看来,真正的理论应作为实践的坚实基石,值得被信赖和尊重。这种态度体现在他对维特鲁威和阿尔伯蒂的尊崇上,以及他选择以几何学和透视作为前两部书内容的原因上。他认为,理论是头脑的产物,而实践则需要双手的参与。许多事物难以用纯理论来阐明,而需要实践者凭借敏锐的判断和实际操作来达成。塞利奥的贡献在于将可靠的抽象理论转化为实际应用,而非仅仅是从变化的世界中寻找启示真理。出于实际操作的考量,他的建筑论文采用了图形手册的形式进行直观传授,图绘方式与建筑学作为设计艺术紧密关联,围绕图绘建立了直接的桥梁。

在塞利奥的建筑图版中,每一幅插图均力求以精确的比例表达,这鲜明地体现了维特鲁威学院建筑出版物编纂的制度化意图。通过保持图版比例的一致性,塞利奥不仅回应了阿尔伯蒂关于局部与整体应成比例的规定,还融入了自己对建筑实际修建偏好的独特理解。所有建筑图均采用统一标准绘制,包括平面图、剖面图或立面图、前视和侧视图,这恰恰回应了拉斐尔对古代建筑测绘基础配置的建议。① 此外,塞利奥创造性地运用了立面与剖透视混合的图绘方式(全景图法),该方法巧妙地将正投影图和一点透视相结合,同时展现了建筑的内外空间(图 2-17)。这些插图所表达的难以言喻的概念,在教育中发挥着至关重要的作用,成为宝贵的教学手段。

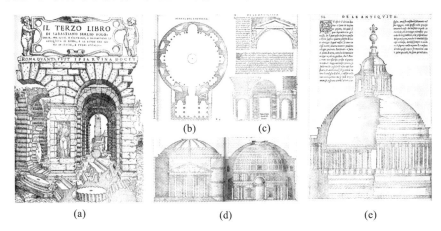

图 2-17　塞利奥的《建筑第三书》,1537,威尼斯

(a)扉页;(b)万神庙平面;(c)万神庙门廊图例与文字解说;(d)万神庙立面,带焦点透视剖面;(e)"现代经典":坦比哀多全景图

在最先出版的《建筑第四书》的献词中,塞利奥将这部关于柱式的著作誉为《建筑学》中的"太阳":

　　　　请不要将我以此书作为开始而感到迷惑,其原因在于,七天体的存在,也由于您被称作第四天体——太阳,我认为在您的盛名和庇护之下把第四书作为开端是恰当的。②

这段话深刻地展现了塞利奥七书构想的宇宙论内涵,旨在构建建筑学的完整知识体系。塞利奥最初在 1537 年与著名的术士和新柏拉图主义者朱利奥·卡米洛·德尔尼奥(Giulio Camillo Delminio)的合作中,萌生了撰写七部书的想法。卡米洛的木制"记忆剧场"模型,将维特鲁威的剧场设计与《圣经》中描述的由所罗门七柱支撑的"智慧之屋"融为一体。该剧场将人们从教化引向启示的过程划分为七个阶段,每个阶段都象征以太阳为中心的

---

① 第一步是图示法,即平面图,第二步是正视图法,即立面图(一些人称之为剖面图),第三种是全景图法,即同时带有正面和任意侧面的图纸。(意)塞巴斯蒂亚诺·塞利奥.塞利奥建筑五书[M].刘畅,李倩怡,孙闯,译.北京:中国建筑工业出版社,2014:126.

② Ibid:279.

七大行星。这一神秘论知识体系与塞利奥的教学计划不谋而合,他同样将建筑知识的传授和领悟分为七个循序渐进的步骤。塞利奥写作这部书的核心目的是传授建筑知识,他坚信成功的传授能够点亮天才的心灵之光。他渴望自己的著作能够启迪众多心灵,如同太阳般闪耀巨大的光芒,照亮他们的时代。[①] 这体现了他对建筑知识既注重积累性又追求心灵启发性的深切渴望。

教学的第一步聚焦于最抽象、最基础的几何学之"天",即欧几里得几何学;第二步,我们探索如何运用透视法来描绘和表现三维空间;第三步,深入研究古代建筑的经典案例,领略其完美的历史韵味;第四步,依据古代遗址和维特鲁威文本的双重证据,我们了解并学习建筑的普适性构件——柱式体系;第五步,分析柱式在神庙建筑中的实际应用案例;第六步,我们探讨柱式在房屋设计中的运用,从简陋的棚屋到宏伟的宫殿,展现其丰富的层次和变化;第七步,我们直面建筑实践中的"事故"或挑战,即建筑师在建造过程中可能遇到的各种实际问题,以及如何解决这些复杂难题。

不容忽视的是,塞利奥在撰写第一书到第七书的过程中,以新柏拉图主义的抽象精神性为起点,逐渐朝向复杂的现实迈进。他称几何学中的线为"神秘的隐蔽线"(linee occulte),这些线不仅揭示了差异性个体之间隐秘的联系,还是绘制完美形状的引导者,以及无形个体间影响力的纽带。这些线与人体解剖结构相似,如同肉体的不可见组织或无生命的骨架。[②] 在塞利奥看来,愈是完美的形体,愈接近上帝头脑中的形象,无论是作为长方形完美形式的正方形,还是更接近上帝、远离世俗的精神化的人。[③] 这种无形的、隐秘的真正力量,在神创论的宇宙中,是推动物质成为形态的内在积极因素。

塞利奥独具匠心地首次将五种柱式置于同一幅说明图示之中,不仅为它们各自确立了严谨的比例规范,还巧妙地通过整数比的大小区分了各柱式之间的有序等级关系。这五种柱子,均稳稳地立于柱础之上,从左至右依次为:塔司干柱式、多立克柱式、爱奥尼柱式、科林斯柱式和混合柱式。它们

---

① Ibid:279.

② Ibid:506.

③ 在所有长方形图形中,我发现正方形是最完美的。与完美正方形相去甚远的长方形,越发失去其完美属性,即便由与正方形同样周长的直线围合而成……人类同样如此,越接近上帝头脑中的形象,即完美形象的人,自身具有越多优势。距离上帝越远的人,乐于享受世俗事物,他便越是失去其与生俱来的优良本性。Ibid:45.

依据柱径与柱高的比例排列,分别为 1∶6、1∶7、1∶8、1∶9、1∶10,这一比例的变化不仅代表了一种有序的等级制度,也深刻体现了塞利奥对各种柱式所象征的建筑等级制的严谨规定。以古罗马斗兽场为例,其建筑自下而上巧妙地运用了多立克柱式、爱奥尼柱式、科林斯柱式和混合柱式,这一设计被塞利奥视为罗马帝国制度的象征。他解释说,罗马人发明的混合柱式象征着对其他三种柱式所代表民族的征服,因此它占据了最高位置,而被征服民族的柱式则位于较低的支撑位置。① 从塔司干柱式到混合柱式,这一转变不仅是从粗犷的自然之力向精致的人工技艺的演进,更是对文明发展的有序提升和转变的生动体现。在塞利奥的建筑设计中,所有构件都严格遵循特定柱式所提供的比例体系。设计师首先确定建筑的总长,再依据这一长度确定各部件的宽度。柱径被作为基本度量单位,用"份"来表示,而柱径的一半则定义为一个"模"数。这一基本框架为从下往上构筑建筑物提供了精确指导。以多立克柱式为例,从柱础底部到柱头顶部共有 14 个模数,其中柱头和柱础各占 1 个模数,柱身占据 12 个模数。其他所有构件,包括线脚和装饰,都在这一以模数为单位的尺寸控制之下,确保了建筑整体的和谐与统一。

尽管塞利奥认同柱式理论具有一定的规范性,但他坚信建筑师的"自由"精神能够超越这些既定规则。在塞利奥的体系中,取法自然原型的原则和古代实物例证的重要性超越了维特鲁威的权威。混合柱式尤为显著,这一形式在很大程度上是塞利奥的独创,它超越了维特鲁威和阿尔伯蒂的论述范畴。与这一"最精美"的混合柱式相呼应的,是他在第五书之后出版的《非常之书》。这部别具一格的出版物收录了 50 座手法主义大门设计,它们均可被视为挑战传统规则的"破格"之作。塞利奥在《非常之书》中对建筑规则的"破格"阐述,与他在第二书中讨论透视学时所强调的观点不谋而合,即建筑所追求的图绘方法更应关注最终呈现的效果,而非拘泥于不可见的规则。这一观点预示着 16 世纪中叶手法主义"涂绘"风格对既有规则的理性突破。

4. 柱式系统操作与绝对化

（1）维尼奥拉:五柱式系统化操作。

维尼奥拉（Giacomo Barozzi da Vignola,1507—1573）在继承塞利奥的柱

---

①　Ibid:184.

式研究之后,再度以柱式为主题撰写了专著。他于 1562 年出版的《五种柱式规范》(*Regola delli cinque ordini d'architettura*)彰显了比塞利奥更为强烈的操作性和系统化取向。在这本著作中,维尼奥拉强化了图示的地位,而文字部分则相对简洁,主要集中在献词、简介以及柱式图版之间的少量混排文字。精心绘制的图版在书中占据了主导地位,文字仅是图版旁侧简短的注解。与塞利奥实用导向的建筑著作相比,维尼奥拉的《五种柱式规范》在操作性上更为突出。他更多地继承了维特鲁威学园的精神,期望通过直接的测绘经验将知识规范化,并直接应用于建筑教学与实践之中。[①] 该著作以精致的图版画取代了冗长的文字阐述,成为建筑学教科书的新范式,对 18 世纪、19 世纪的畅销样式图集产生了深远影响。就这类著作而言,维尼奥拉的柱式图集依然是最为长寿且畅销的之一。其柱式的尺寸计算方法在 19 世纪仍被广泛采用,并成为 20 世纪职业建筑师教育中古典柱式的流行读本(图2-18)。

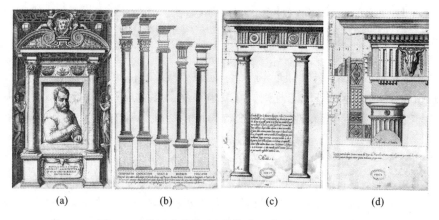

(a)　　　　　　　(b)　　　　　　　(c)　　　　　　　(d)

图 2-18　维尼奥拉的《五种柱式规范》,1562,罗马

(a)扉页;(b)五柱式体系;(c)多立克柱式混排少量说明文字;(d)多立克柱式装饰

维尼奥拉并未以几何学作为理论基础,也不完全依赖维特鲁威的文字阐述,除了没有古代先例的塔司干柱式。他的柱式比例主要是基于古代建筑的精确测绘尺寸来确定的。在选择测绘案例时,他遵循了公认的最优雅、最得体

---

① 维尼奥拉本人曾经参与 1542 年成立的维特鲁威学园活动,并为这一项目画过古建筑测绘图。他起初是一名画家,在对古代希腊与罗马的研究中开始接触建筑,可能也在参与学园的活动中对建筑理论产生了兴趣。《五种柱式规范》的题献人法尔内塞(Alessandro Farnese)的秘书曾经也是维特鲁威学园的成员。

的古代建筑标准,这些建筑被认为体现了某种综合美的典范。然而,这种带有倾向性的案例选择所综合出的测绘尺寸,其得出的柱式普遍比例在客观表象下隐含着不易察觉的主观任意性。这种缺乏根本理论客观性的柱式比例,实际上是基于主观、任意性的测绘归纳得出的,却反过来被用作评判所选案例之外其他古代建筑的标准。当这些古代建筑的直接测绘结果与通过比例法则计算出的结果不相符时,维尼奥拉轻率地将之归咎于古代石匠的加工误差,从而削弱了建筑师理想意图的实现,甚至对其造成了损害。

此外,维尼奥拉的柱式尺寸计算方法相较于塞利奥的更为简洁明了。所有柱式均遵循同一整体比例设计:对于有基础的柱式,柱上构、柱身(包括柱头、柱身主体、柱础)与基础之间的比例为3∶12∶4;柱上构占据柱子总高的四分之一,基础占据柱子总高的三分之一;而对于无基础的柱式,柱身与柱上构的比例为12∶3。简而言之,所有柱式的总高均可被分为19或15个部分,其中柱身占据12部分,而柱子的各个装饰构件则按照各自的比例进行划分。模数依旧以柱身底部的半径为基础,但其具体数值并非固定,而是根据柱子的总高有所浮动。五种柱式的模数各不相同,分别是柱子总高的1/14(塔司干)、1/16(多立克)、1/18(爱奥尼)、1/20(科林斯、组合式)[1]。在实际操作中,建筑师无须在设计之初就考虑与柱式相关的模度尺寸,而是在建筑整体和各部分尺寸安排妥当后,再根据分配给柱式的总尺寸进行计算。随后,基于这一总尺寸,依据给定的算法确定模数,进而计算出各个构件的精确尺寸。[2]

维尼奥拉所创立的柱式比例计算法,因其高度的可操作性和实用性而迅速传播开来。仅需输入任意给定的柱高尺寸,即可依据特定算法精确计算出所选柱式的所有构件尺寸。这种方法极大地简化了建筑师的工作流程,使他们无须再为确定"模数"这一基本度量而煞费苦心,这曾是建筑设计中至关重要的环节。正如维尼奥拉所自豪地宣称,即使是一个智力一般的人,也能迅速掌握这套"简单、易行、快捷"的规则并应用于实践。与之相比,塞利奥的每种柱式设计均基于一个固定的基本模数,且每种柱式都有其独特的布局方式。这种方法的特殊性限制了其广泛应用的可能性。而维尼奥拉则选择以建筑的整体尺寸为基准进行计算,极大地提高了操作的便捷性。

---

① 柱式总高与半径的比值分别为 $22\frac{1}{6}$（塔司干）、$25\frac{1}{3}$（多立克）、$28\frac{1}{2}$（爱奥尼）、32（科林斯、组合式）。

② 所有柱式的开敞廊道都按照1∶2的比例计算。

维尼奥拉的五柱式规范虽建立在经验测量的基础上，但他在选择经典范例时却带有一定的偶然性。他运用一系列不带任何主观意义的数学公式和方法来控制柱式的设计。随着这部法式书的畅销，其中的方法和公式被广泛用作建筑教材，并不断地在实践中得到应用。随着时间的推移，这些方法逐渐成为衡量柱式乃至整个建筑合规性的标准，而非仅仅是知识本身。然而，正因为维尼奥拉的柱式书被当作一种操作方法而非纯粹的理论知识，它始终难以摆脱教条主义的质疑。

（2）五柱式体系绝对化。

帕拉第奥在威尼斯对柱式理论做出了卓越的贡献，然而，他的学生和忠实追随者斯卡莫齐却误解了老师强调建筑师自由意志的初衷，试图将五柱式体系神圣化，视其为一种由上帝背书、具有排他性的绝对知识。在维尼奥拉出版柱式书十年后的 1570 年，帕拉第奥（Andrea Palladio，1508—1580）发表了同样具有深远影响的建筑理论著作《建筑四书》（*I Quattro Libri dell'Architettura*，*Venice*）。帕拉第奥的图绘开创了建筑正投影图的典范。这些图版摒弃了华而不实的图画效果，也不带有任何透视变形，仅用简洁的线条勾勒出建筑的整体构图。立视图准确地展示了垂直正交面的投影，形体的凹凸则用阴影巧妙地表示。剖面图则精确地表现了墙体的厚度，摒弃了塞利奥全景图中常见的单眼透视效果。这种基于正交投影的图版画法，同样体现在他为巴尔巴罗绘制的《建筑十书》意大利文注释本图版，以及《建筑四书》的图版中，形成了清晰、简明、易于理解的图绘标准。帕拉第奥坚信，这些精心绘制的图版相较于文字更能让热爱建筑的人们受益。因此，他投入了大量的心血，将那些断壁残垣的测量数据浓缩到一页纸上，[①]以便读者能够更直观地理解和欣赏建筑的魅力。

帕拉第奥关于柱式的详细论述主要集中在他的《建筑四书》的第一卷中。尽管他沿用了塞利奥的五种柱式排列顺序，但他并未像塞利奥和维尼奥拉那样提供一个综合所有柱式的整体图示。每种柱式均遵循统一的图版制式（图 2-19），包括梁柱廊、拱廊柱、基础-柱础比例和柱头-柱上楣构等元素，同时辅以柱式的使用范例、详细的比例关系和装饰细节。在文字描述中，帕拉第奥并未深入探讨各柱式的象征性含义，而是简要提及了它们的起源地区。他对于柱式各构件之间的比例关系进行了极为详尽的阐述，强调

---

① （意）安德烈亚·帕拉第奥. 帕拉第奥建筑四书[M]. 李路珂，郑文博，译. 北京：中国建筑工业出版社，2015：5.

柱间与柱子实体之间应维持一定的比例关系，并为柱间距设置了从紧密到疏松的四个层级，且根据柱廊和拱廊的不同而采用不同的数值。因此，每种柱式的图版不仅仅关注柱子本身，还涵盖了梁柱廊和拱廊柱两种实际使用场景，这也是帕拉第奥在柱式图版中增加梁柱廊和拱廊柱图例的主要原因。帕拉第奥以柱子底部直径为模数（多立克式则以半径为模数），但并未为模数设定固定的数值。[①] 他认为建筑的基本度量应根据地区差异而有所变动。单体建筑与其所在的城市通过共同的基本度量建立了紧密的关联性，这里的基本度量被视为一种与文化地域密切相关的本地化风俗。帕拉第奥强调"度量单位属于某个特定的城市"，这不仅意味着他将建筑视为城市的有机组成部分，还隐含了巴洛克城市中各单体建筑通过道路网络融为一体的设计理念。相较于维尼奥拉的严格规定，帕拉第奥的柱式理论更加灵活，为建筑师在实际应用中提供了更大的调整空间。

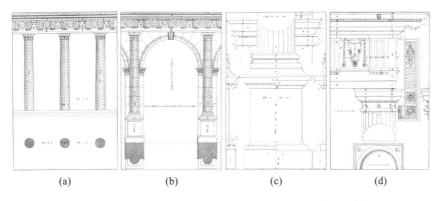

(a)　　　　　　(b)　　　　　　(c)　　　　　　(d)

图 2-19　帕拉第奥五种柱式全部依照同一规制绘制图版

(a)梁柱廊柱式；(b)拱廊柱式；(c)基础、柱础；(d)柱头-柱上楣构

温琴佐·斯卡莫齐（Vincenzo Scamozzi，1548—1616），作为帕拉第奥的追随者，其理性主义倾向相较于老师而言更为教条化。斯卡莫齐坚定捍卫建筑的科学地位，并坚信建筑在众多艺术形式中占据着至高无上的地位。他计划撰写十卷本的《建筑理念综述》（*L'idea della architettura universale*，1615），旨在全面探讨建筑学的各个方面，其中第六卷专门探讨柱式。与帕拉第奥不同，斯卡莫齐并未单独讨论每一种柱式，而是重新沿用了塞利奥的五柱式等级制排布，并将帕拉第奥的拱廊柱也纳入其中。在斯卡

---

① Ibid:16.

莫齐看来,柱式(ordine)与理性本身是一脉相承的,深深扎根于自然法则之中,它们反映了宇宙从混沌初创之时就已存在的万物运行秩序。他认为柱式是由上帝赐予的,与上帝的权威一样,是一种不可动摇的绝对法则:柱式只有五种,严禁创造所谓的"第六种"柱式;柱式的比例必须严格遵循整数比,排斥任何无理数的运用(图 2-20)。然而,尽管斯卡莫齐试图将五柱式法则绝对化,但这并未能阻止各国巴洛克古典主义者们创造出各种民族柱式、哥特柱式甚至是幻想柱式,这些创新之作在建筑史上留下了独特的印记。

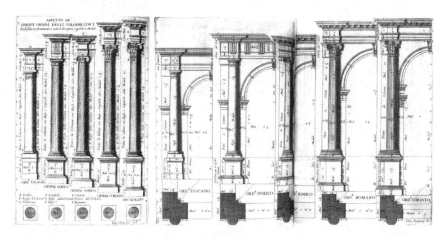

图 2-20　斯卡莫齐五柱式和五拱廊柱式,等级序列排布
(*L'idea della architettura universale*,Vincenzo Scamozzi,Vinice,1615)

2.3.2　和声数比与超感觉

在文艺复兴时期,音乐和声作为连接存在物与宇宙最高秩序的纽带,成了将各种艺术统一于一体的强大力量。这种力量不仅体现了宇宙普遍的和谐,在听觉上为我们提供了证据,而且从根本上说,它不依赖于任何可感知的存在。音乐和声既不可见也不可感,但它直接作用于我们的心灵。在这样一个精神普遍关联的等级制宇宙中,建筑被视作探寻真理的科学,而非仅仅是某种专业技能的传授。这意味着建筑师需要竭尽全力,通过各种方式,使得人为修建的构筑物与宇宙的普遍秩序建立联系。自古以来,音乐理论作为自由艺术中的四大支柱之一,始终属于精神知识的范畴。在文艺复兴时期,音乐理论因其独特的价值,被理论家们视为建筑知识化的重要关联点。由此产生的标准,也成了古典主义建筑的核心原理。

伯鲁乃列斯基的传记作家马内蒂提及,伯氏曾深入钻研过古代音乐的比例。[①] 阿尔伯蒂亦强调了特定比例的重要性,他认为一旦改变圣弗朗西斯科教堂的方壁柱比例,便会破坏整个建筑所蕴含的音乐和谐。达·芬奇曾言音乐乃绘画之姊妹,彰显了他深信在所有视觉艺术的背后,都潜藏着和声比例的神秘效应。在 1503 年发表的 *De Sculptura* 一文中,蓬波尼乌斯·戈里库斯(Pomponius Gauricus)问道:"怎样的几何学家和音乐家才能创造出如此形态的人?"这句话暗示了人体形态与几何、音乐之间存在着密切的关联。

到了 16 世纪,艺术理论家洛马佐在《绘画中的理想神庙》(*Ideal del Tempio della Pittura*,1590)中提及,达·芬奇、米开朗琪罗、费拉里(Gaudenzio Ferrari)等大师皆以音乐的方式理解并应用和声比例。人体,作为宇宙的缩影,是创世神根据自身形象所造,其中蕴藏着数字、度量、重量、运动等一切要素。因此,世界上所有的建筑及其各个部分都应遵循这种规则与秩序。维尼奥拉在其五柱式法则中提到,音乐相较于建筑拥有更为坚实的科学基础。[②] 同样,洛马佐的记录中,建筑师贾科莫·索尔达蒂(Giacomo Soldati)提出,在三种希腊柱式和两种罗马柱式的基础上,应增加第六种和声柱式。这种和声柱式以其独特的和谐性,调和了其他五种柱式,尽管其声音之美难以用肉眼捕捉,但却能令耳朵领悟其独特魅力。[③]

帕拉第奥被誉为文艺复兴古典主义最伟大的综合者。他如同阿尔伯蒂一样,追求建筑作为超越经验性操作方法的知识地位。帕拉第奥不仅引入了柱间距的规则到柱式设计中,更以和谐数比贯穿整个建筑,使其成为全面整合建筑空间的终极参照。帕拉第奥的理性认识论取向深深植根于北意大利人文主义的大背景之中。具体来说,这种影响体现在以下三个方面:①他的建筑观深受早期人文主义赞助者特里西诺(Giangiorgio Trissino,1478—1550)和科尔纳多(Alvise Cornaro,1484—1566)的启发;②他对于建筑与知识、科学之间关系的理解,与后来的赞助人与合作者达尼埃莱·巴尔巴罗

---

① （德）鲁道夫·维特科尔.人文主义时代的建筑原理(原著第六版)[M].刘东洋,译.北京:中国建筑工业出版社,2016:114.

② Ibid:117.

③ Ibid:115,索尔达蒂是意大利北部活跃的工程师和科学家,于 1576 年被任命为萨沃伊公爵菲利伯托(Emanuele Filiberto of Savoy)的宫廷建筑师,后者也是帕拉第奥《建筑四书》第三、四书的题献人。

(Daniele Barbaro,1514—1570)保持一致;③他将和谐数比融入建筑布置的一般观点,则源于方济各修士弗朗切斯科·乔治(1466—1540)的超感觉数比观念以及16世纪律学研究的新成果。

帕拉第奥的建筑与研究观念深深植根于北意大利文艺复兴时期的理性人文主义传统。在他的早年,他得到了特里西诺和科尔纳多的赞助,多次前往罗马进行古代文化的测绘和研究。这两位赞助者以实用倾向的人文主义为帕拉第奥打下了坚实的学识基础。帕拉第奥追求建筑的"适用性",坚信好的建筑实践是道德责任的体现。他视"适用性"这一社会取向为统领得体和美的最高原则,这一观念源于意大利人文主义者的知识与实践倾向。因此,帕拉第奥始终秉持服务业主的职业伦理,愿意根据业主的意愿调整自己的设计理念。在特里西诺的私人郊区别墅中,帕拉第奥受到了深刻的人文主义熏陶,并采用了文艺复兴时代的新研究方法——古迹测绘和文本互证,来展现古典材料。对于特里西诺而言,维特鲁威和阿尔伯蒂的权威都存在着局限性,前者难以理解,后者则有所遗漏。① 帕拉第奥作为建筑工匠接受的早期职业训练,使他坚信古罗马废墟比文字记录更能体现罗马人道德品质的伟大。帕拉第奥在1554年出版了两本罗马导游书,通过遗迹测绘结合古罗马和古代晚期作家的文本,展现了建筑和历史的独特魅力。这两本书成为18世纪文化旅游介绍类书籍的典范。此外,帕拉第奥晚年还出版了关于高卢战争(1575)和罗马帝国崛起(1569)的历史插图本,为后世留下了宝贵的文化遗产。

在帕拉第奥的眼中,古代遗迹是评估古代文明永恒价值的基石。在追溯古代文化的征途中,建筑遗迹的地位远超维特鲁威的文字记录。他于1570年出版的《建筑四书》在某种意义上,也体现了亚里士多德式的古典主义精神,该书以测绘为核心,辅以古代文本,对古典知识进行了深入的再研究和理论化。② 从建筑理论研究的视角来看,遗迹测绘图不仅为现代建筑学提供了重要的依据,也为未来的建筑发展指明了方向。尽管权威的文字记

---

① Ibid:62.

② 全书共分四部分,第一书关于柱式和基本问题;第二书关于居住建筑;第三书关于公共建筑和城镇规划;第四书关于神庙。

录具有一定的参考价值①,但帕拉第奥认为遗迹测绘与权威文本皆不足以全面揭示建筑创作的奥秘,他将自己的作品置于古代文化直接传承者的高度,力求在创作中延续和发扬古典建筑的精髓。

帕拉第奥的认识论观点深受其后来的赞助人与合作者达尼埃莱·巴尔巴罗的影响。巴尔巴罗,这位威尼斯著名的人文主义者,不仅是帕拉第奥的庇护者,还是维特鲁威研究的得力伙伴,对帕拉第奥的思想产生了深远的影响。在巴尔巴罗出版的维特鲁威新评述本(1556—1557)中,图版主要由具有丰富测绘经验的帕拉第奥绘制,他也积极参与了评述的讨论(图 2-21)。巴尔巴罗在该书的注释中,阐述了自己的建筑理念,其中几个核心点尤为引人关注:①建筑和艺术并非对自然的简单模仿,而是遵循与之相契合的理性法则;②受理性指导的建筑和艺术是科学与知识的体现,这种知识蕴含在比例之中;③形式是理性向实施构想转化的比例,材料服务于形式,而形式则源自理性;④建筑学作为一门科学,其目标是追求绝对真理,建筑通过真、善、美的统一,展现了其道德价值。巴尔巴罗将艺术创作,尤其是建筑创作,划分为一个三分历程:首先是知性工作的阶段,其次是在心灵中构思图像,最后是用象征手法将内在图像外化。他强调建筑并非孤立的领域,而是人类心灵无数显现中的一种,这些领域都遵循着同一法则。在与巴尔巴罗的合作中,帕拉第奥形成了自己的认识论观点:建筑本质上是一门科学;艺术中的"非确定性真理"与科学中的"确定性真理"之间的联系,在于后者在创造中体现了人类意志的真理。② 这些观点随后融入并丰富了帕拉第奥本人的建筑理论研究。

如果建筑如同其他艺术形式一般,是人类心灵通过唯一法则的呈现,那么建筑本身亦应追求一种内在的根本一致性。帕拉第奥的工作承载着巴尔巴罗将建筑数学化和科学化的梦想。在他的建筑理论和实践中,追求建筑的科学化特指对其内在数学一致性的不懈探索,这既体现在对住宅平面唯一几何模式的长期研究上,也体现在对和谐数比空间体系的整体整合中。帕拉第

---

① 我将分别给出这些柱式的尺度,它们和维特鲁威的教导并非完全吻合,但是符合我从古代建筑中观察到的情况。(意)安德烈亚·帕拉第奥. 帕拉第奥建筑四书[M]. 李路珂,郑文博,译. 北京:中国建筑工业出版社,2015:15.

② 科学(scienza)是后天获得的,知性(intellect)是内在的折射灵魂的力量和品质。(德)鲁道夫·维特科尔. 人文主义时代的建筑原理(原著第六版)[M]. 刘东洋,译. 北京:中国建筑工业出版社,2016:65-66.

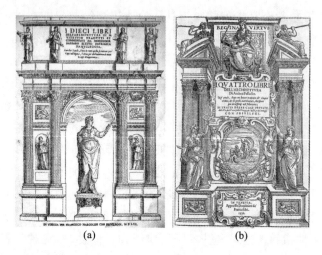

图 2-21　帕拉第奥绘制的扉页：美德女王暗指建筑知识的几何基础与伦理诉求

（a）帕拉第奥为巴尔巴罗（Daniele Barbaro）《建筑十书》（1556）绘制的意大利文评注版扉页，美德女王站在凯旋门中央；（b）《建筑四书》（1570）扉页，美德女王高立于手法主义门廊的顶端

奥的住宅平面设计灵感，最初的实物原型来源于早年赞助人特里西诺在 16 世纪 30 年代为自己设计建造的住所。随后，帕拉第奥在波尔托别墅中进一步发展了这一设计思路（图 2-22）。维特科尔认为，帕拉第奥在别墅平面设计中，以同一基本几何主题为原型，进行了多次创新和演绎。[①] 这充分展现了帕拉第奥基于科学"确定性真理"的信念，既坚守于唯一平面几何原型的核心原则，又使之以本质相似而形态各异的方式在物质世界中得以体现。

1. 宇宙和谐的五和音体系

帕拉第奥将和谐数比应用于建筑之中，而同时代的先例则是由圣方济各修士弗朗切斯科·乔治（Franciscan Francesco Giorgi）为圣弗朗西斯科·德拉·维尼亚教堂（San Francesco della Vigna）的平面布置提出的总体建议。因教堂平面布置存在争议，威尼斯共和国执政官安德烈亚·格利蒂（Doge Andrea Gritti）邀请圣方济各修士乔治为教堂设计提供一份备忘录。这是因为乔治在大约十年前撰写了一部名为《世界的和谐》（*De Harmonia Mundi Totius*，1525）的著作，并在当时产生了广泛影响。该书以宇宙和声为主题，这是自古代以来音乐理论的最高范畴。乔治在书中融合了犹太-基督

---

① Ibid：62-70.

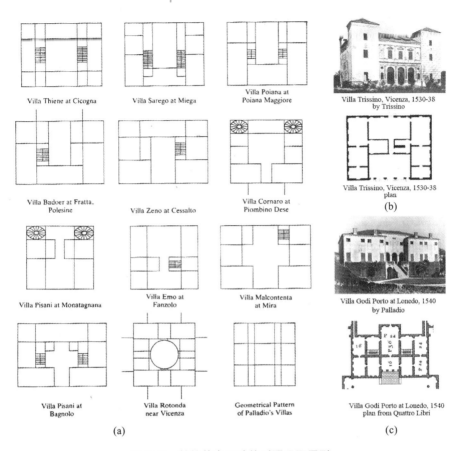

图 2-22　帕拉第奥设计的别墅平面原型

（a）基本几何原型多次演绎；（b）建筑初始原型：特里西诺设计自宅，1530-38；（c）建筑原型二：波尔托别墅，帕拉第奥设计，1540

教、毕达哥拉斯-柏拉图主义数学观，以及皮科和费奇诺的新柏拉图主义思想，详尽探讨了与比例相关的各种知识，在当时广为流传。值得一提的是，乔治为圣弗朗西斯科教堂所写的备忘录，获得了当时评议人的广泛认可，教堂最终的平面布置基本依照乔治的建议进行修建（图 2-23）。

乔治的平面布置建议主要依据于古代的五和音体系。该体系源于古希腊音乐，由三个基本和音——八度（1∶2）、五度（2∶3）和四度（3∶4）构成，这些基本和音构成了一个简单的数列，即 1∶2∶3∶4。此外，还有两个复合和音，即八度加五度（1∶2∶3）和双八度（1∶2∶4）。这一体系的根源可追溯至古代毕达哥拉斯-柏拉图的音乐传统。毕达哥拉斯的信徒深信"万物皆

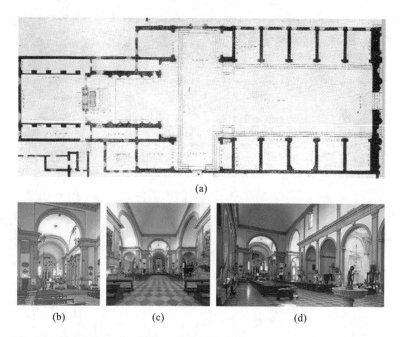

图 2-23　圣弗朗西斯科·德拉·维尼亚教堂(San. Francesco della Vigna),珊
　　　　索维诺/帕拉第奥
(a)采纳乔治建议的平面;(b)中殿;(c)圣坛-耳堂;(d)圣坛-唱诗席

数",认为宇宙的秩序隐藏于和谐的整数比之中。受到前 5 世纪毕达哥拉斯学派成员菲洛劳斯的影响,柏拉图在《蒂迈欧篇》中进一步发展了这种数学神秘主义。在这篇作为《国家篇》续篇的作品中,柏拉图探讨了世界和人的形成。蒂迈欧作为主要发言人,开篇便阐述了两个核心观点:一是可感世界是变化的;二是驱动可感世界变化的动因。有序的可感世界是创世神德穆格(Demiurge)通过其心智、意志和力量所创造的。德穆格因不愿独自享受完美与善,故而创造了与自己相似的事物。先前的物质世界处于混沌无序之中,但秩序优于混乱,因此创世神将蕴含精神的灵魂注入世界,使之变得生机勃勃。[①] 创世神的心灵作为可感世界秩序的原型和原因,使得有序的可感世界整体上是"可以用智力理解的",完美无缺且充满生机。在这个有序世界中,所有生物和有机物都是其不可或缺的一部分。作为整体的"世界灵

---

① (古希腊)柏拉图.柏拉图全集(第 3 卷)[M].王晓朝,译.北京:人民出版社,2003.

魂"是受造世界的能动因,它包含三个要素:①介于"自身永恒的同一性"和躯体中"形成且可分的"之间,②居间的同一性,③居间的差异性。因此,"世界灵魂"是永恒与暂时之间的中介。① 在使宇宙变得有序之后,创世神又创造了不朽的诸神,随后诸神为不朽的灵魂制造了供其暂时居住的肉体,以及支持并启发灵魂的各种感觉器官。② 世界的秩序源于理智与强制力的结合,永恒的确定秩序逐渐渗透进无序的混沌之中,赋予其一定的秩序。柏拉图从方形(平方)和立方体(立方)中找到了从元一(unity)到二(平方)和三(立方)的比例关系,这些关系导向了两个几何序列,即 1,2,4,8 和 1,3,9,27,这两个序列分别代表了希腊字母 Λ 的两条边。③ 因此,这七个数字——1,2,3,4,8,9,27——蕴含了大宇宙与小宇宙之间相似的神秘韵律。这些整数之间的比例不仅涵盖了所有音乐的和谐(可感的和谐音),还包括了无法被耳朵捕捉的宇宙乐音(不可感的普遍和谐),以及人的灵魂结构(理智-感性),从而连接了宇宙、自然和理性之间的连续关系(图 2-24)。

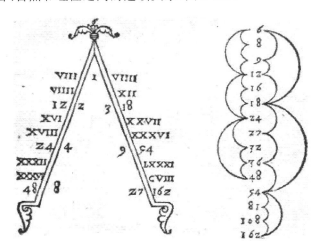

图 2-24　乔治的双几何数列,《世界的和谐》(*De Harmonia Mundi Totius*),1525

---

① (英)A.E.泰勒.柏拉图:生平及其著作[M].谢随知,等,译.济南:山东人民出版社,2008:612.

② (古希腊)柏拉图.柏拉图全集(第3卷)[M].王晓朝,译.北京:人民出版社,2003.

③ 前一个数列是2的平方和立方,后一个数列是三的平方和立方。毕达哥拉斯认为2和3的平方和立方之后,所有创世工作都完成了,因为存在物不超过三维,一切主动和被动的力都被涵盖其中。(德)鲁道夫·维特科尔.人文主义时代的建筑原理(原著第六版)[M].刘东洋,译.北京:中国建筑工业出版社,2016:106.

乔治精心规划了教堂的布局,建议中殿宽度为 9 步,长度为 27 步,以此构成 9∶27 的理想长宽比,这一比例巧妙地融合了八度(1∶2)与五度(2∶3)的音程,形成了简洁的整数比 9∶18∶27(即 1∶2∶3)。他还提议,连接大礼拜堂与中殿两侧小礼拜堂的礼拜堂宽度应为 4 步,以此形成 3∶4 的比例,即四度音程。乔治深信,八度加五度的神秘和声,正是柏拉图在《蒂迈欧篇》中用以描述世界各部分与整体和谐共鸣的神奇和声。这亦是上帝直接传授给摩西,用以建造"第一圣殿"——沙漠会幕(Tabernacle)的模式。所罗门王在修建耶路撒冷圣殿时,亦遵循了同样的和谐比例。此外,亚里士多德在《论天》中也曾论及数比,并将最大数限定在 27。① 乔治援引古希腊与犹太-基督教经典,论证圣弗朗西斯科教堂应运用和谐数比。然而,其最深层的原因在于,他认为人间的圣殿应当以宇宙的结构为蓝本来建造,因为上帝在创造万物时便是依据和谐数比,人间圣殿亦应效仿这一创世法则,与宇宙的和谐旋律相共鸣。

在乔治对圣弗朗西斯科教堂的比例设计中②,他巧妙地运用了 3∶9∶27 这一基本数列,以及 1∶2、2∶3、3∶4 这三种数比的连续应用。尽端礼拜堂长 9 步、宽 6 步,形成了和谐的 2∶3 比例,与中殿的宽度比亦同为 2∶3,即音乐中的五度音程。礼拜堂背后的唱诗席宽度与礼拜堂相同,再次强调了 2∶3 的比例。整个教堂的布局因此呈现出大礼拜堂加唱诗席为 9∶18,中殿(含两侧小礼拜堂)为 18∶27,形成了 9∶18∶27(即 1∶2∶3)的八度加五度复合数比,赋予了教堂神圣而和谐的空间内涵。小礼拜堂宽 3 步,耳堂宽 6 步,中殿宽 9 步,这三者之间同样形成了 1∶2∶3 的比例关系。而耳堂礼拜堂与大礼拜堂的宽度比为 4∶3,构建了一个四度音程的和谐。乔治的这项设计建议提交给执政官后,得到了画家提香、建筑师塞利奥以及人文主义者斯皮拉(Fortunio Spira)的认可。教堂的设计者珊索维诺对乔治本人亦给予了极高的评价,称赞他为"具有深刻思想的著名哲学家"。这充分说明了简单数比背后所蕴含的新柏拉图主义宇宙观和认识论在当时社会中的广泛接受度。尽管教堂的平面设计在顶棚高度上并未完全按照乔治的建议与中殿宽度形成 4∶3 的比例,但整体上仍基本遵循了他的设计理念。这种不完全的符合主要源于施工中的实际限制。值得注意的是,帕拉第奥在圣弗朗西

---

① 朗切斯科·乔治为圣弗朗西斯科教堂撰写的备忘录,详见 Ibid:138-139.
② 乔治的比例建议详见 Ibid:138-139.

斯科教堂的修建过程中,甚至更早之前,就已经对和谐数比理论有所了解。他与这座教堂的关联更为直接,到了 1562 年,该教堂的立面和内部装饰设计工作都被委托给了帕拉第奥。

2. 不可见的宇宙乐音

帕拉第奥关于和谐数比的完整理论和实践指南,在《建筑四书》中通过他亲自设计的建筑平立剖插图得以充分体现。在第二卷中,他插入的图版与实际建成的房屋存在差异,这曾一度被他的追随者如斯卡莫齐误认为是出版时的疏漏。然而,维特科尔认为这是帕拉第奥的刻意之举,因为《建筑四书》并非单纯罗列古典建筑的测绘结果或个别房屋设计的案例图集,而是帕拉第奥旨在将建筑引向科学化的理论著作。[①] 这部著作的核心在于和谐比例的整体应用方法,帕拉第奥的图版正是基于这一科学思想的研究成果的直观呈现。因此,这些图版与遗迹测绘的精确轮廓描画大相径庭。这些研究性图版的抽象性在于,它们并非对现实设计的真实描摹,而是服务于阐述帕拉第奥的整体设计理念,以图像的形式展示和谐比例全面应用的科学语言。它们使建筑作为一门科学,既具有不变的必然性,又通过图像得以传授。图版中标注的尺寸,并非针对个别建筑实施的生产性图纸,而是超越个别,指向普遍性的科学理论阐述。

3. 比例中项:房间的平面与高度

关于帕拉第奥对房间高度计算的阐述,其核心在于它与房间平面长宽的比例中项的计算方法紧密相关。帕拉第奥精心挑选了七种"最具美感、比例最和谐、且效果出色"的房间平面形式[②],具体如下:① 圆形(尽管极为罕见);② 正方形(比例 1：1);③ 长方形,其短边等于正方形的边长,长边则等于正方形的对角线长度(比例 $1:\sqrt{2}$);④ 被称为"一又三分之一正方形"的长方形(比例 3：4);⑤ 被称为"一又二分之一正方形"的长方形(比例 2：3);⑥ 被称为"一又三分之二正方形"的长方形(比例 3：5);⑦ 被称为"双正

---

① Ibid:121.
② (意)安德烈亚·帕拉第奥.帕拉第奥建筑四书[M].李路珂,郑文博,译.北京:中国建筑工业出版社,2015:52.

方形"的长方形(比例 1∶2)。①

　　随后,帕拉第奥详细阐述了房间高度的三种计算方法:①对于平面尺寸为 6 尺×9 尺的房间,其高度设定为 9 尺;②对于平面尺寸为 4 尺×9 尺的房间,其高度为 6 尺;③对于平面尺寸为 6 尺×12 尺的房间,其高度则为 8 尺。这些尺寸设定构成了一个连续数比关系,其中房间的长和宽作为两个端项,而高度作为中间项。这些关系分别体现了三种不同的数比原理:①算术中项(Arithmetic Mean),在 6∶(9)∶12 中,b-a 等于 c-b,这体现了算术平均数的特性;②几何中项(Geometric Mean),在 4∶(6)∶9 中,a 与 b 的比例等于 b 与 c 的比例,这展示了几何平均数的原理;③和声中项(Harmonic Mean),在 6∶(8)∶12 中,(b-a)与 a 的比例等于(c-b)与 c 的比例,这体现了和声平均数的概念。房间高度的计算实质上是在寻找一对和谐数比的中间项,因此,帕拉第奥所设定的房间高度分别代表了这三种中项计算方法的实际应用(图2-25)。②

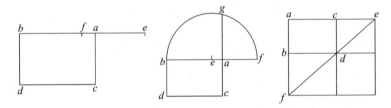

图 2-25　已知平面求房间高的三种方法

　　阿尔伯蒂深刻洞察了可见与不可见之间的对应关系,他坚信:"数字铸就了声音的和谐,让耳朵陶醉,同时也让我们的眼睛和心灵沐浴在美好的愉悦之中。"③这段话的核心在于揭示了听觉、视觉以及理智心灵在愉悦体验上的共通性。这一理念深深植根于文艺复兴时期大宇宙与小宇宙的精神连接

　　① 其中 1∶$\sqrt{2}$为前 5 世纪就已经发现的无理数比,曾在当时引发数学危机。后来毕派以几何绘图法解决了整数比无法涵盖的无理数问题,使几何成为终极理论。阿尔伯蒂和塞利奥都在房间形状中提到过对角线的不可通约性,但帕拉第奥谨慎地并未提及该问题。维特科尔认为这证明帕拉第奥的比例理论建立在比例可通约性的基础上。3∶5 为 16 世纪音乐理论的新进展,是由福利亚诺(Ludovico Fogliano)在 1529 年的著作中提及的新和谐数比,即大六度。

　　② 帕拉第奥对比例中各项的讨论有三个来源:其一,来自 15 世纪新柏拉图主义者费奇诺的《蒂迈欧篇评注》;其二,直接来自他更加熟悉的乔治和巴尔巴罗的相关研究;其三,来自阿尔伯蒂《建筑论》第九章第 6 章对房间尺寸计算的建议。

　　③ (意)阿尔伯蒂.建筑论——阿尔伯蒂建筑十书[M].王贵祥,译.北京:中国建筑工业出版社,2010:292.

之中,即天空(月上的永恒世界)、大地(月下的变化世界)以及心灵(人类感觉和理智的媒介)与"世界灵魂"的和谐统一。

弗朗西斯·乔治是 16 世纪和声比例问题的重要理论综合者,他基于菲奇诺对《蒂迈欧篇》的注解,对比例中项的计算进行了详尽的总结。他建议以 6 作为起始项,构建两个几何数列,即 6,12,24,48 和 6,18,54,162。在这个几何数列中,任意两项之间都能巧妙地插入一个"和声中项"和一个"算术中项",形成一个涵盖三种比例关系的完整数比体系。这三者在一个八度音程内实现了三种和谐音程的完美循环。以 6∶12 为例,在插入两个中项后,我们得到 6∶8(和声中项)∶9(算术中项)∶12,这正好构成一个完整的八度音程。其中,两端的 6∶8 和 9∶12 分别构成四度音程;6∶9 和 8∶12 则形成五度音程;而位于中央的 8∶9 则代表了一个全音。这些原理和方法显然已经被帕拉第奥灵活地运用到房间高度的设计中。

4. 不可见:超感觉的宇宙乐音

值得强调的是,宇宙、自然与理智的统一,首先体现在超越感官的精神关联性上,而和谐数比对感官的呈现则是其次要的、间接的关联。由于可感世界与超感觉世界并非对等,超感觉世界凌驾于可感世界之上,可感世界最终需以精神的超感觉理智为裁决。以帕拉第奥所规定的房间和声数列为例,尽管 4∶6∶9 构成两个五度,9∶12∶16 构成两个四度,这些在音乐中通常被视为不和谐的音程,即非耳朵能直接捕捉的和谐之音,但帕拉第奥依然运用它们来控制建筑尺寸,这种运用与超感觉领域的宇宙和谐紧密相连,无须通过可感音乐的形式在变化的世界中作为感官的中介来呈现。这一观点不仅呼应了但丁在 14 世纪的论点,也符合费奇诺和皮科在 15 世纪的论述,即宇宙的精神秩序本质上是属灵的,超越了肉体的感官知觉。从本质上看,建筑的控制尺度通过与超感觉世界的联系,使得整体与部分成为一个不可分割的有机整体。正因为建筑追求的是真理本身,它才能作为一门科学获得合法性,即使这一理想如同"美"本身一样,可能永远无法完全实现。作为科学的建筑,其本质追求的是直接作用于人理智的精神的宇宙乐音,而非仅仅追求感官直接呈现的肉体愉悦。在比例理论的应用上,帕拉第奥不仅在单一房间的长宽高中运用比例原则,还力求使房间之间的关系也满足和谐数比,从而将整个建筑统一在一个和谐的整体之中。

在帕拉第奥早年设计的别墅中,他巧妙地运用了希腊音乐五和音体系中的简单数比。例如,在格蒂别墅(Villa Godi at Lonedo)中,四角的小房间和门厅的尺寸都遵循了 16∶24(2∶3)的比例,而中央的大房间则采用了 24∶36(2∶3)的比例。整个建筑被 16∶24∶36(4∶6∶9)这一连续数比所统一,[①]这一数比虽在音乐中构成两个五度的不和谐音,但却体现了不可见的宇宙和谐。在马尔孔塔别墅(Villa Malcontenta)中,他运用了由 12、16、24、32 构成的数列。其中,12∶24∶32 形成了八度(12∶24)和四度(24∶32)的和谐数比,或者 16∶24∶32 则构成了五度(16∶24)和四度(24∶32)的和谐关系。在埃莫别墅(Villa Emo)中,数列则是 12、16、24、27、48,这里的比例展现了丰富的音乐关系:12∶16∶24 代表了一个四度和一个五度,16∶24∶27 则是一个五度和一个全音,而 12∶16∶48 则构成了一个双八度。蒂内别墅(Villa Thiene at Cicogna)的房间尺寸则采用了 18∶18,18∶36,36∶36 的重复比例,即 1∶1,1∶2,2∶2 的比例。更妙的是,在 18 和 36 之间插入了一个 12,这相当于在一个八度音程中插入了一个五度音程。值得注意的是,基于 12、16、18、24、27、32、36 的数列在帕拉第奥的设计中频繁出现,这一数列不仅体现了他在建筑设计中对和谐与比例的追求,也展现了他对宇宙和谐理念的深刻理解(图2-26)。

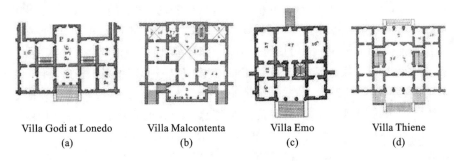

Villa Godi at Lonedo   Villa Malcontenta   Villa Emo   Villa Thiene
(a)   (b)   (c)   (d)

图 2-26　五和音体系的平面布置

(a)格蒂别墅(4∶6∶9双五度非和谐音程);(b)马尔孔塔别墅(12∶24∶32 八度加四度;16∶24∶32 五度加四度);(c)埃莫别墅(12∶16∶24 四度加五度;16∶24∶27 五度加全音;12∶16∶48 双八度);(d)蒂内别墅(18∶36 八度;12∶18 五度)

除了希腊音乐中基于 1∶2∶3∶4 简单数比的五种和谐音程外,帕拉第奥也运用了 16 世纪北意大利音乐理论中新发现的和谐音程。在《音乐理论》(*Musica theorica*,1529)一书中,来自摩德纳的福利亚诺(Ludovico

---

① 门厅真实进深为 14.9 尺,两个毗连房间的宽度则分别为 15.5 尺和 17.3 尺。WITTKOWER R. Architectural Principles in the Age of Humanism[M]. New York:W. W. Norton,1971:121.

Fogliano)提出了毕达哥拉斯的五和音之外还存在其他和谐音程的观点。①随后,威尼斯的音乐理论家扎里诺(Gioseppe Zarlino,1517—1590)在《和声制度》(*Le Istitutioni harmoniche*,1558)中进一步发现,通过算术中项和和声中项拆解三种基本和谐数比(1∶2,2∶3,4∶5),可以衍生出新的和谐音程。② 他将这些拆解步骤中的分数进行通约后,得到了如图2-27所示的音程表。

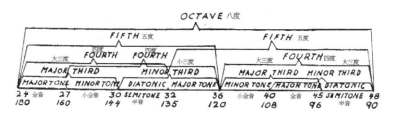

图 2-27　扎里诺(Giosephe Zarlino)八度分解和谐音程表

帕拉第奥在建筑设计中巧妙地运用了新发现的和谐音程。在皮萨尼别墅中,他采用了数列16,24,18,30,32,42(18+24),其中包含了18∶24∶30的数列,即音程上的四度加大三度。而在萨莱哥别墅中,他在相连的房间中应用了9∶24的比例,这可以拆解为9∶18∶24,呈现出八度加五度的和声效果。此外,还有9∶20的比例,拆解为9∶18∶20,即八度加小全音。中央大厅与两侧的长条形房间的比例为20∶24∶40,则形成小三度加大六度的和谐音程。在其他作品中,如马塞尔别墅,小房间中运用了9∶10∶12的数比,象征着小全音加小三度的和谐,而大房间则采用了16∶18∶12的数比,展现了大全音和小全音的融合。房间长度之间的比例20∶32(即小六度,或进一步拆解为20∶24∶32,即小三度加四度)等,都体现了帕拉第奥对新数比关系的精妙运用(图2-28)。

帕拉第奥的合作者巴尔巴罗,在其对维特鲁威的评述中同样深入探讨了比例的概念,这彰显出帕拉第奥在设计中有意识地运用音乐理论的和谐

---

① 包括小三度(5∶6)、大三度(4∶5)、小六度(5∶8)、大六度(3∶5)、大十度(2∶5)、小十度(5∶12)、十一度(3∶8),以及双八度上的小六度(5∶16)和大六度(3∶10)。

② 他先拆解一个八度(1∶2),即2∶4依算术拆解得到2∶3∶4,得到五度和四度(2∶3,3∶4);依和声中项拆解6∶12,得到6∶8∶12,得到四度和五度(3∶4,2∶3)。然后拆解五度(2∶3),即4∶6依算术中项拆解得到4∶5∶6,得到大三度和小三度(4∶5,5∶6);依和声比例拆解10∶15为10∶12∶15,得到小三度和大三度(5∶6,4∶5)。然后拆解大三度(4∶5),依算术中项拆解8∶10为8∶9∶10,得到全音和小全音(8∶9,9∶10);依和声中项拆解72∶90为72∶80∶90,得到小全音和全音(9∶10,8∶9)。(德)鲁道夫·维特科尔.人文主义时代的建筑原理(原著第六版)[M].刘东洋,译.北京:中国建筑工业出版社,2016:124.

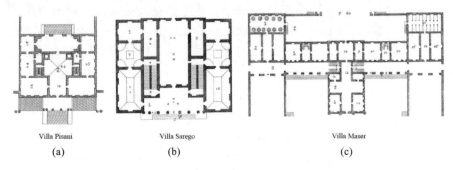

图 2-28　音乐理论发现的新和声数比的平面布置
(a)皮萨尼别墅平面；(b)萨莱哥别墅平面；(c)马塞尔别墅平面

数比来控制建筑的整体尺度。在巴尔巴罗的眼中，建筑的体量划分是基于复杂的和声数比关系。尽管这一要求严苛，但和谐数比通过不同数量之间的精妙关系，展现出了几乎无穷无尽的可能性。他们深信，基于宇宙和谐的信仰，按照正确的和谐数比建造的房屋，将被赋予与宇宙生命活力相契合的神奇力量。这些和谐数比不仅与宇宙最本质的秩序紧密相连，构成了建筑坚实的科学基础，更是建筑之美产生的源泉。巴尔巴罗曾言：

> 每件艺术品必须如一首美的诗行(verse)，它们随着至善的谐音(consonant)一段接着一段流淌，直至到达秩序得当的终结。……这种既在音乐中又在建筑中(存在)的美的举止被称为和谐(harmony)，是优雅与愉悦之母。①

鉴于巴尔巴罗与帕拉第奥之间紧密的合作关系，可以确信帕拉第奥所运用的和谐数比深深植根于与认识论紧密交织的数学宇宙论之中，它本质上是一种指向建筑科学的理性学说。然而，帕拉第奥并非盲目地运用这些数比，而是一位将和谐数比实践化并在建筑中理论化的大师。同时，他也保持着对个体判断和实践经验的尊重，因此拥有打破这些规则的自由。当 17 世纪末，和声比例所依托的有序宇宙观在牛顿的综合理论中被机械论宇宙观所取代时，帕拉第奥的作品依然作为坚持和声比的学院派建筑师的典范，熠熠生辉。

5. 路径导向与感觉呈现

在帕拉第奥晚年设计的两座教堂中，他深刻探索了一种能够直接触动

---

① 　Barbaro,p.24,ad Vitruvius Ⅰ,ii,3.转自 WITTKOWER R. Architectural Principles in the Age of Humanism[M]. New York:W. W. Norton,1971:128.

感官并在心理上对人产生深远影响的神圣空间体验。这一转变并非他个人的突发奇想，而是反映了当时建筑领域从追求超验的精神性向经验化和主观化转变的手法主义倾向。帕拉第奥晚年为威尼斯设计的两座大教堂和一座教堂立面，均鲜明地体现了这一手法主义特征。其中，圣弗朗西斯科教堂的立面工程始于 1562 年，它采用了创新的视觉心理设计，将复合教堂立面的中殿和侧廊融为一体。该立面由两个大小不同的带山墙的神庙立面叠加而成，高而窄的纵向立面覆盖了中央高耸的中殿，由巨大的柱式构建出宏大的尺度感；而矮而宽的横向立面则覆盖了两侧的侧廊，通过较小尺度的柱式叠加，巧妙地渗透到中央开间。这是对阿尔伯蒂早期提出的古典三段式教堂立面主题的一次极具创新性的发展。帕拉第奥随后设计的两座大教堂立面，均沿用了圣弗朗西斯科教堂中的设计模式，让大小两个尺度的神庙立面相互叠加、渗透，使得中殿和侧廊在立面上和谐地融为一体，形成了一个统一而富有层次感的整体。

　　接着，帕拉第奥为威尼斯再添两座宏伟的主教堂——圣乔治·马焦雷教堂（S. Giorgio Maggiore）和威尼斯救主堂（Il Redentore）。圣乔治教堂的奠基仪式于 1566 年举行，然而其正立面的完成却跨越了多个年代，直至帕拉第奥逝世后的 1597 年至 1601 年才得以最终呈现（图 2-29）。而威尼斯救主堂则于 1576 年为纪念大瘟疫后的幸存者而建，并在帕拉第奥去世多年后的 1592 年竣工（图 2-30）。这两座教堂的平面布局均采纳了乔治在圣弗朗西斯科教堂《备忘录》中提出的建议，即中殿-圣坛-唱诗席的纵向三分序列。中殿设计呈方形，两侧点缀着小礼拜室，尽头则与连接圣坛的耳堂相连；中殿与圣坛之间通过几步台阶加以区分；而圣坛与唱诗席之间，则放置着耶稣受难像的圣坛，这一设计巧妙地将唱诗席打造为一处超脱世俗的隔绝之地。

　　在圣乔治教堂中，帕拉第奥巧妙地突出了教堂的三个主要部分：长方形的中殿两侧排列着优雅的柱廊，尽头是弧形的耳堂，共同构成了经典的拉丁十字平面布局。中殿、圣坛和唱诗席之间通过台阶加以明确区分，中殿至圣坛为三级台阶，而圣坛至唱诗席则有四级台阶，层次分明。圣坛与圆弧形的唱诗席之间，一座独立的柱廊几乎完全将它们隔开，这座柱廊前后叠合，形成双柱结构，创造出清晰的前后分隔感。柱廊上方，楣檐之上安装了管风琴，共同构成了一道高实体密度的屏障。透过柱廊的间隙，可以窥见后面的唱诗席，增添了一分神秘感。圣坛附近的装饰极为丰富，方形壁柱曲折地向圣坛中央推进，与中殿相连的半圆形拱顶被粉刷成白色，与下方柱式的繁复装饰形成了由繁至简的鲜明对比。半圆形拱顶的两侧，依照中殿柱廊的节

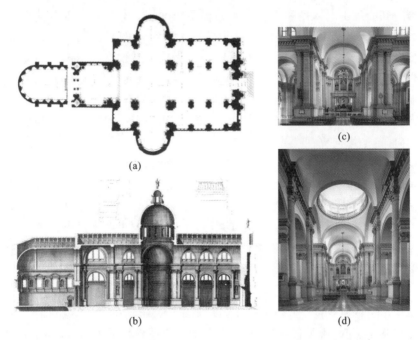

(a)

(b)

(c)

(d)

图 2-29　圣乔治·马焦雷教堂(S. Giorgio Maggiore)，帕拉第奥，威尼斯，1566—1601
(a)平面；(b)纵剖面；(c)圣坛；(d)中殿

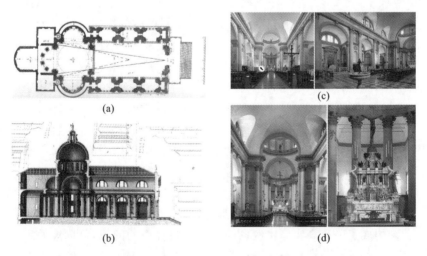

(a)

(b)

(c)

(d)

图 2-30　威尼斯救世堂(Il Redentore)，帕拉第奥，1576—1592
(a)平面；(b)纵剖面；(c)中殿-拱廊-连续梁；(d)圣坛

奏,设有半圆形高窗,其边缘形体呈半月形,巧妙地突入拱顶的中央。这些聚合柱、拱门和半圆形高窗共同为中殿营造出一种平衡而均匀的节奏序列,使整个空间既庄严又和谐。

在威尼斯救主堂中,帕拉第奥的设计意图尤为显著。他独具匠心地融合了集中式平面与巴西利卡的方形中殿,创造出一种全新的空间体验。这种设计旨在鼓励教堂礼拜者的参与,通过他们在纵向轴线上的移动,与建筑空间共同营造出中殿与圣坛之间的共鸣。整个教堂依旧保持着纵向的布局,分为方形中殿、圣坛和唱诗席。去除了中殿末端的耳堂后,圣坛与中殿直接相连,使得中殿的界面更加完整且独立。帕拉第奥主要通过以下三种方式实现这一效果:①中殿两侧不设侧廊,代之以三对独立的小礼拜堂,使空间更加聚焦;②中殿的单侧界面以双柱、拱门和双柱间的半圆形壁龛构成a-b-c-b-a的三循环序列[①],为空间增添了节奏感和韵律感;③柱上楣梁完全连续,沿着中殿的线性轮廓笔直向圣坛方向延伸,增强了空间的延伸感和导向性。圣坛与唱诗席之间的独立柱廊被巧妙地设计成弧形,这一设计在整个建筑中起到了至关重要的作用。首先,弧形柱廊延续了使用独立柱廊分隔圣坛和唱诗席的传统做法,保持了空间的分隔与联系。其次,以圣坛为中心,弧形柱廊与两侧的半圆形龛室共同构成了一个准向心空间,上方的穹顶进一步强化了这一空间特征。最后,也是最为重要的一点,弧形柱廊为中殿的整个纵向空间提供了一种独特的观看体验。在向前行进的过程中,人们能够深刻感受到中殿与圣坛之间的和谐与统一,仿佛置身于一个充满神圣与庄严的宇宙之中。

当人们初次踏入中殿,两侧的界面和直线形的楣梁立即为他们带来了一种统一且富有韵律的深刻感受。随着视线的深入,圣坛与中殿交界处的拱门和双柱主题,巧妙地重复了两侧的韵律,这些元素犹如空间的画框,使圣坛成为视线的自然焦点。而弧线形的柱廊则作为背景,巧妙地收束了视线,引导人们深入探索。随着人们继续向前移动,圣坛尽端的弧线形柱廊两侧的连续柱逐渐显现,顶部的半穹顶也随之映入眼帘,这些元素逐渐将人们的视线引向高处。直到人们走过中殿纵向的中点位置,圣坛上的穹顶才在人们的运动和视线的引导下完全展现出来。在这一过程中,圣坛的向心形特质在人们的行进和视觉心理的参与下得到了完整的展现,形成了一个和谐统一的整体空间体验。

---

① 中央是拱门和半圆形高窗,两侧依次为半圆壁柱和半圆形壁龛。

古典时期的建筑知识与中世纪晚期形成的科学思想紧密相连,它以一个全面包容的宇宙论结构为世间一切存在与非存在提供了整体性的解释。中世纪晚期,基督教与亚里士多德宇宙体系的融合,逐渐催生了宇宙边界和中心的精神化倾向,这种倾向成为理解一般知识的基准。宇宙边界和中心的精神化重塑了大宇宙与小宇宙的整体理解框架,确立了精神与物质在有序宇宙中的普遍联系。这种宇宙整体有机观念,不仅为众多科学革命的奠基性思想提供了源头,还构成了近代建筑时空观念的原型。在有机论的整体宇宙中,一切事物都通过超越的精神关联性得以存在。

阿尔伯蒂所追求的理想——新建筑、新职业、新社会、新国家的创生——均深深植根于对存在物普遍关联的整一宇宙认知之中。他对城市、宗教和建筑中墙的道德象征性的重视,显示了他依然身处中世纪晚期有序而封闭的宇宙观念之中。然而,他亦在画作中描绘了一个类似库萨努斯的无限视觉空间,打破了这一界限。阿尔伯蒂从画技传授的实际操作性出发,运用欧氏几何学对画面空间进行了全面的掌控,创造了一个主观、抽象的单眼透视空间。他赋予这个虚构的图画空间以无限空间和相对视角的矛盾意蕴,使得画面不仅仅是物理空间的再现,更是对无限和相对性的哲学探索。

在 15 世纪中叶,阿尔伯蒂通过几部理论著作,成功地将绘画、雕塑和建筑推向了近乎自由艺术的知识高度。他提升建筑知识地位的方法主要体现在以下三个方面:

首先,他重新定义了新型艺术家的知识范畴和职业技能,将建筑提升到了一个新的知识层次。通过图绘,阿尔伯蒂使艺术家的技艺不仅局限于手艺,更指向了心智与手的完美结合,真理的探求。这使得建筑艺术在最大程度上接近了自由艺术的地位。画家、雕塑家与建筑师所运用的技艺,不仅仅是手艺人的技能,更是探寻真理的工具,从而与工匠劳动的传统技能形成了鲜明的区分。新型建筑师的职业核心,从单纯依赖生产工具的经验技能,转变为追求真理、思考本质的思想性活动。

其次,阿尔伯蒂通过区分并贬低中世纪晚期以来的旧有职业认知,进一步提升了建筑的知识地位。他明确区分了建筑师与行会工匠的角色,使建筑师成为建造活动中的主导力量。建筑师在图绘设计中,通过认识、发现和遵循美的原则,借助装饰为自然造物增添光彩,不仅模仿了造物主的创世活动,更成为神创论目的宇宙的积极参与者。而工匠则更多地扮演着建筑师思想和意志的执行者,其技艺被看作是建筑师更高层次规划的附庸。

最后,阿尔伯蒂通过强调建筑更高的伦理诉求,进一步提升了建筑的知识地位。他赋予建筑师以追求至美和至善的职业角色,激励他们承担更为高尚的社会责任。建筑师在建造活动中追求完美,通过实践善行来传播普遍的道德和正义。阿尔伯蒂将建筑师的最高理想扩展到了为全体人类最高福祉服务的新伦理层面,超越了古代仅为帝国权威服务或满足世俗生存和心灵拯救的局限。

16 世纪初,图绘在知识传播与规范化的过程中扮演了关键角色,成为科学研究的重要手段。随着印刷术的广泛应用,知识传播得以加速,推动了知识的制度化和标准化,并催生了新的权威。新型职业在追求知识地位的提升过程中,自然倾向于扩张其认同,以稳固其合法性。建筑知识的迅速传播和新型职业教育的需求,也促使知识规范化成为官方议程的重点。这些变革促使早期的古典理论从最初寻求知识思想性的意图,逐渐转向更具操作性的方法。这些方法不仅便于传授,还能直接应用于实践,并作为评判标准。在 15 世纪,菲拉雷特和马提尼依然以人体头部作为基本度量来区分三种柱式的等级。然而,拉斐尔首次向教皇提出了“五种柱式”的规范称谓,这标志着柱式从泛化的语言分类转向明确的操作性方法。塞利奥的实践导向的建筑全书使“五柱式”首次按照等级秩序在同一画面中排布,成为建筑设计的固定元素。他还引入了以柱底径一半为“模数”的整体计算方法,使得所有构件和装饰都置于基本度量和比例规范的控制之下。维尼奥拉则以更加狭窄的实践性导向推出了史上最受欢迎的五柱式图绘本,通过精美的图示和简洁的文字解说,为初学者和建筑师提供了一种实用且易于操作的指导方法。然而,图绘的科学表象也掩盖了形成计算方法时初始案例选择的任意性和主观性。简化的计算方法不再过分关注作为基本度量的模度,所有柱式均按照统一框架划分梁柱结构。只需设定数据,就能按照步骤计算出柱式各部分的尺寸,这在一定程度上反映了古代柱式规范化过程中的教条化倾向。到了斯卡莫齐时期,五柱式体系被绝对化为自然秩序本身,严格限定为五种遵循整数比的等级序列,排除了任何新造柱式的可能性。在研究五柱式规范的过程中,人们通过测绘与文本互证,逐渐认识到古代权威与建筑遗迹之间的差异。因此,维特鲁威文本的重要性逐渐减弱,而古迹的直接测量则变得愈发重要。

到 16 世纪下半叶,帕拉第奥深受巴尔巴罗新柏拉图主义认识论的影响,坚信建筑艺术与科学确定性真理之间存在紧密联系。他视艺术为人类意志对科学不变真理的实现,而建筑的科学化,在帕拉第奥看来,即是追求建筑在数学层面上的内在一致性。帕拉第奥错误地将别墅视为公共和宗教建筑的原型,他一生致力于探索别墅设计的唯一几何原型,并在各种实践中不断演绎这一抽象主题。在这一时期,建筑通过与更高层次的知识——音乐理论的重新结合,产生了基于和谐数比的对建筑所有度量的控制。值得注意的是,宇宙乐音在波爱修的科学教材中已与感性经验分离,到了 16 世纪,它已成为一种无须任何论证的科学信念,拥有古代形而上学和基督教教父神学的双重支持。结合中世纪晚期精神化的大宇宙-小宇宙体系,人们坚信存在一种以音乐形式调节宇宙的力量,这就是有机论整体宇宙中的"世界灵魂"。宇宙乐音的低级形式——即人耳能听到的音乐,是其真实存在的证明,但更高的和谐则不依赖于人的感性听觉而存在。因此,音乐性的世界灵魂本质上是一种超越感官的广义"不可见",其作用依然依赖于人与世界精神之间的神秘联系。

和谐数比在建筑中的运用,早已得到维特鲁威的提及,并由阿尔伯蒂在理论与实践中重新发扬,成为 16 世纪理论家与建筑师共同追求的科学兴趣。16 世纪中叶前后,弗朗切斯科·乔治结合古代音乐理论,在圣弗朗西斯科教堂的设计备忘录中,建议采用和声数比来控制建筑内的所有比例。建筑师贾科莫·索尔达则试图创造一种以音乐调和五柱式为基础的第六种柱式,巴尔巴罗作为帕拉第奥的同道中人,也提出了类似的观点。帕拉第奥基于这一普遍的科学信念,通过使建筑全面受和声理论调控,成为这一理论的集大成者。在他的早期别墅设计中,帕拉第奥广泛运用了和声数比,其中的不和谐音程凸显了其本质的理性超越性。他还借鉴了 16 世纪音乐理论中发现的新和谐音程,并将其应用于建筑的整体布局中。

如何在神圣建筑中调和古典的向心平面与巴西利卡的方形平面,实际上反映了中世纪晚期双重真理论争在宗教建筑上的具体体现。集中式几何形的静态封闭均衡特性,以及穹顶所指向的光明与永恒境界,与基督教圣餐礼中必须体现的本质变化性之间,存在着难以调和的矛盾。这种建筑知识化的真理取向,使得文艺复兴教堂的"化圆为方"问题成为众多建筑理论家关注的焦点。15 世纪时,对于向心形与方形的调和,多从建筑与人体关联的认识论出发,通过人体比例来调节教堂东端集中式与长方形前殿之间的数比关系。

第3章
有机宇宙论解体中的
建筑与美术

在 17 世纪末,随着真理绝对性的逐渐消解,古典主义建筑知识及其制度化的核心贡献——即柱式体系与和谐数比的普适性,也遭受了相对主义乃至虚无主义的挑战。文艺复兴和巴洛克建筑在追求知识化和超越性目标上虽保持了一致性,但它们既与中世纪的建筑理念对立,也与新古典主义有所不同。在科学思想、认识论、技术,以及社会全面变革的背景下,建筑领域从旧有的立场逐渐转向新的视角,这一转变尤其体现在从古典主义向新古典主义的演进中。从"古典"到"新古典"的建筑转型,不仅反映了精神统御下有机宇宙等级秩序的瓦解,也昭示了新制度建立过程中基本认知的全面革新。正如里克沃特所言,"古典"与"新古典"之间的差异远超过它们在建筑外观上的相似性:"古典"代表着权威、区分对待甚至是等级分明的传统观念;而"新古典"则关联着革命、客观性、启蒙与平等的现代理念。①

在拉丁语中,"古典"(classicus)一词源自"calassicus",而"calassicus"又是"calare"的缩略形式。在古罗马时代,"calare"原意指的是征召最底层的市民等级(proletarii)入伍,同时也指召集军队的号角声。到了共和国晚期,"古典"特指根据收入划分的六个市民阶层中最富有的那一个阶级。公元 2 世纪,文法学家格留斯(Aulus Gellius)将"古典"一词引入文学批评领域,用以衡量作者社会等级的标准,主要依据其短语和句法转折的用法。进入中世纪,"古典"(classic)一词逐渐演化为与希腊词源"Kanon"(规则)相关的"典范"(canonic),它与古代的含义相近:代表最佳评判的律法、度量工具、战斗的号角或召集集会的钟声。到了 16 世纪末,意大利人文主义者重新发掘了"古典"一词的古代意义,随后法国人采纳了这一用法,英国人也开始将古代和中世纪的对应词语混用。② 因此,前现代意识中的古典主义,除了指向古代先例的历史主义外,还隐含着两个重要的观念:最高权威判断和等级划分。这意味着建筑能够依据特定的度量标准,设置整体的制度化组织方式,从而形成一套从完美到粗陋的价值评估体系。

新古典主义在建筑领域特指 18 世纪下半叶至 19 世纪过渡时期的建筑风格,它与古典主义的根本差异并非仅从风格上可见的表象所能简单归纳,而是源于其思想目标的根本性区别。在 1829 年,当歌德在探讨法国诗歌时,他使用"古典"一词仍然指代那些蕴含着道德暗示和等级制价值判断:

> 我称"古典"为健全,"浪漫"为病态……大多新生事物不因其

---

①　RYKWERT J. The First Moderns:the architects of the eighteenth century[M]. Cambridge, Mass:MIT Press,1980:1-2.

②　Ibid:2.

新，而因其虚弱、病态和不健全被称为浪漫，旧的不因其古老，而因其强壮、清新、愉悦和健全而被称为古典。①

值得强调的是，歌德在此将"古典"与"浪漫"视为对立面，这深刻反映了艺术观念在 19 世纪初的重大思想分歧：历史古典主义与浪漫主义之间的新对立。这一对立根源于 17 世纪认识论中理智与想象的分裂，进而在新认识论中体现为科学与美学的新对立。这种对立导致了建筑知识身份认同的割裂，即建筑作为科学的工程师理性与作为美术的诗意想象之间的不协调。超越性价值的解体使得对世界整体解释的可能性变得渺茫，从而催生了各种相对主义的涌现。作为现代意识后果的虚无主义，在认识论分裂的时期中找到了其作为科学革命心理补偿的早期思想表征。本章及下一章将分别从旧制度解体与新制度建立的角度，深入探讨有机论宇宙观念解体对建筑知识路径的影响，即如何从绝对向相对、从整体一致向目标分歧转变，以及随后建筑在重新追求普遍性道路上所遭遇的分歧。讨论主要围绕以下三方面：①科学狭义化引发的理性危机及其回应；②总体知识从神圣与世俗的对立转变为人类认知功能中推理与想象的新对立，以及建筑在这一过程中的位置变迁；③有机论宇宙超越性精神的解体，在和谐数比、柱式体系与自由式园林等方面产生的分歧与争论。第四章将主要聚焦于建筑在重建新的普遍认知道路上的分歧，具体涉及以下四方面：①建筑在新知识系统中的定位分歧；②建筑作为理性认知的普遍化尝试；③建筑作为想象认知的普遍化尝试；④在科学知识技术化主导下，工程师理性和技术决定论对建筑的影响。

3.1 无限时空的相对性

3.1.1 有机论宇宙解体与精确科学

从外到内依次为立方体、四面体、十二面体、二十面体、八面体，这些几何形状在 17 世纪初仍然象征着文人、科学家和建筑师共同认可的有机整体和谐宇宙。随着科学家的信仰与探究，亚里士多德所描述的质的世界逐渐转变为一个量的世界，其中感性现象可以通过数学精确描述。意大利诗人康帕内拉（Tommaso Campanella，1568—1639）在其著作《太阳城》（*Città del*

---

① J. W. Goethe, XXIV:332 与 J. P. Eckermann 的对话转自 ibid:1.

Sole,1602)中精心描绘了一个政治乌托邦,它依然映射着中世纪晚期同心圆宇宙的结构。[①] 康帕内拉将这座城市描绘为一名热那亚航海家在环球航行中偶然发现的虚构赤道城市。它坐落在平原上的一座高山上,由七个同心圆区域构成,每个区域都以七大行星的名字命名。这些区域由围墙环绕,东西南北各设四座城门,并由主要道路连接城门和各城区。穿过层层上升的四条主街,最终到达山顶的中央区域——广场。广场中央是一座"建筑艺术惊人"的圆形神庙,由柱廊环绕并配有巨大的穹顶。穹顶中央的采光亭下,是一个圆柱环绕的祭坛,上面摆放着巨大的地球仪,一侧描绘了整个天体,另一侧则是地面的景象。神庙的穹顶上绘制着恒星天的星辰,亮度分为六等,每颗星下都配有三行诗描述其对地面的影响。神殿内悬挂着七盏长明金灯,同样以七大行星命名。城市的最高统治者被称为"太阳"或"形而上学者"的祭司,他拥有宗教和世俗事务的最高裁决权。祭司之下设有三位领导人,分别代表权力(possanza)、智慧(sapienza)和爱(amore)。权力掌管军事事务,智慧负责艺术、科学、技术和教育,而爱则掌管生殖、农业和日常生活。区域环形城墙内外都绘制着各种美丽的图画,这些图画按照科学门类有序地排布在各级城墙上,既作为初级教育也用于知识普及。太阳城设有专门的教师,负责向儿童解释这些图画的意义,确保他们在十岁前就能直观地掌握各学科的基本知识。

1. 天体运动:从感性的质到精确的量

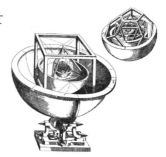

图 3-1　开普勒的几何宇宙

同时代的开普勒(Johannes Kepler,1571—1630)被誉为现代精确科学的奠基人。他运用数学精准地描绘了天体沿椭圆轨道绕日运动的规律,并依据精确的定律测定出天球音乐。作为哥白尼日心说的坚定支持者,开普勒的和谐几何宇宙观念中,太阳被赋予了形而上学的中心地位,象征着宇宙的最高权力者和驱动者(图 3-1):

> 从太阳发出并且洒向整个世界的光芒不仅像是从世界之焦点或眼睛发出的,一如生命和热来自心脏,一切运动都来自统治者或推动者;而且反过来,这些至为美妙的和谐也会像报答一样遵照高

---

① (意)康帕内拉.太阳城[M].陈大维,黎思复,黎廷弼,译.北京:商务印书馆,2010:3-9.

贵的定律从世界的每一角落返回,最后汇集到太阳……融合成单独一种和谐……整个自然王国的立法机构、宫廷、政府宅邸都坐落在太阳上……席位早已为他们准备好了。[①]

在开普勒的《宇宙的奥秘》(*Mysterium Cosmographicum*,1596)一书中,他基于哥白尼的日心说和古代几何原子论,试图阐述六大行星所在天球之间的比例关系。他提出,行星所在的六个球壳恰好可以嵌入五种柏拉图立体图形中。最外层是土星天球,其外接于一个正六面体(太阳位于中心,土星在球面上运行),而该六面体的内切球则是木星天球。接下来,木星天球内接于一个四面体,其内切球为火星天球。依次向内,十二面体、二十面体和八面体分别对应地球天球、金星天球和水星天球(表 3-1)。开普勒坚信,这并非巧合,而是上帝运用几何原理创造世界的奥秘所在。[②] 然而,他也认识到,柏拉图的正立体形状虽然象征着造物主"实践永恒的几何学",但并不能直接推导出行星与太阳之间的实际距离比例。[③] 开普勒对此既充满灵感又持批判态度。他坚信,只有通过耐心和审慎地检查那些能够被观测现象所证实的数学推理,才能确定他的想象是否站得住脚。最终,这些思想为他在《新天文学》(*Astronomia Nova*,1609)中发表关于行星绕太阳作偏心运动的观点奠定了基础(表 3-2)。

开普勒深信世界精神的宇宙乐音是驱动有序宇宙的最高力量。在《世界的和谐》(*Harmonices Mundi*,1619)一书中,他尝试精确测定天球转动产生的不可见声音,并尝试用音乐记谱法来表达这种声音。开普勒坚信,真实世界能被数学所描述,是一个由量的特征和差异构成的世界。尽管宇宙的和谐超越了人类的感性知觉,但它可以通过数学来揭示。数学和谐是隐藏在观测事实背后的真正原因,它必须在现象中被严格且精确地证实。他的知识论学说认为,所有确定的知识都是关于量的知识,因此完美的知识总是与数字紧密相连。[④]《宇宙的奥秘》一书使开普勒进入了第谷的视野,两人因此开始通信,并建立了后来天文观测资料上的传承关系。开普勒以第谷精

① (德)开普勒.世界的和谐[M].张卜天,译.北京:北京大学出版社,2011:115.

② (荷)戴克斯特霍伊斯.世界图景的机械化[M].张卜天,译.长沙:湖南科学技术出版社,2010:330.

③ (德)开普勒.世界的和谐[M].张卜天,译.北京:北京大学出版社,2011:18.

④ 这种信念推动开普勒不断发明新的数学工具,他在推动近代数学精确化上厥功至伟。开普勒发现了数学中的明确连续性原理,把平行线看成两条直线在无限远处相交,用无穷小量求解体积和面积,为牛顿和莱布尼茨的微积分铺平道路。(美)埃德温·阿瑟·伯特.近代物理科学的形而上学基础[M].张卜天,译.长沙:湖南科学技术出版社,2012:41.

确的观测数据为基准,坚持将经验数据作为数学计算的最终裁决,从而发现了天体绕太阳作偏心运动的椭圆轨道和面积规律。这一发现标志着中世纪晚期亚里士多德质的宇宙观,在开普勒严格的数学处理下,逐渐转向了对量的世界的深刻洞察。

表 3-1　柏拉图的几何原子论(根据柏拉图《蒂迈欧》绘制)

正四面体	正八面体	正二十面体	立方体	正十二面体
火	气	水	土	以太
正三角形	正三角形	正三角形	等腰直角三角形($\sqrt{2}$)	等腰三角形(ϕ)
简单形体			复合形体	

表 3-2　开普勒的几何有机论(根据开普勒《世界的和谐》绘制)

立方体	正四面体	正十二面体	正二十面体	正八面体
雄性	雌雄同体	雄性	雌性	雌性
初级形体			次级形体	

2. 地界动力学:精确科学与机械力学

伽利略(Galileo Galilei,1564—1642)的新科学将精确数学从永恒的天空扩展到更为复杂多变的领域——地界,从而开启了机械力学的新纪元。当变化可以用数学公式来表达为物质和运动时,它们便能够得到机械性的解释,这种解释要么基于伽利略的"力"的概念,要么依赖于笛卡儿提出的"漩涡"理论。[①] 伽利略同样秉持着柏拉图主义的核心信仰——"自然之书"

---

① (英)丹皮尔.科学史[M].李珩,译.北京:中国人民大学出版社,2010:161.

是以数学的语言写就的。他坚信,唯有借助数学和几何,这本宏大的书籍才能被解读,否则就如同在"黑暗的迷宫中徒劳地摸索"。基于同质宇宙假说,以及对机械学(力学)的长期关注,伽利略尝试用数学工具来衡量、计算和描绘那些虽然可以被感性经验察觉,但难以精确把握的复杂运动现象,如自由落体和抛射运动等。开普勒仅用"纯几何学"来研究天文学现象,而伽利略则将这一方法延伸到了变化无常的地界动力学领域,这一切都建立在中世纪晚期神学使同质宇宙在精神层面成为可能的基础之上。①

尽管真实世界通过感官呈现,但感官的模糊性和局限性无法揭示自然的理性秩序,这种秩序只有通过数学证明才能被精确地描述和揭示。伽利略首次精确地计算并用数学描述了自由落体的加速度运动和抛射运动的抛物线轨道。由于抛物线和椭圆同属圆锥曲线,伽利略对地面运动轨迹的研究与开普勒对天体运行轨迹的研究之间展现出了奇妙的统一性。伽利略相较于开普勒更为超脱经验,他认为只有在无法"直观"到结论的必然理性依据时,才有必要进行实验验证。②

这种现代的抽象数学公式,以数的函数依赖关系表达一般的因果关系,使得原本不可测量的个别现象,如抛射运动和自由落体运动,通过算术的抽象达到了理念的客观性。其次,通过将感性划归为纯粹的主观个别,伽利略排除了被几何与数抽象为数学化的形态世界,从而免除了被感性性质填充的必要性。最后,他将数学化的空间时间视为人与生俱来的,使得理念化的自然在无形中取代了前科学的感性直观的自然。③

以精确度量为基准,伽利略清晰地划分了自然科学与人文学科的界限,他认为自然科学的结论具有绝对的真理性和必然性,而人文学科则更多地依赖于人的主观判断。这一观点间接挑战了人文学科作为真理探求者的地位,预示着以数学为工具的科学在追求精确化的道路上与人文学科形成了对立。胡塞尔认为,伽利略为物理学奠定了新的理念基石:任何通过特殊感性性质展现其真实性的事物,在形态层面都拥有其数学指数。受因果律支

---

① 纯几何学,即关于空间时间的一般形态的纯数学。通过经验把握的感性形态,在现实和想象中只能按照不同的等级程度来设想。经验的感性形态与纯粹的几何学在时空上有根本差异,后者是前者的极限化。见(德)胡塞尔.欧洲科学的危机与超越论的现象学[M].王炳文,译.北京:商务印书馆,2001:37-42.

② Opere,Ⅳ:189转自埃德温·阿瑟·伯特.近代物理科学的形而上学基础[M].张卜天,译.长沙:湖南科学技术出版社,2012:56.

③ (德)胡塞尔.欧洲科学的危机与超越论的现象学[M].王炳文,译.北京:商务印书馆,2001:35-76.

配的具体宇宙,被转化为一种特殊的应用数学领域。[①] 伽利略对特殊感性的纯粹主观性假设,排除了将感性性质作为追求客观性和普遍性的知识对象的合法性,这　思想为笛卡儿的二元论打下了初步基础(图 3-2)。

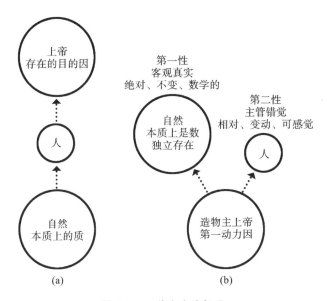

图 3-2　两种宇宙论假设

(a)中世纪目的论宇宙;(b)伽利略的二元论宇宙区分了客观第一性和感觉第二性,把人的感觉置于次要地位

3. 人是受思想指挥感觉驱动的自动机械

在伽利略为自然科学奠定新基础后不久,笛卡儿(René Descartes,1596—1650)将数学的清晰和准确作为衡量神圣真理的标尺,提出了一种"清晰明了"的数学化哲学,并将这种哲学拓展至涉及人类情感和认知的心理领域。笛卡儿的方法论被他命名为"关于正确指导理性和在科学中寻找真理的方法",旨在为思考提供一套"工具",帮助人们探求并理解一个更加清晰的世界。这种方法论与传统理解截然不同,它超越了感性经验的复杂性和模糊性,力求避免判断力中的"幻想"成分,追求真理的清晰和明确。在传统的质的宇宙中,这些真理往往被模糊和幻想所掩盖。因此,笛卡儿将自己的哲学第一原理建立在"我思故我在"的假设之上:

---

① Ibid:53.

因此,既然感官有时欺骗我们,我就宁愿认定任何东西都不是感官让我们想象的那个样子……可是我马上就注意到:既然我因此宁愿认为一切都是假的,那么,我那样想的时候,那个在想的我就必然应当是个东西。我发现,"我想,所以我是"这条真理是十分确实、十分可靠的,怀疑派的任何一条最狂妄的假定都不能使它发生动摇,所以我毫不犹豫地予以采纳,作为我所寻求的那种哲学的第一条原理。[①]

在笛卡儿看来,唯一清晰明确的观念便是数学观念,以及支撑其形而上学的逻辑命题。他构想了一个物理世界,这个世界起始于心灵的"清晰直观",并被精确的数学规则所界定,拥有长、宽、高的广延属性。所有的物体都是空间中运动的广延物,均可严格地转化为数学公式(图 3-3)。[②] 然而,心灵却与物理世界截然不同,它作为一个"思想实体"栖居于"松果体"之中。[③]面对无广延的"思想实体"如何理解"广延实体"的物理世界这一难题,笛卡儿将其归因于心灵与上帝的直接联系。笛卡儿的心物关联理论,其基础假设是上帝直接向理智心灵显现,这既可能是对终极因一致性的坚定信仰,也可能是为避免宗教谴责而采取的一种策略。这位完全超越的上帝,距离被完全逐出世界仅一步之遥。只有那些拥有形而上学思维的智者,才能洞察到两种性质截然不同的实体在神秘层面上产生关联的深层意义。与这些智者相对的是那些致力于建立培根式分类合作的知识乌托邦的科学家们,他们试图将物理事实分类整理。对于他们而言,"笛卡儿主义"意味着精确的数学和逻辑是可以广泛应用的实证工具。在 17 世纪末,实证倾向的生理学家和博物学家不在少数。根据笛卡儿的理论,他们认为物理世界包含了所有有机体,动植物与人的区别在于前者完全是机械的,而后者则是由"思想实体"驱动的自动机械。人的肉体,因承载着与上帝直接关联的"思想实体",成为被心灵驱动的自动机械:

---

① (法)笛卡儿.谈谈方法[M].王太庆,译.北京:商务印书馆,2000:20-21.

② (美)埃德温·阿瑟·伯特.近代物理科学的形而上学基础[M].张卜天,译.长沙:湖南科学技术出版社,2012:83-92.

③ 松果体是大脑中的一个小腺体,是理智灵魂的舵手接收感性信息、作出判断、操作身体采取行动的控制中枢。思考是运动通过血液中的"动物精气"(les esprits animaux,或"活力精气")从身体到松果体的内传,行动是"动物精气"通过神经和血管传到肌肉的外传过程。"动物精气"的拉丁词源为 spiritus,指物质性的风,笛卡儿借此表示血液的精华,称之为:非常精细的风,非常纯净、活跃的火,不断地大量从心脏向大脑上升,也从大脑通过神经钻进肌肉,使肌肉运动。(法)笛卡儿.谈谈方法[M].王太庆,译.北京:商务印书馆,2000:43.

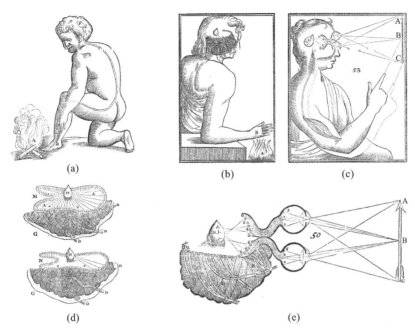

图 3-3　笛卡儿的身心二分:松果体、触觉和视觉

(a)触觉由神经传至大脑;(b)触觉传至松果体;(c)视觉和触觉由松果体协调;(d)松果体;(e)松果体与视觉

　　我们知道人的技巧可以做出各式各样的自动机,即自己动作的机器,用的只是几个零件,与动物身上的大量骨骼、肌肉、神经、动脉、静脉等等相比,实在很少很少,所以我们把这个身体看成一台神造的机器,安排得十分巧妙,做出的动作十分惊人,人所能发明的任何机器都不能与它相比。①

笛卡儿的心灵依旧与超越性保持着直接的联系,但它与物理世界的分离几乎触手可及,仿佛一步之遥就将被彻底排除在外。培根的科学乌托邦的追随者们,不仅迅速采纳了笛卡儿的工具论,还背离了其原始意图,将"非广延"的心灵放逐到物理世界之外。这种转变使得严格科学在法国和英国科学院内占据了主导地位。克劳德·佩罗(Claude Perrault),这位资深医生和生理学家,于 1666 年加入法国科学院。他热情地支持笛卡儿的严格科学,对机械学和建筑的兴趣源于其医学研究背景以及对笛卡儿机械生理学的热衷。

---

① Ibid:44.

3.1.2　无限时间与科学进步观念

1671 年,法国成立了皇家建筑学院,其背后深刻的动机是将建筑纳入科学进步观念的现代理想之中。克劳德·佩罗(Claude Perrault,1613—1688),作为《建筑十书》(*Les dix livres d'architecture de Vitruve*,1673)法语注释版的作者,同时也是建筑专著《古典建筑的柱式规制》的撰写者以及卢浮宫东廊的设计师,他致力于将科学与建筑学融为一体。佩罗敏锐地意识到,与人类活动相关的科学和建筑并非导向基于神圣关联的必然普遍真理,而是一个在无限时间内不断向永不可及的目标持续前进的进步过程。虽然佩罗并未接受过职业建筑师的设计图绘训练,但他凭借在医学、病理学、解剖学和植物学领域的深厚研究,以科学家的身份成为皇家科学院的创始成员。[①] 这位医生在建筑理论和实践上取得的成就,在现在看来或许令人难以置信,但在当时的学科认知背景下,却并非异数。自古以来,建筑和医学都被视为居间的学科,共同维护着人的身体健康和生命福祉。特别是自这个世纪以来,笛卡儿将动物和人的肉体视为机械体,而威廉·哈维(William Harvey,1578—1657)的血液循环理论也进一步证实了血液在心脏推动下的机械运动。这些观念使得古代维特鲁威的机械学引起了生理学家佩罗的极大关注。佩罗的弟弟夏尔·佩罗(Charles Perrault,1628—1703),作为路易十四的建筑与经济大臣柯尔贝尔(Jean-Baptiste Colbert)的秘书和著名童话作家,是文学运动"古今之争"中捍卫今人权力的旗手。佩罗在建筑古今之争中站在今人的立场上,与皇家建筑学院教授、数学家和工程师弗朗索瓦·布隆代尔(François Blondel)形成了鲜明的对立。

法国皇家建筑学院的成立,背景是国家科学艺术研究机构自 1666 年起陆续的设立(图 3-4)。此时,伽利略关于客观现象和主观想象两个世界的区分已得到广泛认可。笛卡儿主义中感觉经验与抽象概念之间的根本分裂,通过依赖上帝直接向人显现的清晰数学观念来建立联系,这也成为法国科学界的主流观念。而更为直接的影响则是培根的科学进步观念,它为官方组织科学和艺术研究机构指明了新方向,即开放未来和人类福祉的目标,这也成为艺术古今之争的思想基础。

历史在时间的长河中不断前进,人们在世代交替中持续努力,向真理迈

---

① HERRMANN W. The theory of Claude Perrault[M]. London:A. Zwemmer,1973:2-30.

进,这是一个缓慢但永无止境的历程。这种基于科学进步信念的无限时间观念,至今仍然深入人心。持此信念者坚信:科学是一座不断建设中的宏伟大厦,它始终处于未完成状态,每个人都能为其添砖加瓦。对于科学的进步而言,合作与协作至关重要,这需要合适的社会机构来承担这一职责。科学探索的目标是为了全人类的福祉,而非服务于个别人、种族或团体,因此推动研究本身的进展要优先于任何个人价值的实现。

图 3-4　克劳德·佩罗《论动物博物学》(*Memoires pour servir a l'histoire naturelle des animaux*, 1671)扉页,S. Leclerc 绘制

图中是路易十四和柯尔贝尔在法国科学院的场景,展示了科学院的所有学科,包括天文学、制图学、机械学、解剖学等。窗外远处正在建造佩罗设计的天文台

　　这是弗朗西斯·培根(Francis Bacon,1561—1626)在 17 世纪初基于经验科学的主张,也是对未来人类知识发展趋势的预见性总结。16 世纪地理大发现后,人类对世界的认识已大大超越了古人文字记录的范畴。在科学进步的观念下,真理不再是个别人超越时代的启示体验,而是团队在分工协作下不断累积的经验知识,是一个向着明确目标稳步前进的历史过程。在科学进步的信念指引下,探索真理的道路在时间中永无止境。培根在《新工具》(*Novum Organum*)中颠覆了时间的生机论比喻,从经验论的视角出发,认为相较于无经验的古人,经验丰富的今人更具智慧。①

　　相较于真理本身,培根更加关注的是科学的实际效用,即如何通过自然科学来改善人们的生活条件、减轻痛苦,以及消除贫困和焦虑,实现所谓的"行动的科学"(scientia activa)。② 在《新大西岛》中,他提倡加强科学与技术之间的联系,并建议编纂一部涵盖科学与技术的百科全书,为此目标,他提

---

　　① 传统活力论世界认为时间是出生后朝向死亡的过程,历史以此为类比总是生机勃勃的童年优于暮气沉沉的老年。培根颠倒童年与老年的比喻,认为老年人在经验上占优。详见(美)马泰·卡林内斯库. 现代性的五副面孔[M]. 顾爱彬,等,译. 北京:商务印书馆,2002:31.

　　② (荷)戴克斯特霍伊斯. 世界图景的机械化[M]. 张卜天,译. 长沙:湖南科学技术出版社,2010:439-440.

出了设立官方研究机构——所罗门宫的构想。[①] 后来,欧洲的科学社团纷纷效仿培根的所罗门宫模式,相继成立了以分工合作为基础的官方科学研究机构。英国在 17 世纪初涌现出多个科学社团,到 1662 年,部分社团联合组成了皇家学会,实现了官方支持下有组织科学协作的愿景。在欧洲大陆的其他国家和地区,研究者们也从建立非正式的科学社团开始,逐步成立了国家级研究机构。例如,佛罗伦萨在 1657 年以伽利略的门徒为核心成立了西芒托学院;巴黎的非正式科学社团,以笛卡儿主义为中心,为 1666 年成立的法国皇家科学院奠定了基础;而德意志则在莱布尼茨的倡议下,于 1700 年建立了柏林学院,以学科合作为核心。值得注意的是,在这一时期,建筑仍然处于科学和人文学科尚未明确划分的一般认识论框架之中。法国科学与艺术学会的建立同样可以归入这一范畴,它一方面与巩固国家绝对政体、建立集中制的政治诉求密切相关,另一方面也彰显了法国人在当代的成就和未来的权威地位。

当夏尔·佩罗等人将科学进步观念应用于艺术领域时,他们实际上已经开启了古今之争的序幕。这一争论的深层含义只有在认识论的背景下才能被全面理解:当时,法国的主导思想是哲学理性主义,笛卡儿主义的影响也日益显著,这成为古今之争双方均诉诸理性裁决的内在动因。在《古人今人比较》(*Parallèle des Anciens et des Modernes*,1688—1697)一书中,夏尔·佩罗敏锐地指出了自然哲学旧秩序对真理认知的局限,认为仅仅依赖于亚里士多德及其注释者的文字材料是远远不够的。他转而推崇今人直接从自然中汲取的知识,以伽利略、培根所倡导的新科学为参照,夏尔区分了真知与幻想,将新天文学与占星术明确区分开来,并坚信天体运动并不会对人类产生影响。这些观点都体现了培根科学进步观念中基本的经验论主张。另一方面,夏尔·佩罗对笛卡儿的理念论也有所了解。他在《本世纪法国著名人物》(*Les hommes illustres qui ont paru en France pendant ce siecle*,1696)一书中为笛卡儿绘制了肖像并简要介绍了其生平,提及了笛卡儿数学化哲学体系的二元论假设。值得注意的是,笛卡儿与伽利略和培根有所不同。他批评伽利略的科学缺乏系统性,对感觉经验的可靠性表示怀

---

① 这是一座科学知识的殿堂:有人专门到国外了解情况、搜罗书籍论文和实验模型;有人负责研究这些材料中记载的实验;有人报告机械技艺和自由学识的成果;有人负责设计新实验,另一些人把实验结果记录并制表;有人研究这些实验结果得出知识和定理;还有专人从实验中抽出对人生命、知识和工作实际有用的东西,总结出本原并预见将来的方法,形成对自然最高的认识。(英)弗·培根.新大西岛[M].何新,译.北京:商务印书馆,2012:21-40.

疑,并强调人类的理解力源于抽象的先天观念:

> 最简单最自明的意念……我们不应把这些意念归诸由研究得来的认识之列,因为它们是与生俱来的。……在任何能按条理进行推论的人看来,我思故我在的这个命题,是最基本、最确定的。①

笛卡儿从第一原理出发,构建了一个能够解释一切现象的数学化机械论体系,这一体系依然富含宇宙论的深意。从最基本的原理出发,我们可以推导出上帝是所有知识之源泉。因为创造世界的上帝赋予了人类理解力,他并不会故意愚弄人类。因此,那些人类能够清晰明确地理解,并能用数学推理加以证明的判断,就是真实的知识。相比之下,伽利略和培根并不期望仅凭个人的有限理性就能对现象世界作出整体解释。

佩罗兄弟接受了新科学的进步论观点,并支持笛卡儿的精确数学方法论,但他们排斥了后者试图通过演绎法建立整体解释体系的做法。笛卡儿曾试图以数学为桥梁,连接形而上学与神圣真理。然而,佩罗兄弟则搁置了关于第一因的神学假设,避免了形而上学与神学的真理论争,将知识的源泉放在了未来无限的可能性之中,将其视为一项可以不懈追求的事业。此前三十年战争正是由于欧洲各国争夺神学解释的正统性而引发的国际冲突。对于佩罗而言,传统的体系已经失去了总体解释精神性框架的确定性和神圣关联,而转变为一种可以被不断修改和提升的结构和组织法则。② 克劳德·佩罗在与兄弟尼古拉合作的《论物理》(*Essais de Physique*,1680)中阐述了他对科学真理的见解:

> 真理是现象的整体,它能将我们导向自然隐藏的知识……它是一个谜题,我们能对此作出多种解释,但永远不指望能够找到唯一的真理。③

在《古典建筑的柱式规制》关于柱式变体讨论的终章里,佩罗以现代进步观念为基,坚定表示他绝不囿于人为的信条。他宣称,一旦"真理为我揭示更深的洞见",他将毫不犹豫地摒弃那些"非正统的观点"。④ 当认识从真理唯一性的桎梏中解放出来后,对现象的解释变得丰富多样且相对化。知

---

① (法)笛卡儿.哲学原理[M].关文运,译.北京:商务印书馆,1959:3-4.

② PERRAULT C. Ordonnance for the Five Kinds of Columns after the Method of the Ancients [M]. The Getty Center for the History of Art and the Humanities,1993:15.

③ Claude Perrault. Essais de physique,ou Recueil de plusieurs traitez touchant les choses naturelles,Paris:1680 转自 ibid:15.

④ Ibid:175.

识在失去与真理的绝对联系后,转而步入一个开放、不断向理性真理趋近的可能性领域。

3.1.3　无限空间与理性相对化

当时间向进步的未来敞开怀抱时,无限的空间和无数世界却令局限于有限视角的人类,因缺乏可靠的基本度量而陷入深深的焦虑和虚无之中。在 15 世纪,库萨的尼古拉将无限的权能仅归于超越性的上帝。他提出,受造的宇宙并非上帝绝对无限的完全体现,亦无法耗尽上帝的创造力。这使得创造行为因包容了上帝不可测度的意愿而充满偶然性。到了 16 世纪末,布鲁诺基于"丰饶原则"肯定宇宙是上帝无限本质的充分展现,无数被造物的无限可能性正是上帝无限本质的必然体现。不仅创造行为本身是无限的,受造的宇宙作为上帝完全的自我复制,其本质也是无限的。若宇宙已是无限上帝的实体化,那么基督耶稣的道成肉身便不再是人神之间订立契约的必然中介。这无疑动摇了基督教的核心教义,即围绕基督耶稣的言传身教,为指向神启知识终极领悟的拯救之路所提供的确定担保。同时,这也否定了启示宗教背景下建立人类理解力的根基,使得人类总是以自身的有限性为尺度,试图全面理解拥有无限可能、无数世界、无数非人智能存在的宇宙,变得荒谬不堪。在 19 世纪末,尼采深刻揭示了人类以易朽之身为尺度,企图建立对广袤宇宙普遍理解的傲慢,以及这种傲慢所带来的虚无感:

> 在那散布着无数闪闪发光的太阳系的茫茫宇宙的某个偏僻角落,曾经有过一个星球,它上面的聪明的动物发明了认识。这是"世界历史"的最妄自尊大和矫揉造作的一刻,但也仅仅是一刻而已。在自然作了几次呼吸之后,星球开始冷却冻结,聪明的动物只好死去。……人类的智力看上去是多么可怜、虚幻和易逝,多么放矢无的和没有根据。[①]

在过去的两个世纪里,当无限时空尚未成为科学界的普遍共识之前,布莱兹·帕斯卡(Blaise Pascal,1623—1662)接受了布鲁诺关于无数世界的假设,但他对无限空间向人类展示的前景持有悲观态度——认为这种无限性导致了理智的挫败和人类尊严的丧失:

> 软弱无力的与其说是提供材料的自然界,倒不如说是我们的构思能力。整个这座可见的世界只不过是大自然广阔的怀抱中一

---

① (德)尼采.哲学与真理[M].田立年,译.上海:上海社会科学院出版社,1993:100.

个难以觉察的痕迹。没有任何观念可以近似它。我们尽管把我们的概念膨胀到超乎一切可能想象的空间之外,但比起事情的真相来也只不过成其为一些原子而已。它就是一个球,处处都是球心,没有哪里是球面。终于,我们的想象力会泯没在这种思想里,这便是上帝的全能之最显著的特征。……人在自然界中到底是个什么呢?对于无穷而言就是虚无,对于虚无而言就是全体,是无和全之间的一个中项……这二者都同等地是无法窥测的。①

无限实在的固有不可理解性,使得任何未经过深思熟虑就匆忙宣称能凭借理性研究并解释自然的尝试,都极易显得徒劳无功。这种对理性认识自然可能性的根本否定,会让反思的心灵在难以驾驭的无限面前,轻易地滑向神秘主义,或是直接寻求宗教确定性作为慰藉。

与此同时,笛卡儿将物体视为广延的等价物,他肯定了宇宙的同质性,但否认了无位置的虚空的存在,并且不承认存在无数的世界。笛卡儿同样认为,有限的生物试图把握无限是荒谬之举:

> 关于无限(infinite),我们不必企图理解,我们只要把那些无界限的事物……认为是无定限(indefinite)的即可。②

他依然将"无限"的头衔仅赋予上帝。然而,笛卡儿并不认为退回到基督教静观启示的神秘主义是更明智的选择。他坚持现代的"行动科学"(scientia activa),将数学工具置于人类手中,赋予我们对自然真实的控制力,以抵御现象世界无意义感所带来的畏惧和焦虑。

笛卡儿通过将物理和认识还原为数学,排除了事物的物质性质,将所有事物等同为广延。他认为,无限宇宙不仅能用长、宽、高的线性几何来描述其广延,还能通过精确的数学工具刻画无数存在物在广延中的运动轨迹。在笛卡儿的眼中,人的身体是灵魂驱动的机械。他以自动机械的类比详细描绘了感觉的产生,将人体视作上帝亲手制造的精密机械,远胜于人类制造的钟表、喷水池和磨坊。③ 以喷泉为喻,神经的运动如同水在管道中流动,肌肉和肌腱则像各种设备,在生命精气的驱动下运动。外部物体激发感觉器

---

① (法)帕斯卡尔.思想录:论宗教和其他主题的思想[M].何兆武,译.北京:商务印书馆,1985:28-29.

② "无定限"是没有注意到有边界的事物,如世界的广延、无限可分的物质、星星的数量等。对于上帝的"无限",我们可以肯定但无法把握无限本身。对于"无定限",我们可以把握但感受不到它的界限。(法)笛卡儿.哲学原理[M].关文运,译.北京:商务印书馆,1959:10-11.

③ DESCARTES R. The Philosophical Writings of Descartes vol. 1[M]. New York:University of Cambridge,1985:99-101.

(a)

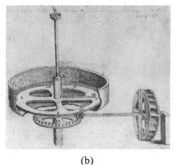

(b)

图 3-5　尼普顿的洞穴（grotto of Neptune），萨洛蒙·德·科斯（Les raisons des forces mouvantes，1615）

（a）手执三叉戟的尼普顿和喷泉；（b）传动机械装置

官的运动，就如同陌生人造访喷泉洞穴，无意中使雕像和喷泉活跃起来。

笛卡儿以洞穴喷泉为喻，阐述了外部物体如何激发感性知觉：当陌生人靠近沐浴的狄安娜时，她躲入芦苇丛中；若他再向前欲窥探更多，便会遇见手持三叉戟的海神尼普顿和喷水怪兽。这个类比来源于与笛卡儿同时代的数学家、机械师、建筑师和园艺师萨洛蒙·德·科斯设计的带喷泉的洞穴（图 3-5）。[①] 当时，自动机械尚未在玩具和实用机械之间划清界限，它们与古代亚历山大城用于科学和剧场表演的神奇机械相类似，都是通过引发观看者的惊奇感受，引导他们探究世界本性的真理。既然依据机械学制造的人工奇迹能够让人不假思索地直观理解真理的简单性质，工匠能制作某物即意味着他在某种程度上理解了被造物。那么，人类能够再造自然的程度，便体现了他们对自然理解力的深浅，甚至可能通过改造自然成为"驾驭自然界的主人"。[②]

笛卡儿在赋予人类有限的认知能力以尊严时，多次采用了工匠的类比。他将由不同工匠制造的钟表与崇高造物主的杰作相比较。[③] 尽管两块钟表都能准确走时，但人心永远无法窥探到造物主究竟运用了何种方法。若仅以可感的结果为目标，只要人工造物在各方面都符合自然界的规律，即便不了解造物主的终极原因和目的，我们依然可以说工匠已经竭尽所能地模仿了上帝，并为我们的日常生活提供了便利。在可实践的理论中，笛卡儿在数学和物理领域同样暗示了一种原实证主义的立场。

① CAUS S D. Les raisons des forces mouuantes auec diuerses machines tant vtilles que plaisantes aus quelles sont adioints plusieurs desseings de grotes et fontaines[M]. A Francfort, En la Boutique de Jan Norton, 1615.
② （法）笛卡儿. 谈谈方法[M]. 王太庆，译. 北京：商务印书馆，2000：49.
③ （法）笛卡儿. 哲学原理[M]. 关文运，译. 北京：商务印书馆，1959：60.

缺乏明确度量的无限性使得真理显得遥不可及,而理论的现实性则成为在宗教之外维护人类理智尊严的一条重要途径。笛卡儿和帕斯卡的同时代人吉拉德·德萨格(Gérard Desargues,1591—1661)进行了类似但独具特色的尝试。他们之间的共同点在于都致力于将应用数学应用于现实操作,然而,笛卡儿创立的解析几何学以长、宽、高的空间延伸为基本坐标,通过引入代数和分析法来精确描述物体的位置和运动轨迹;而德萨格的射影几何则以圆锥剖面为统一形式,综合解决各种实用几何学问题。德萨格,这位自学成才的数学家、工程师和建筑师,基于圆锥剖面所蕴含的多样性与一致性,以无限远的点为参照,构建了一套能够整合艺术和工程中所需的所有几何学知识的普遍应用数学理论。[①] 他发现古代的圆锥剖面与现代线性透视之间存在共通之处,这使得有可能将艺术家、工程师在石材和木材切割,以及日晷制造等方面所需掌握的所有几何定理,简化为统一的图示规则。这样一来,建筑师和工匠便能够运用几何理论来指导他们的艺术实践。德萨格以无限远为参照,重新定义了直线、平行线和平行面。[②] 尽管他与开普勒一样,都假设平行线在无限远处相交于一点,但他摒弃了开普勒赋予圆锥剖面的连续变化(从直线到双曲线、抛物线、椭圆和圆),以及逐渐趋向于完美的目的论宇宙观。此外,德萨格还剔除了"无限"的超越性含义,将关于无限和无定限的神学争论搁置一旁,使得"无限远处的点"成为一种纯粹的操作性假设。以应用几何学的可操作性为导向,德萨格在画面空间中设置了一个在有限地界内不可能存在的无限远灭点,从而创立了射影几何学。他基于圆锥剖面构想了石头切割理论,使得该理论能够应用于构造任意形状的穹顶。德萨格的射影几何学,以圆锥剖面为基础,构成了一种普遍操作方法,它将椭圆线/面、双曲线/面、抛物线/面融为一体(图 3-6)。这不仅使文艺复兴以来的正交一点透视成为射影几何学的一个特例,而且使穹顶构造不再局限于圆或椭圆的特殊形状,能够不受正交投影面的限制,处理所有成角投影问题。

德萨格的学生亚伯拉罕·博斯(Abraham Bosse,1602—1676)在 17 世纪 50 年代出版了多部老师的著作,并作为皇家绘画和雕塑学院的创始成员,对艺术界产生了深远影响。尽管瓜里尼受到德萨格的影响,将射影几何学

---

① IVINS W M. Art & geometry:a study in space instuitions[M]. Cambridge,Mass:Harvard university press,1946:87-88.

② 直线两端无限延伸,等同于半径无限大的圆;平面在各个方向上无限延伸;平行平面相交于无限远的直线;平行线在无限远处交于一点。ibid:90.

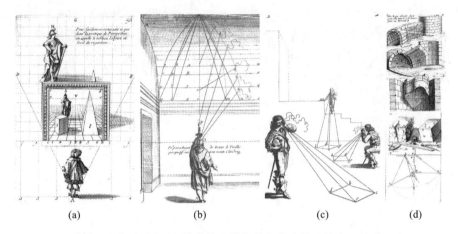

图 3-6　透视与石头切割：德萨格和博斯指向普遍操作的应用数学理论

(a)不超出画面建立透视空间；(b)在筒形拱顶上建立透视网格；(c)视线即眼睛与长方形四角连线，解释从不同角度观看平面形状的变化；(d)射影几何学建构异形穹顶和石头切割

方法应用于穹顶结构的设计与建造中，并在建筑中体现了无限的超越性内涵，但德萨格的理论在当时并未被大多数同行接受。艺术家和工程师们，坚守着古典主义的信念，认为专业技能必须指向真理知识的超越性内涵，才能确保他们的思想、劳动以及作品具有存在的合法性。他们担心，如果摒弃了形而上学，直接指向材料加工的几何操作性手段，原本已被提升至自由艺术高度的建筑可能会再次被"贬低"为"建造技艺"（ars fabricandi）。然而，德萨格射影几何学中蕴含的普遍适用于所有工程学科的应用几何学理念，直到19 世纪加斯帕尔·蒙日基于笛卡儿坐标系的正交投影，创立了解析几何学，才实现了其目标。这种新的职业技能，依托于法国高级工科学校的教育体系，成为工程师们所应掌握的核心知识，并得到了社会的普遍认同。

3.2　科学与美术的新对立

维特科尔详尽地概述了由阿尔伯蒂在 15 世纪确立，直至 17 世纪末仍被艺术家们广泛尊崇的古典艺术信条。这些信条主要包含四个关键方面：首先，艺术被视为一种科学；其次，艺术必须深入理解和表现客观的理想美；再次，艺术应当与人类活动紧密相连；最后，艺术的目标不仅在于提供愉悦，更在于实现道德教化。① 在这些信条中,艺术与科学的类比构成了其他三个信条的前提和基础。为了真实再现现实,艺术需要像科学家一样掌握诸多学科的知识,包括透视学、比例、身体运动、解剖学、动物学和植物学等。自 16 世纪起,科学观念逐步转向经验实验方向,这使得科学开始摆脱对第一因的执着追求,与过去追求大宇宙与小宇宙统一的超越性渐行渐远,转而更加注重精确测量和定量计算的数理逻辑必然性。同样地,科学图绘的准确性要求也允许图像在追求真实性的同时,不必完全遵循美的原则,从而使得"美"不再以"真"为其合法性的唯一依据。这一变化促使"美"作为古典艺术的核心论题,在认识论层面被重新审视和解释。与此同时,与经验哲学相伴而生的"感觉论"倾向,在 17 世纪末的艺术领域中催生了"新感觉"(new sensibility)的潮流,对自 15 世纪以来的古典艺术信条提出了挑战。经验哲学的"感觉论"不断质疑自然神论所描绘的既美且善、高度秩序化的宇宙图景。在此之前,美的绝对性和客观性通常可以通过科学的必然性来解释,但到了 17 世纪末,随着对主体权力的主张逐渐兴起,"美学"作为一个独立的学科领域开始形成,与"感觉论"形成了相互呼应的态势。

　　英国感觉论的发展源于两大脉络:一是以培根为开端、洛克为集大成的英国哲学经验主义传统;二是秉持新柏拉图主义观点的沙夫茨伯里伯爵。② 沙夫茨伯里伯爵在少年和青年时期均为洛克的学生,深受其感觉论影响。然而,他并未完全沿袭老师的经验主义道路,而是开辟了一种审美道德化、具有超越性的美学传统。其哲学和美学观点的核心在于美与真的统一。沙夫茨伯里所指的"真",即世界的内在理智结构,它既非纯粹概念的产物,也非单一经验归纳的结果。唯有通过"美的现象"的直接体验,人们才能直观地领悟其真谛。这种体验能够打破内部世界与外部世界之间的隔阂,以美的媒介为桥梁,实现人与世界间最纯粹的和谐。③ 世界的真理既蕴藏于万物之中,也直接内化于人心之中,其最本真的逻各斯最初是在语言中得以完全展现。沙夫茨伯里的美学完成了从古典主义以艺术作品为中心的客观性向经验主义美学以欣赏主体及其内在体验和心理过程为主体的转变。正如卡西尔所述,沙夫茨伯里在沉思美的本质时认为:

　　　　人从被创物的世界,转向创造过程的世界,从作为客观实在之

　　①　WITTKOWER R. Palladio and English Palladianism[M]. London: Thames and Hudson: 193-195.

　　②　Ibid: 199.

　　③　(德)E·卡西尔. 启蒙哲学[M]. 顾伟铭,等,译. 济南:山东人民出版社,1988:294.

容器的世界,转向塑造出了这个世界,并构成了它的内在一致性的作用力。①

18 世纪继承自古典主义的绝对美,源于神圣意志,内在于自然之中,并根植于大宇宙与小宇宙相似性的伟大和谐。艺术家在追求美的过程中,一方面必须模仿自然,另一方面也认识到自然作为整体是理想美的实现,而其中的个别事物往往因可变的偶然性而偏离了理想和必然的美。因此,艺术家的模仿并不是对个别事物的直接复制,而是通过与神圣智慧相通的心灵,剔除个别事物的偶然性,捕捉并融合它们共有的整体必然性,从而用双手创造出超越自然造物的必然美。正如亚里士多德所言:"诗人不描述已发生之事,而要描述可能发生之事。"在艺术活动中,人在心智的指引下,以自然造物为素材,通过追求人造物中的必然美,积极参与并推动了自然向美的整体实现的必然过程。因此,古代人美的造物,被视为清除了自然中偶然性、高于外部世界的第二自然,在古典信条中始终扮演着提升自然、引导理想的角色。"新感觉"源自 17 世纪以来认识论中的感觉论倾向,它促使艺术从追求客观必然美转向主观相对的直接感受。这一转变主要体现在从主体与客体普遍关联的视角,转向直接关注观看者感觉器官的内在冲动、直觉、想象、情感经验和感官愉悦。

3.2.1　美术整合自由与机械

"古今之争"与 17 世纪的科学飞速发展紧密相连,该世纪末引发了法国学者和英国学者之间激烈的辩论。随着现代人在科学和机械发明方面取得的巨大成就,古代艺术的自由-机械分类体系逐渐不再适用于现代文明的进步。克里斯特勒认为,在 17 世纪末的"古今之争"时期,已经预示着现代意义上的艺术(美术)与科学(精确科学)开始分道扬镳。我们通常将"美术"(法语 beaux-arts,英语 fine arts)的概念与 19 世纪至 20 世纪初的法国巴黎美术学院(École des Beaux-Arts)相联系,但现代"美术"概念的形成至少可以追溯到 17 世纪。Les beaux-arts 一词在 1640 年首次出现在法语印刷品中。beaux-arts 常作复数使用,其中 beau 意味着可感知的美,仍然保留着拉丁词源中与"善"相关的伦理内涵。beaux-arts 一词进入英语稍晚,没有被直译为"Beauty arts",而是意译为"文雅艺术"(polite arts)。"文雅"(polite)一词在 16 世纪指的是有教养、有品位的语言使用,后来逐渐扩展到非语言的艺术领

---

① Ibid:296.

域。英语中的"美术"（fine arts）最早出现在 1767 年，并很快取代了"文雅艺术"，成为 beaux-arts 的对应词汇。在这一时期，"美术"（beaux-arts）和"美学"（aesthetics）两个术语逐渐形成了现代形态，为艺术划定了一个独立于自然科学之外的专门领域。

法国"古今之争"的领军人物夏尔·佩罗（Charles Perrault，1628—1703）是第一个将 beaux-arts 一词用于书名的人。他在《美术的房间》（*Le Cabinet des Beaux-Arts*，1690）一书中，用 Beaux-Arts 一词指代他所倡导的与现代"自由艺术"不同的艺术设定。该书的第一部分介绍了这个新兴的艺术门类，它们被展示在房间的天顶组画中，共涵盖了八种艺术（图 3-7）。克里斯特勒认为，书中描绘的是献给 Boucherat（法国当时的总理大臣）的办公室。也有学者认为，图中的装饰实际上是夏尔自己的书房，体现了他个人的艺术观念。

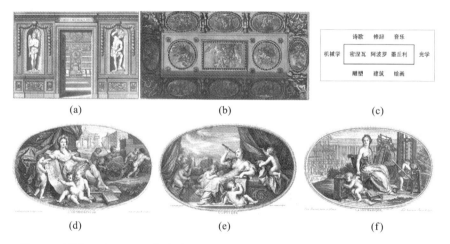

(a)　　　　　　　　(b)　　　　　　　　(c)

(d)　　　　　　　　(e)　　　　　　　　(f)

图 3-7　夏尔·佩罗《美术的房间》中的诸学科（*Le Cabinet des Beaux Arts*，entrance，Charles，1690）

(a)美术的房间入口左右分别是"天赋"与"劳作"；(b)天花板总图；(c)天花板总图说明；(d)建筑：背景建筑为克劳德设计的卢浮宫东廊、天文台和圣安东尼凯旋门；(e)光学，女神手执伽利略发明的天文学器械——望远镜；(f)机械学：背景为克劳德设计的卢浮宫东廊脚手架

夏尔·佩罗对古代"机械艺术"与"自由艺术"的划分提出了质疑，并引入了一个更为宽泛的"美术"概念，该概念涵盖了机械和器具等现代成就。在古代，这种区分主要基于实践者的身份，身体自由的实践被称为"自由艺术"，而受奴役的实践则被称为"机械艺术"。然而，夏尔认为，绘画、雕塑和建筑等艺术，虽然与制造行为相关，但它们的尊严应超越行为者本身的身

份,得到更充分的尊重。在《美术的房间》一书中,夏尔·佩罗提出了"美术"(Beaux-Arts)的概念,以挑战古代"自由艺术"的传统界定,并对其表示反对。他定义的"美术"涵盖了修辞、诗歌、音乐、建筑、绘画、雕塑、光学和机械学,是绅士们展现其鉴赏力和兴趣的艺术领域。书的开篇,夏尔用一幅图描绘了办公室的入口,门楣上雕刻着"美术的办公室"(CABINET DES BEAUX ARTS)。两侧的雕像被安放在半圆形的壁龛中,边框上分别刻着"天赋"(LES GÉNIE)和"劳作"(LE TRAVAIL),它们作为"美术"的两个基本要素和守护者被突出展示。办公室的天顶画共有 11 幅作品,其中间长方形内是三位守护知识的天神:密涅瓦、阿波罗和墨丘利,他们从上至下依次排列。环绕中央长方形的八幅画则分别代表八种艺术:两个短边展示的是机械学和光学;两个长边每边各有三幅画,一边呈现的是诗歌、修辞和音乐,另一边则是雕塑、建筑和绘画。这八门艺术根据其特性和位置可分为三组:①与精神相关的声音和语言艺术,包括诗歌、修辞和音乐;②与图绘和手工制造相关的设计艺术,涵盖雕塑、建筑和绘画;③与扩展人类自然能力的工具和仪器相关的科学技术,即机械学和光学。

建筑在夏尔的眼中被誉为"百科全书艺术",它汲取了多种艺术的精髓,如天文学、数学、法学和音乐。天文学为建筑提供了选址的依据,数学则助力于建筑的定量计算和剧场声学的检测,而绘画和雕塑则为建筑增添了丰富的装饰元素。夏尔虽承认古代希腊和罗马在建筑上的卓越贡献,但认为两者都未达到完美之境,他更偏爱当时法国的建筑风格。在描绘建筑艺术的画作中,当代人设计建造的重要建筑如卢浮宫东廊、圣安东尼凯旋门和凡尔赛宫等都被纳入了知识图谱之中,其中前两者出自克劳德·佩罗之手。值得注意的是,机械学也被夏尔纳入"美术"的范畴,它不仅包含了古代机械学中的杠杆原理,还涵盖了当代发明的温度计、钟表摆锤和水泵(用于制造喷泉)。此外,"光学"中的望远镜,作为科学革命中至关重要的天文观测设备,因其能增强人的自然视力,也被夏尔列入了"美术"的行列。夏尔的"美术"设定是一个开放而非封闭的体系,它不仅局限于天顶画所展示的八门艺术。他提出"美术"这一全新艺术门类,实际上是为了在传统学科体系中"自由艺术"与"机械艺术"的对立之外,引入一个更广泛的概念,以涵盖 17 世纪以来科学进步、发明创造的新成就,从而在现代知识体系中融入今人的新贡献。

3.2.2　客观美的相对性

培根基于其经验主义理论,提出了可见之美与善并不总是一致的观点,甚至美可能成为善的潜在威胁,需要经过经验的驯服和教化才能具备相对性。[①] 美德如同宝石,唯有镶嵌在平实的托架上才能熠熠生辉。自然造物虽多样,却不刻意追求卓越,卓越之美往往源于人为的创造,且常呈现出"比例异常"的特点。古希腊画家阿皮勒斯(Apelles)融合城邦中最美的五位少女特征绘制的女神赫拉画像,以及丢勒基于几何比例绘制的人像,在古典主义视角中均超越了自然之美,但培根认为,这些画作的美仅源于画家的主观情感,只能取悦画家自己。古典主义认为美是物体内在的属性,艺术家能够提炼自然之美,使人造物更加接近完美。同时,可见之美对精神具有调节作用,使之与普遍的和谐形成音乐般的协调。然而,画家在追求自然造物所不及的卓越之美时,仅凭几何与算术的法则难以成功,而需要借助"狂喜"(ecstasy)这一情感状态来实现。这暗示了人工造物在追求卓越之美时,不再依赖稳固的知识,而是受偶然性所影响。古典主义美学认为美是善的体现,但培根对可见与不可见之间的关联性提出了质疑,甚至认为美的表象可能诱使青年放纵,从而成为道德败坏的根源。在此,肉体之美被视为善的潜在威胁,需要被驯服和教化。尽管美与善的关联受到质疑,培根并未完全否定两者达成一致的可能性。他列举了奥古斯都、英王爱德华和法王菲利普等特例,这些王公贵胄身上兼具了肉体之美和灵魂之善。对于青年而言,只有当美以恰当的方式呈现于个体之上时,才能使品德闪耀,令恶习羞愧。

　　约翰·洛克(John Locke,1632—1704)在笛卡儿广延实体与精神实体二分法的基础上,对物体的第一性和第二性进行了区分。他认为,美不再是物体本身固有的第一性属性,而是依赖于人类情感的第二性表现。洛克主张,构成知识的全部材料是观念,这些观念均源自经验。我们的心灵没有与生俱来的观念,但拥有一系列天赋能力,包括从外部世界获取、记忆和组合观念的能力,以及进行想望、思考和欲求的能力。洛克认为,知识的源泉是两种经验:一种是基于感觉器官的外部经验,即感觉;另一种是内部经验,即反省。反省作为观念的另一重要来源,既独立于感觉,又离不开感觉材料。知识一方面来源于直接从感官获得的简单观念,另一方面通过反省将原始的感觉材料转化为知识。[②] 然而,洛克对"实体"这一观念起源的模糊理解,揭示了主观与客观、个别与一般之间的分裂,以及感觉和知觉之间的差异导致的"知识与实在"之间的断裂。

[①] (英)培根.培根论说文集[M].水天同,译.北京:商务印书馆,1983:156-158.
[②] 详见(英)索利.英国哲学史[M].段德智,译.济南:山东人民出版社,1992:119.

简单观念进一步分为物体的第一性质和第二性质。① 第一性质是物体本身的固有属性,如坚实性、广延、形状、运动和静止以及数量等,这些属性确实存在于物体之中。而第二性质并非物体本身所固有,但它们具有在观察者心中产生特定感觉的能力,如颜色、气味、味道和声音等。这种源自感觉的简单观念本质上与个别事物相异,可能导致以此为基础的知识体系陷入悖论。在 17 世纪的哲学体系中,唯理论曾致力于解决认识的真理性以及概念与对象的一致性。然而,在洛克的理论中,由于排除了唯理论的超越性中介,这种一致性开始受到挑战。为了解决这种不一致性,心理学的经验论提出了一个基本原则:"凡存在于理智中的,无不先存在于感觉之中。"②这一原则强调了感觉在产生一般认识中的基础性和真理性作用。洛克对心灵进行了四重隐喻:心灵如镜子,反映外部世界;心灵如白板,记录着外界留下的印记;心灵如暗室,光线通过小孔照亮内部;心灵如蜡块,外界印记在上面留下痕迹。在洛克的二元论中,观念既来自对自然的直接感知,也受到心灵本身独特活动的影响。这导致了洛克所承认的三种哲学命题中,基于启示的"超乎理性的命题"与基于经验的"合乎理性的命题"并存。这一并存再次使得经验知识与先验启示之间的关系成为追求普遍一致性的认识论难题。

大卫·休谟(David Hume,1711—1776)对经验知识与先验启示的悖论进行了深入的推演,最终导致了怀疑论和不可知论的兴起。早在 1734 年的一份文献中,休谟就指出人类的美德和幸福所依托的体系皆建立在人性之上,他的研究旨在揭示批评和道德中一切真理的根源。③ 他认为洛克是将推理的经验方法引入道德学的先驱,为从人类心灵科学中推导出新哲学体系奠定了基础。

休谟坚持一切认识均基于感性经验。在《自然宗教对话录》(1779)④中,他以彻底的经验主义和不可知论为立场,对自然宗教的假设持批判态度,试图克服其中对公认看法的过度质疑,以及由理性极端信仰导致的独断论。

---

① 详见 ibid:123-124.

② nihil est in intelletu quod non antea fuerit in sensu. 引自(德)E. 卡西尔. 启蒙哲学[M]. 顾伟铭,等,译. 济南:山东人民出版社,1988:92.

③ 休谟沿着洛克开辟的道路,将自己的目标设定为建立一个解释人类本性原则的完全的科学体系,即用"心灵的科学"(后世所说的心理学)取代哲学。到了 18 世纪中叶前后,牛顿自然哲学已成功解释了宇宙和自然。休谟试图使自然世界的最普遍定律——万有引力也有精神世界中的平行物,并将之用于解释心灵现象的集合。(英)索利. 英国哲学史[M]. 段德智,译. 济南:山东人民出版社,1992:173-174.

④ 由侄子大卫在休谟死后整理出版。

自然宗教试图通过理性证明上帝的存在,以构建一种真理,作为希望的基础、道德的可靠根基和社会的坚固支柱。[①] 然而,休谟深刻认识到人类理解力的局限性,认为至高心灵的本质及其特性对人类理性而言是完全不可知且充满神秘的。至高心灵的无限与完善,"目不能见,耳不能闻,人心也从未真正了解它们"[②],既无法通过感官感知,也无法通过理性推理探索和证明。这一结论正基于极端的经验主义,因为"我们的观念仅限于我们的经验之内:我们没有关于神圣的属性与作为的直接经验"[③]。即便我们看到一座房子,可以断定它必定有一个建筑师或建造者,但当面对宇宙和自然时,尽管它们在感官和理性认识中呈现为有序,我们仍无法将宇宙与房子相类比,断言前者是上帝——一位建筑师或建造者——以理性和特定目的创造的作品。所有对至高心灵的理性判断,终究只是一种假设。将有限事件的因果关系推广至无限整体的理论,无疑是思想的鲁莽和独断。[④] 因此,对于休谟而言,真正认识到自然理性局限的人,更可能倾向于天启真理,从而使他的主张成为化解无神论和独断论之争的关键,这也是在新的自然观念下成为一名更加健全信徒的首要且至关重要的步骤。

3.2.3 建筑在美与用之间

鉴赏力的判断成为争议焦点,正反映了绝对美的客观性与普遍有效性在相对化后所遭遇的质疑。在皇家建筑学院的开幕仪式上,弗朗索瓦·布隆代尔就"好的鉴赏力"议题提出了讨论,他认为这与愉悦紧密相连。然而,一年后关于此议题并未达成一致的结论,而是暂时认可了"好的鉴赏力"能够给有教养的人带来愉悦感这一观点。[⑤] 塞巴斯蒂安·勒·克莱克(Sébastien Le Clerc,1637—1714)则主张一种极端的个人主义审美观念,将比例和美完全视为个人鉴赏力的产物。他坚信"好的鉴赏力"与个体观众的

---

① (英)休谟.自然宗教对话录[M].陈修斋,等,译.北京:商务印书馆,2011:2.

② Ibid:16.

③ 一切自然科学都依赖于因果关系,这是基于事实经验的推理。因果关系本质上源于对反复出现的个别感觉印象的习惯性观察和理解。同时一切根据实验的推论都是以因的相似证明果亦相似,以果的相似证明因亦相似的假定。所以休谟说"我们的观念超不出我们的经验"。ibid:18-19,23.

④ 我们称之为有思想的,脑内的小小跳动有什么特别的权利,让我们使它成为全宇宙的规范呢?见 Ibid:24.

⑤ KRUFT H-W. A History of Architectural Theory:from Vitruvius to the present[M]. New York:Princeton Architectural Press,1994:130.

"愉悦"是一致的,而"感觉知觉"则是形成美的判断的基石。^① 这两者既是主观的又是相对的,美因此成为个人天才与良好鉴赏力的结晶。勒·克莱克的这一颠覆性观点,正以一种公众普遍接受的思维方式——个人主观主义美学,挑战着学院为建筑与美建立统一标准的初衷。

　　随着个人主观审美观念的盛行,学院在 1712 年不得不再次审视"好的鉴赏力"的话题,并给出了官方回应:建筑中的"好的鉴赏力"源于各部分间明确而简单的关系,这些关系越容易与心灵沟通,就越能深深满足心灵。在接下来的讨论中,学院分析了各个时代被公认为杰出的建筑,最终得出鉴赏力从属于功能的结论。1734 年,学院发表了讨论成果,并重新定义了建筑的四个核心概念:"好的鉴赏力"(bon goût)、"布置"(ordonnance)、"比例"(proportion)和"得体"(convenance)。其中,"布置""比例"和"得体"均属于使用(usage)层面的功能范畴,而"好的鉴赏力"则是满足功能需求后的美学结果。这四个概念体现了学院对功能主义与主观因素的接纳,并将它们融合在一种以功能为主导、主观美学为从属的主被动关系中。建筑师杰梅因·博法尔(Germain Boffrand,1667—1754)坚决反对勒·克莱克的个人主义主观审美,他认为这将导致"时尚的泛滥"。为了澄清鉴赏力主观与客观之间的争议,他迅速发表了演讲。^② 博法尔强调"好的鉴赏力"(bon goût)作为大众与学院的重要关注点,需要仔细权衡其主客观标准。他认为,"好的鉴赏力"源于深思熟虑而非直接感觉,是"受更多启蒙的人"通过反思后所具备的一种"从好中分辨出卓越"的能力。好的鉴赏力不仅基于对建筑基本原理的深刻掌握,更是建筑师和观察者个体品质的体现,同时也是建筑本身品质的反映,它兼具主观与客观的特性。博法尔将"好的鉴赏力"与文明的发展程度紧密联系起来,赋予了它一定的客观性,并使之与文明在反思中累积进步的科学观念相契合。他借鉴了科尔德穆瓦的"功能"定义,但并没有将"使用"置于绝对的统治地位。博法尔还引入了建筑中"个性"(caractère)的概念,参照贺拉斯的《诗艺》和亚里士多德的《诗学》,将建筑视为一种具有表达效应的视觉语言修辞。这一观点将建筑重新与诗歌相提并论,并通过 J-F. 布隆代尔的私人建筑学校,影响了后来被称为"革命建筑师"的部雷(Boullée)和勒杜(Ledoux)。

---

　　① Ibid:143.

　　② 演讲名为《建筑中"好的鉴赏力"》(*Dissertation sur ce qu'on appel le bon goût en architecture*)。后来成为博法尔主要建筑著作(*Livre d'architecture*,1745)前言《反思建筑的一般原则》(*Réflexion sur les principes généraux de l'architecture*)的先声。

自 18 世纪 40 年代起,反对主观主义美学与抵制各种艺术中的洛可可风格成为一种趋势。查理-艾蒂安·布里瑟(Charles-Etienne Briseux,1660—1754)作为世纪中叶从洛可可转向新古典主义的建筑师和理论家,[①]在其最后著作《论艺术中本质的美》(*Traité du Beau Essentiel dans les arts*,1752)中,重新探讨了佩罗和布隆代尔关于建筑比例的古典主义议题。他站在布隆代尔一边,反对佩罗的"相对美"理论,这与半个多世纪前关于建筑超越性的争论有着截然不同的原因。自佩罗主张"相对美"并赋予今人权力,将建筑从古典比例确定的规则性中解放出来后,学院的讨论焦点逐渐从建筑的本质美转向数学方法解决结构问题的技术领域,或是大众所关心的实用性议题。装饰夸张的洛可可建筑自 1715 年后的流行,进一步加剧了相对主义美学对直接感官经验的强调,使得建筑理论原本追求的超越性价值被各种流行的样式书消解为肤浅粗糙的自然主义。[②]

布里瑟对主观主义的批判稍晚于博法尔从文化进步论的角度提出客观的鉴赏力标准。布里瑟重申了比例作为美的基石,深入探讨了比例本身及其对人产生的共鸣效应。他认为,和谐的比例源自毕达哥拉斯对自然的观察,是自然不可分割的一部分,不依赖于人的视觉和听觉经验,具备普遍可经验的客观性。布里瑟坚信,在直接的感官体验之上,灵魂是最终的裁决者,它使得视觉与听觉在理智的参与下达到一致的审美判断。布里瑟的独特观点还在于他从人类感觉器官的一致性出发,论证了基于感官的鉴赏力具有以人体生理为基础的无可争议的客观性。他引用牛顿光学中的七种颜色和音乐中的七种音调,作为神创论中自然理智与行为一致性的证明,进而论证视觉与听觉的和谐比例出于同一原因必然产生一致的愉悦感受。布里瑟强调比例法则与建筑师多元的鉴赏力应相互融合,这不仅为建筑提供了自然的合法性基础,还根据建筑师的经验和对自然的观察赋予了建筑独特的卓越性。布里瑟所倡导的理性主义美学将建筑理论视为提升民众意识和教育的有效途径。他认为,缺乏引导的心灵可能仅满足于直接的感官愉悦,但经过规则熏陶的心灵同样能在研究和探讨中获得愉悦。

几乎在同一时期,德国人鲍姆加登在《关于诗歌若干问题的哲学沉思》

---

① 布里瑟作为建筑师使用洛可可语汇,并分别在 1728 年和 1743 年写作过两部有明显洛可可倾向的住宅样式书,分别关于城市住宅(*Architcture moderne*,1728)和乡村别墅(*L'Art de batir des maisons de campagne*,1743)。

② RYKWERT J. The First Moderns:the architects of the eighteenth century[M]. Cambridge, Mass:MIT Press,1980:96-117.

(*Philosophical Meditations Pertaining to Some Matters Concerning Poetry*，1735)一文中，首次提出了独立于科学逻辑的"美学"(aesthetic)概念，并为其设定了基本的研究框架。这一新的研究方向后来成为他遗作《美学》的理论基石。"美学"从逻辑认知中独立出来，专注于"较低级认知能力"的研究：

> 从定义上看，如果逻辑……指向理解真理的较高级认知能力(higher cognitive faculty)……无疑可以有一种科学，指向更低的认知能力(lower cognitive faculty)，它感性地认识事物……希腊哲学家们和早期教父们已经仔细区分了"知觉的事物"(ασθητ, things perceived)和"知的事物"(νοητ, things known)……所以"知的事物"是由最高的认知能力认识的，是逻辑的对象；"知觉的事物"[由较低级的认知能力认识]，是知觉的科学(science of perception)或美学(aethetic)的对象。①

鲍姆加登的研究深受启蒙时代自然科学知识理想的影响，他试图通过演绎推理来剖析诗歌的构思，构建一个类似于牛顿运动学说的简明理论体系。然而，他在区分两种认知——知觉与思维时，揭示了它们之间的本质差异，并预见了后来德国浪漫主义运动中诗与真之间的激烈辩论。在这两种认知中，思维被视为更高层次、更具理念化的认知形式；而知觉则相对较为基础，更多地与世俗世界相联系。诗歌的再现，鲍姆加登称之为"感性再现"，它源于人类灵魂深处对美好的追求，是一种"善的含混再现"。② 尽管诗歌的再现依赖于感官体验，但它所表达的并非单一的感性知觉，也不追求明确无误的逻辑概念。相反，诗人将各种感官体验和概念巧妙地融合在一起，追求一种复杂而含混却又充满清晰性的艺术效果。③

在鲍姆加登的视角下，诗歌的基本结构和核心意图与基于逻辑的科学有着本质的区别。逻辑论证致力于追求清晰而确切的表述，④而诗歌则旨在通过清晰而含混的方式再现世界。尽管两者都旨在实现清晰再现，但逻辑通过简化手段达到明确，从而赢得论辩的胜利；而诗歌则依赖于感性再现的复杂融合，不是为了竞争和胜利，而是为了满足心灵的善欲，创造出令人愉悦的清晰感受。

---

① BAUMGARTEN A G, HOLTHER T B K A A W B. Reflections on Poetry[M]. Berkeley and Los Angeles：University of California Press，1954：77-78.

② confused representation of the good. Ibid：38.

③ Ibid：41.

④ Ibid：42.

鲍姆加登用"虚构"这一术语来界定诗歌可能再现的对象。[①] 他将其分为三类：真实的虚构，即再现真实世界中可能存在的事物；纯粹的虚构，即再现真实世界中不可能存在的事物；而异世界虚构则是指那些有可能存在但并非真实世界中的事物。[②] 在这三种虚构中，只有真实的虚构和异世界虚构被认为是诗歌的范畴，而乌托邦虚构则被排除在外。

在 18 世纪中叶，夏尔·巴多（Abbé Charles Batteux，1713—1780）迈出了从"艺术"到"美术"转变的关键一步，[③]明确界定了"美术"的五个类别：音乐、诗歌、绘画、雕塑和舞蹈（即动作的艺术）。他在《美术简化为单一原理》(Les beaux arts réduits à un seul principe，1747)的著作中，暗示了"美术"与自然科学一样追求原则的统一性，并尝试将这些原则提炼为单一的简单性原则。夏尔·巴多对审美判断一致性的追求，基于科学和艺术在知识论上均追求绝对统一性的基本假设，这一观念在笛卡儿时代就已确立，[④]而 18世纪牛顿的综合理论则进一步强化了这一观念在总体认识中的合法性。

对于巴多而言，"愉悦"是所有美术门类共同的存在理由，同时这些美术门类还共享了一个单一原则——模仿自然。他试图将亚里士多德和贺拉斯对诗歌与绘画的评论推广到其他艺术门类，[⑤]按照"愉悦"和"有用"两种存在原因将艺术分为三类：第一类是"美术"，包括音乐、诗歌、绘画、雕塑和舞蹈，它们都是对自然的模仿，[⑥]并以"愉悦"为共同的存在理由；第二类是"机械艺术"，其存在的基础是"有用性"；而第三类艺术则介于两者之间，既带给人们"愉悦"又具备"有用性"——建筑和修辞即属于此类。机械艺术借鉴了自然；"第三类艺术"为了使用而依赖自然，同时也对其进行修饰；而"美术"则不依赖自然，而是致力于模仿自然。

在巴多的分类体系中，"愉悦"与"有用"是两个截然对立、互不相容的要素。"美术"以其纯粹的愉悦性而独立于实用性之外，而"机械艺术"则专注于实用性而缺乏愉悦性。由于"美术"与"机械艺术"在"愉悦"与"有用"之间

---

① Ibid：55-56.

② Ibid：57.

③ （波）瓦迪斯瓦夫·塔塔尔凯维奇.西方六大美学观念史[M].刘文潭，译.上海：上海译文出版社，2013：70；KRISTELLER P O. The Modern System of the Arts：A Study in the History of Aesthetics Ⅱ[J]. Journal of the History of Ideas，1952，13(1)：17-46.

④ （德）E.卡西尔.启蒙哲学[M].顾伟铭，等，译.济南：山东人民出版社，1988：260.

⑤ KRISTELLER P O. The Modern System of the Arts：A Study in the History of Aesthetics Ⅱ[J]. Journal of the History of Ideas，1952，13(1)：17-46.

⑥ 绘画和雕塑模仿了可见的事物；诗歌模仿了人的行为；音乐和舞蹈模仿了人的感情和激情.

的明确分野,巴多特别将修辞和建筑归为既不属于"美术"也不属于"机械艺术"的第三类艺术。建筑之所以被归类为这两者之间的独立门类,源于其独特的起源。它并非基于自然的模仿,而是源于人类对于庇护所的基本需求。① 建筑从天然洞穴逐渐发展为人工建造的房屋,经过修饰后变得更加宽敞舒适。② 在这个过程中,建筑不应舍弃其"有用"这一根基于现实世界的本质,而试图在"美术"中争得一席之地。相反,建筑应该坚守其实用性,对于那些放弃实用性而追求纯粹"美术"的尝试,建筑应感到羞愧。

　　巴多的"美术"观点在英国、法国和德语地区产生了深远的影响。然而,他的追随者们未能充分理解巴多分类中"美"与"用"的明确对立,进而扭曲了"美术"必须"模仿自然"的基本原则,轻率地将建筑纳入了美术的范畴。当巴多的著作出版后,英国迅速出现了免费英文译本,其副标题直接列出了五种"文雅艺术":诗歌、音乐、绘画、建筑与修辞。在这个英国流传的"文雅艺术"系列中,建筑和修辞取代了雕刻和舞蹈的位置,这显然违背了巴多关于"美术"应模仿自然、愉悦但无用的基本准则。在法国,达朗贝尔在1751年出版的《百科全书》第一册《绪论》中,也使用了"美术"一词,并列举了绘画、雕刻、音乐和建筑四类,将它们归于诗歌的大类之下。③ 这一分类同样包含了在巴多看来不模仿自然且目的混杂的建筑。巴多的德语翻译者施莱格尔(Johann Adolf Schlegel)④也提出了在"美术"中加入建筑和修辞的观点。这些扭曲的解读使得巴多的分类从原本的三分古典结构——"美术""机械"和"第三类艺术"——转变为美术与机械的二元对立,这一转变深刻影响了欧洲的艺术话语。⑤ 自此,"美术"⑥与"机械"的现代对立,取代了传统的"自由

---

① 演讲(eloquence)源于人交流思想和感受的另一种基本需要。用音调和身体姿势修饰发言的人就是演说家和历史学家。

② STEPHEN P. Four Historical Definition of Architecture[M]. Montreal & Kingston, London,Ithaca:McGill-Queen's University Press,2012:192-193.

③ 这一归类没有在《百科全书》内部达成统一。狄德罗所写的"艺术"条项,仍按照古典主义区分为自由-机械的对立。J-F. 布隆代尔所写的"建筑"条项,也与达朗贝尔的分类不一致。孟德斯鸠则将诗歌、绘画、雕塑、建筑、音乐和舞蹈列为"美术"。KRISTELLER P O. The Modern System of the Arts:A Study in the History of Aesthetics II[J]. Journal of the History of Ideas,1952,13(1):17-46.

④ 巴多著作的德语第一版于1751年在莱比锡出版。

⑤ (波)瓦迪斯瓦夫·塔塔尔凯维奇.西方六大美学观念史[M].刘文潭,译.上海:上海译文出版社,2013:72.

⑥ "美术"的核心成员包括建筑、雕塑、绘画、诗歌、音乐,共五类。为了补足传统上与"自由艺术"对应的七个门类,在不同作者的论述中,由修辞、戏剧、舞蹈和园艺中的两个占据余下的位置。ibid:72.

艺术"与"机械艺术"的对立,并将"美术"置于二者之间更为核心的位置。建筑也因此重新定位于知识对立的两端之间,成为基于美与用对立判断的美术与机械(科学)之间的桥梁。

3.3　自由艺术超越性观念的解体

随着时空观念不断向无限性开放,中世纪晚期的超越性宇宙论逐渐失去了其神圣的绝对度量地位。中世纪晚期的知识扩张导致了总体时空观念的转变,即从传统的有限、封闭、静止的时空观,转变为现代的无限、开放、运动的时空观。这一转变使得人类在宇宙中的定位变得模糊,人类理智在宇宙中的尊严也受到了挑战。在时空观念的整体变革中,数学化的精确科学应运而生,而超越性真理和目的论宇宙则逐渐丧失了作为科学知识稳固基石的整合性作用。科学与真理观念的剥离过程中,法国首先由科学家发起了建筑新古典主义的理性思潮。然而,与此同时,自文艺复兴以来,经过新型职业训练的建筑师们仍坚持建筑应指向超越性真理的知识内涵。这种科学认识上的根本分歧,在"古今之争"的激烈碰撞中,导致了和谐数比和柱式装饰的相对化。作为现代科学经验主义的发源地,英国在建筑认识的转向中,主要表现为经验主义感觉论对如画园林的深远影响。本节将从相对主义引发的多重对立出发,探讨认识论转变中极端经验主义导致的建筑思想困境。

3.3.1　和谐数比相对化

在 17 世纪中叶,古代价值和建筑与其超越物理边界、融入精神化宇宙的一致性,依然稳固且被广大人群所认同。当伯尔尼尼于 1665 年受邀前往法国,为路易十四设计卢浮宫时,他在城外与保罗·菲拉雷特(Paul Fréart de Chantelou,1609—1694)会面。保罗是法国当时最杰出的鉴赏家,亦是古典主义画家普桑的赞助人。在他的日记中,保罗详细记录了他与伯尔尼尼之间的对话:

> (伯尔尼尼)他说,世间万物的美,包括建筑,都由比例构成,你可以称之为神圣的粒子(divine particle),因为它源自亚当的身体,他不仅由神亲手所造也与神的形象相似;所以建筑中的各种柱式

都起源于男体与女体间的差异。[①]

保罗·菲拉雷特坚信,这些理念在当时极为普遍且被建筑师们广泛接受,它们构成了建筑领域的内在信仰:超越的神圣秩序是建筑秩序的根基,这种秩序既基于普遍的协调比例形成的抽象基础,又以人为尺度,主要体现于各种柱式及其和谐数比。在那个时代,建筑作为自由艺术的一部分,其知识地位由理性思维所支撑,许多建筑师同时身兼科学家和工程师的角色。保罗的兄弟罗兰德·菲拉雷特·德·尚布雷(Roland Fréart de Chambray,1606—1676),作为一名数学家,坚信建筑应当像数学一样,拥有清晰、精确且可通过理性推理验证的严格规则。尽管尚布雷对古希腊建筑知识涉猎不多,但他却以数学家的理性原则为基石,为建筑制定了等级划分。他基于智力和数学思想,将中央集权的普遍性理念投射到建筑的绝对原则上。在他看来,原则的简单性就是实现建筑完美的合法准则:

> 一件艺术品的卓越和完美并不表现在它规则的多样化上;恰恰相反,越是单纯而简约的作品,其艺术的品格就越是令人景仰;我们可以从几何的规则中看到这一点,几何是所有艺术品的基础和源泉,所有的艺术创作都从中汲取灵感,没有几何的帮助,任何艺术都将无法立足。[②]

在法国,集中制的巩固与国家级科学与艺术学会的建立同步进行,试图通过机械论的科学方法为艺术探索一致性的法则。在此过程中,科学和艺术理论中的理性绝对主义占据了举足轻重的地位。路易十四的建筑与经济大臣柯尔贝尔(Jean-Baptiste Colbert),凭借超凡的精力与勤奋,成功构建了法国的重商主义经济体系。他努力打破地区间的权力壁垒,以中央权威取代地方保护主义,通过一系列政策条例推动权力向中央政府和国王集中。

柯尔贝尔坚信,艺术应当如同其他活动一样,为法兰西的荣耀增光添彩。他主张各艺术门类应像工业一样,基于统一的组织性原则,所依据的理论也应形成统一的教条和原则。为此,他创办了建筑学院,其主要任务是制定强制性的建筑规章,涵盖建筑理论探讨和建筑教育两个方面。建筑学院的成员每周聚会两次,依序高声朗读维特鲁威、帕拉第奥、斯卡莫齐、维尼奥拉、塞利奥、阿尔伯蒂和卡塔尼奥等大师的著作,深入探讨建筑学理论议题

---

① RYKWERT J. The First Moderns:the architects of the eighteenth century[M]. Cambridge, Mass:MIT Press,1980:1-3,7.

② (德)汉诺-沃尔特·克鲁夫特. 建筑理论史——从维特鲁威到现在[M]. 王贵祥,译. 北京:中国建筑工业出版社,2005:90.

并形成决议。这些决议由学院教授在公开演讲中详细解释，并通过演讲对青年建筑师进行教育。当时的国家首席画家勒布伦（Nicolas Poussin）认为，这些演讲的意图在于为年轻艺术家提供一套明确的规则，以确保经过讨论的统一性原则能够贯彻到未来的艺术创作中。建筑学院通过演讲公开发布的决议与立场，包括了对中世纪建筑"不理性"的批判，对米开朗琪罗建筑"自由倾向"的质疑，以及对巴洛克建筑中"个人幻想"的批评。[①] 法国建筑所追求的"理性""普遍秩序"和"普世性完美"与巴洛克建筑形成了鲜明的对立。然而，随着对历史的深入研究，我们认识到中世纪建筑的高度秩序化，以及巴洛克建筑并非不合理性的精神错乱，而是从理性秩序出发寻求超越性意义的感性表达。建筑学会的定论并非完全基于真实历史的理性解读，而是带有特定倾向的独断性评价，服务于绝对主义意识。

1. 布隆代尔：和谐数比绝对性

建筑学院的首位演讲教授弗朗索瓦·布隆代尔（Francois Blondel，1618—1686），不仅是一位建筑师，还是工程师和数学家。[②] 他在学院的演讲内容被精心汇编成一部建筑巨著，名为《建筑学教程》，于1675—1683年间分五个部分陆续发表（图 3-8）。布隆代尔的建筑观点与克劳德·佩罗（Claude Perrault）的观点形成了鲜明对比。佩罗作为科学院的创始成员和杰出的生理学家，在解剖学和植物学领域有着开创性的研究。布隆代尔与佩罗的争论，是"古今之争"中法国知识界两大派别的代表。这场争论背后，实际上是经验科学的进步观念与古典主义绝对价值之间的根本分歧。它并非仅仅是现代理性对传统价值的挑战，也不是科学与非科学的对立。"古今之争"的分歧，更深入地反映了两种不同理性背后的认识论差异，这种差异导致了难以调和的冲突。

布隆代尔的观点与尚布雷的古典主义迥异，他深受科学进步观念的影响，秉持着面向未来的时间观。尚布雷坚守传统的有机活性理论，坚信理想的古代建筑随时间流逝而逐渐衰退。而布隆代尔则拥护科学进步的理念，

---

① Ibid:93.

② 布隆代尔主要接受工程学和数学教育，在其建筑教程出版之前已经发表过数学教程和军事工程学著作。布隆代尔的主要著作有《建筑四议题》（*Resolution des quatre principaux problemes d'architecture*，1673）、《数学教程》（*Course de mathematique*，1676）、《筑城学新方法》（*Nouvelle maniere de fortifier les places*，1683），以及根据他在学会的演讲发表的《建筑学教程》（*Cours d'architecture enseigné dans l'Academie royale d'architecture*…，1675—1683）。

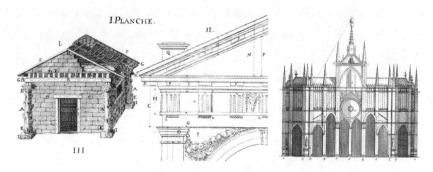

图3-8　弗朗索瓦·布隆代尔在《建筑学教程》中对建筑表观形象持进步论观点,建筑始于原始棚屋也是多立克柱式的形式来源(左),哥特建筑如米兰大教堂(右)也被纳入历史主义范畴中

认为建筑并非趋于衰落,而是逐渐臻于完美。他依照维特鲁威的传统,解释了建筑的起源,认为建筑始于原始人用以遮蔽风雨的棚屋,随后因不同民族的文明程度差异而进入不同的发展阶段。柱式比例也源于维特鲁威对人体类比的借鉴,依照进步论的原则,柱式经历了从多立克到爱奥尼再到科林斯柱式的序列演进。在这一演进过程中,柱式比例逐渐变得更为纤细,形式则由独立的柱体演变为墙前的柱廊,最终发展到壁柱。布隆代尔认为,建筑的具体装饰要素具有可变性,不同于斯卡莫齐将柱式视为神授的固定范畴。他同样基于进步论,提出古代建筑作为典范并非追求完美的终点,新的建筑形式完全有可能被创造出来。因此,布隆代尔与德洛姆一样,主张创造具有民族特色的"法兰西柱式"。他从工程师的实用主义角度出发,重新定义了建筑:"建筑是一门使房屋建造得好的艺术。如果一座建筑物坚固、实用、健康,并且能给人带来愉悦,那么它就可以被视为一座好的建筑。"①在这里,使人愉悦的"美"被视为实用性原则——坚固、适用、健康之后的补充性要求(图3-9)。

　　布隆代尔与克劳德·佩罗的争论焦点并非在于建筑中的可变装饰要素,而是集中在建筑的不变本质——即比例上。布隆代尔反对佩罗将艺术视为"天赋与经验的产物"的观点,他坚持认为建筑比例是源于自然必然性的内在准则。即使建筑中的某些因素依赖于习惯而非自然法则,但比例是赋予建筑普遍合法性的自然法则的基石。布隆代尔对比例确定性和必然性

---

① (德)汉诺-沃尔特·克鲁夫特.建筑理论史——从维特鲁威到现在[M].王贵祥,译.北京:中国建筑工业出版社,2005:95.

图 3-9　柱头的起源,弗朗索瓦·布隆代尔,1675—1683

的论证,深受勒内·乌瓦德在《建筑的和谐》中提出的视觉和听觉愉悦一致性观点的影响。[①] 乌瓦德的理论基于 Leone Ebreo 两个世纪前的论断,即灵魂不为"物质的感觉"如味觉、嗅觉和触觉所动,而只受两种"精神的感觉"——视觉和听觉所影响。因此,他认为内在于有形物体之中的"不朽"和谐,只能通过视觉和听觉这两种精神性感觉来捕捉,这两种感觉在精神上具有超越的一致性。乌瓦德在深入研究维特鲁威著作中柱式的音乐性暗示、各种建筑类型和铭文,以及它们在建筑实践中的应用后,得出结论:

> 这些法则绝对有效,它基于我们有的两种高贵的感觉,灵魂渴望相似的比例……建筑师没有对此有足够的重视——并未意识到它给予这门艺术以确定性和无可争辩的原则,真正的建筑必须是和谐的。[②]

布隆代尔坚信,和谐数比不仅是建筑可感经验的客观保障,更是其可理知精神性的必然基石。尽管比例作为永恒不变的确定性,与他一贯倡导的建筑不断进步的观念似乎存在矛盾,但他仍将无形超越的普遍性视为建筑存在合法性的不可侵犯的绝对价值。

---

① 乌瓦德是一名布道神父,也是当时著名的音乐家,他并未受过任何建筑学方面的训练。在这本 1679 年出版的小册子中,乌瓦德研究了古代人广泛使用的音乐比例,认为能够打动耳朵的音乐比例,与打动眼睛的建筑比例有内在的精神一致性。

② RYKWERT J. The First Moderns:the architects of the eighteenth century[M]. Cambridge, Mass:MIT Press,1980:13.

2. 佩罗:武断美与习惯

佩罗否定了和谐数比与宇宙论相关的绝对美之合法性,将其归入相对且人为规定的习俗领域。他确实认同比例能够产生美并带来视觉愉悦,但坚持认为建筑的可见比例与音乐的和谐数比并无直接关联,它们不属于自然必然性的"客观美"范畴,而是源于人们的习惯,是与习俗相契合的"武断美"范畴(图 3-10)。

(a)   (b)

图 3-10　建筑比例与音乐的和谐

(a)维特鲁威译注版扉页画,近、中、远景分别是佩罗设计的三座建筑:圣安东尼凯旋门、卢浮宫东廊和天文台;(b)英译本《古代五柱式法则》(*A Treatise of the Five Columns in Architecture*,1708)扉页上建筑的音乐类比与佩罗的意图相悖

佩罗通过质疑视觉与听觉之间超感觉的精神联系,进而否定了建筑比例与音乐和谐之间的一致性。他的论证从以下几个方面展开:

首先,能引发愉悦感受的柱式在实际应用中,其比例在不同建筑师手中呈现出广泛的多样性。以多立克柱式为例,柱径设为六十分时,柱头高度的比例在不同建筑师中变化极大:阿尔伯蒂为二又二分之一,斯卡莫齐为五分,塞利奥为七又二分之一,马塞卢斯剧院为七又四分之三,维尼奥拉为八

分,帕拉第奥为九分,德洛姆为十分。^① 这些比例在相当宽泛的范围内都能产生愉悦感受,与和谐乐音不同,后者一旦稍微偏离确定的数比,就能立即被听觉察觉出不和谐。

其次,尽管我们可能不理解和谐音程产生的具体原理,但仅凭听觉就能感受到其带来的愉悦,这种感受无须经过心灵的理性判断。这一发现表明,听觉并不直接为心灵提供知性知识。而视觉产生的愉悦则不同,它不仅仅依赖眼睛的直接感受,更需要以有关于比例的知识作为支撑。换言之,视觉传达的愉悦需要知性判断的参与才能产生效果。这种愉悦的产生既依赖于视觉,也依赖于人的知性判断。由于知性的介入,视觉带来的愉悦与听觉直接捕捉到的音乐和谐存在本质差异,其产生原因和机制目前尚不明确。

最后,佩罗明确区分了"客观美"和"武断美"两个关键概念。他将那些有确定原因、能够普遍愉悦所有人的美定义为"客观美",而将那些仅由人们习惯所产生的美归为"武断美"。以听觉为参照的"客观美"直接依赖于比例,而建筑通过感官直接可见的方面产生的美则包括:①所使用材料的丰富性和质感;②尺寸的宏大和房屋的壮丽;③准确、精细的施工工艺;④对称性,即那些特殊且能立即产生美感的比例关系。^② 这些美感是所有人都能直接从视觉感受中捕捉到的。在这里,佩罗对传统中与和谐数比相关的"均衡"概念进行了窄化,他将其理解为现代意义上的轴对称,即:

　　一座建筑的左边和右边,上边和下边,前边和后边,不管其尺寸、形状、高度、颜色、数量或是布置,实际上几乎在所有的方面都能使得自己的一部分与另外一个部分相似。^③

佩罗所定义的"对称"在"客观美"的框架内被教条化,已经远离了其原本所蕴含的整体与部分之间微妙的不可见关联,从而失去了美的超越性和绝对性。相对而言,"武断美"则源于人们赋予事物特定比例、形状或形式的意愿,使事物在避免畸形的同时,在表面上显得可接受。这种美并非每个人都能轻易捕捉到,它源于人的习惯和心灵在不同天性事物间产生的联想。^④ 习惯的力量如此强大,以至于尽管"客观美"能被所有具备常识和良好感觉

　　① PERRAULT C. Ordonnance for the Five Kinds of Columns after the Method of the Ancients [M]. The Getty Center for the History of Art and the Humanities,1993:50.

　　② Ibid:50.

　　③ Les dix livres d'architecture de Vitruve,1684,注释 9,转自(德)汉诺-沃尔特·克鲁夫特.建筑理论史——从维特鲁威到现在[M].王贵祥,译.北京:中国建筑工业出版社,2005:97.

　　④ PERRAULT C. Ordonnance for the Five Kinds of Columns after the Method of the Ancients [M]. The Getty Center for the History of Art and the Humanities,1993:51.

的人所感受,足以用来区分建筑品质的优劣,古典主义的比例原则在习惯面前被相对化了。尽管如此,佩罗仍然认为"相对美"至关重要,因为建筑师设计的最终成功,很大程度上依赖于他们掌握"武断美"的微妙法则。[①]尽管比例是通过习惯形成的,且不一定导向"客观美",但对于实践建筑师而言,它仍然至关重要。因为即便"武断美"带有偏见,但其力量对于人们来说却是难以抗拒的,人们往往据此区分真正的建筑佳作与平庸之作。在佩罗看来,尽管"武断美"源于习惯和偏见,但这种习惯的力量极为强大,使人们深信某些比例是自然所证实且为自然所钟爱的,这些比例与音乐中的和谐一样,被认为拥有真正的美。

佩罗接受在建筑中使用和谐数比,并将其视为实现建筑卓越的关键要素。然而,他认为和谐数比的合法性并非源自自然的必然性,因为它无法被自然赋予人类的感觉器官直接捕捉,而是源自人类赋予事物秩序的渴望以及习惯产生的强大认同感。佩罗的见解揭示了"武断美"的范畴,即由人的习惯和联想产生的美,这一尚未被充分探索的领域,为今人提供了更广阔的理解空间。这意味着今人可以在古人尚未涉足的领域里有所建树。与人为赋予的规定紧密相关的"武断美",在古人的理解中尚未得到充分探索,而今人的思考有望为其带来更清晰、更统一的规定。

尽管布隆代尔也认同建筑的进步观念,但他将比例归为相对美的范畴,这一观点动摇了建筑作为人造物超越性的合法性基础。他认为"古今之争"中,古人和今人的观点都有其合理性,值得尊重。因为美是跨越时空的永恒普遍性,所以无论是由古人还是今人所创造,只要建筑是美的,它就值得赞赏。在布隆代尔看来,关键不在于比较古人和今人的优劣,而在于建筑价值的绝对性或相对性。自然美不仅广泛存在于自然之中,也渗透于建筑、绘画、雕塑、诗歌、音乐、舞蹈等人类艺术之中,而比例正是这些艺术形式共通的元素,也是自然美产生永恒愉悦的可感知源泉。因此,在超越个体感官体验的精神层面,耳朵能够接受的和谐数比同样能引发眼睛的愉悦。布隆代尔坚信,建筑必须拥有超越性的原则来保障其知识地位。他认为,如果建筑中没有稳定不变的原则,那么人类知识的稳固性也将受到冲击,从而导致人们对经验生活的整体理解产生动摇,陷入不安和焦虑之中。

对佩罗而言,建筑的美可以是相对的,无须与宇宙超越的普遍性产生必然联系。他更侧重于建筑的可见方面,而非其不可见的精神层面。佩罗选

---

① Ibid:53.

择回避一个终极问题[①]：是否存在某种超感觉的、不可见的美？从而避免了对这种美的形式进行选择和论证。然而，布隆代尔坚信建筑中存在着不可见的美，这种美源自科学必然性所展现的广泛数比和谐，这是必要的。他秉持阿尔伯蒂对超感觉的绝对美的信仰，认为虽然建筑各部分的装饰是人为可变的，且其美源习惯，但数与几何是上帝最初造物时遵循的理性，也是人造物存在于世界中的合法性基础。人体作为与世界感知关联的中介，人的理智心灵与不可感知的宇宙理性之间存在联系。布隆代尔认为，建筑仅仅与人体产生关联是不足够的，其存在的合法性本质上在于通过几何与数达到与宇宙超越的一致性。作为数学家和工程师，他将建筑视为一种数学本质。而佩罗，作为生理学家，则将精确数学视为使相对、任意的可感事实获得明确性、统一性和可操作性的工具。

这种对世界看法的本质差异，也体现在笛卡儿和伽利略的世界观基本假设中。笛卡儿认为，尽管广延的时空与理智的心灵在本质上存在差异，但二者之间的关联至关重要，这种关联源于一种超越性的因素，即心灵与上帝神圣理智之间的联系。伽利略则搁置了亚里士多德宇宙论的终极因，但他同样认为人的心灵与世界之间存在着以几何结构为纽带的普遍联系，这是宇宙先定和谐的结果。数学物理学的关键在于运用数学工具来精确描述和预测那些原本难以测量的个别现象。值得注意的是，佩罗兄弟与笛卡儿的思想有所关联，他们坚持可感世界的真实性，但摒弃了笛卡儿对理智心灵神圣超越性的隐喻。布隆代尔作为军事工程师，他怀有使用伽利略的数学工具来弥合理论与实践鸿沟的雄心壮志，同时坚守和谐数比的超越性内涵。在 17 世纪末的法国，建筑理性主义的不同面向产生了含混性，引发的争论并非理性与非理性的对立，而是两种不同理性对建筑核心问题的再探讨。佩罗对建筑现象，尤其是美的相对性的解释，本质上反映了整体宇宙观的解体，将自然的必然性归结为可感经验的真实性。建筑无须通过个体与宇宙整体之间的超越性联系来确保其存在的合法性，这成为 17 世纪末科学观念转变在建筑思想中的体现。

随着建筑学院的最初创始人——柯尔贝尔（Colbert）于 1683 年、布隆代尔（Blondel）于 1686 年、佩罗（Perrault）于 1688 年相继离世，法国严格的古典主义倾向逐渐减弱。随着主观审美从精确客观的科学中开辟出新的美学

[①]　佩罗被认为是经验主义认识论的代表，他可能直接受教于约翰·洛克（John Locke）。洛克曾经在 1675—1679 年间居住在法国，佩罗可能这时与他有直接接触。洛克否定一切先定观念的存在，认为心灵最初像一块白板，认识来自外在经验（感觉）并通过内在经验（反思）被刻写在白板上。

研究领域,使用与功能的关系、结构与操作性数学方法逐渐成为建筑学院更加关注的研究焦点。佩罗为"武断美"的相对化所准备的新领域,以及布隆代尔极力捍卫的超越性普遍基础,不再成为建筑学院新一代成员的核心关注点。数学家菲利普·德·拉海姆(Philippe de la Hire,1640—1718)于1687年接任建筑学院的教授和领导职务。与布隆代尔坚守古典原则不同,拉海姆更关注几何学在建筑机械力学和结构中的实际应用潜力。在拉海姆的领导下,建筑学院的讨论更加侧重于如何利用数学解决实际技术问题,这在当时仍是一个极大的挑战。尽管他当时仍以绝对光滑的拱楔作为计算对象,尚不能直接将精确的计算结果应用于拱和穹顶的实际建造中。随后,奥古斯丁-查尔斯·德阿维勒(Augustin-Charles d'Aviler,1653—1701)在1691年出版了倾向于建筑人体类比的《建筑学教程》(Cours d'architecture),但他在1693年的《建筑辞典》(Dictionnaire d'architecture)中采用了佩罗简化的"对称"(symmetry)观点。他并未在佩罗和布隆代尔关于视差矫正问题的争论中作出选择,这暗示了德阿维勒并未意识到二者在人类"感觉真实性"认知上的根本矛盾,以及古今争论中潜藏的关于建筑实践绝对性与合法性的核心议题。随着建筑的超越性意义不再是争议的焦点,其实践的合法性也逐渐转向可操作性,而不再直接指向存在本身。

3. 指向超越性的实用教条

尽管英国在18世纪之前尚未形成系统的建筑理论,但在培根经验主义与斯卡莫齐绝对化的帕拉第奥主义的共同影响下,英国古典主义者们早早地体现了绝对与相对并存的模糊性。他们开始将"使用"和"自然"与功能和经验紧密结合,形成了一种带有原始实用倾向的观念,这与"和谐"和"美"这对古典概念形成了鲜明的对比,并对后者的必然性产生了挑战性的张力。培根认为,建筑的首要目的在于使用而非观赏,使用是达到美和一致性的先决条件。那些仅追求美的外观而忽视使用功能的建筑,只存在于诗人依靠想象、无须实际金钱构建的幻想宫殿中。[①] 值得注意的是,培根并未将使用与美对立起来,他依然以西塞罗的修辞学为建筑理论和优秀范例的类比,认为融合了居住功能的宫殿能够很好地调和二者。他承认在某些建筑中,美与使用并存。在培根看来,美与善不再是一体的,甚至可能成为青年追求道德与善的障碍。可见的形体与容貌之美,不再直接体现精神之美德。他批

---

① (英)培根.培根论说文集[M].水天同,译.北京:商务印书馆,1983:160-161.

评了古希腊画家阿皮勒斯(Apelles)集合城邦五位最美少女为赫拉画像的做法，以及丢勒基于宇宙理想之美的精神性用几何比例绘制人像的方法，认为这些主观法则只能愉悦自己，无法打动他人。[①] 培根挑战了古典主义中美与善的无可置疑的一致性，但他仍然认为两者有达成和解的可能。可见之美不再是善的直接体现，它更多地成为一种需要被驯服和归化的潜在力量，可能带有威胁性。

英国早期古典主义者伊尼戈·琼斯(Inigo Jones，1573—1652)深受斯卡莫齐的绝对主义影响，将帕拉第奥的建筑观点推向了极致的严谨化。在琼斯看来，帕拉第奥的风格与手法主义的随意性形成鲜明对比，他认为装饰应成为建筑中严格遵守比例法则的恒定要素。甚至，他将新石器时代的巨石阵也视为古罗马建筑的典范，按照帕拉第奥的古代剧场设计，以正三角形的"四福音和谐"原则进行了重构(图 3-11)。[②] 然而，这些观点与实际情况存在出入。帕拉第奥本人其实也有手法主义的倾向；装饰并非一成不变的绝对法则；而将巨石阵与古罗马剧场进行几何重构的推测，更是犯了严重的时代错误。当培根的相对主义思想使功能成为挑战美与真实必然联系的力量时，琼斯却以虔诚的信念，坚持将和谐数学的普遍法则作为追溯未知建筑遗迹文化归属的线索，使之成为一种具有超越性指向的实用手段。

琼斯和培根的朋友亨利·沃顿爵士(Sir Henry Wotton，1568—1639)，作为英国驻威尼斯大使，也对建筑充满热忱。沃顿为琼斯搜集了大量帕拉第奥的建筑设计图纸。作为建筑的业余研究者，他在《建筑要素》(*The Elements of Architecture*，1624)一书中阐述了自己的观点，认为建筑源于自然原则，因此建筑的各个部分的位置都取决于其"使用"功能。沃顿将建筑视为自然的模仿，但同时强调环境、地域和民族因素的影响。他依然认同建筑是"比例的秘密和谐"，赞美圆形作为普遍适用的形式，但鉴于英国的实用主义特征，他认为圆形并不适用于私人构筑物。[③] 在英国帕拉第奥主义的早期阶段，"使用"这一概念，尽管尚未超越和谐数比及其相关的"美"成为建筑的主导性因素，但已经开始与后者形成区分和对照。沃顿认为，建筑的规则性应与自然环境的不规则性形成对比，这一观点为后来如画园林中自然与人工造物的和谐共存提供了先声。沃顿之后，英国的建筑著作较为稀少，但

---

① Ibid:156-158.

② SUMMERSON J. Inigo Jones[M]. Harmondsworth:Penguin Books,1966:71-73.

③ KRUFT H-W. A History of Architectural Theory:from Vitruvius to the present[M]. New York:Princeton Architectural Press,1994:231.

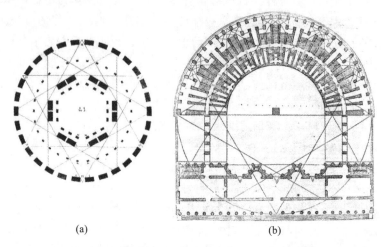

(a)　　　　　　　　　　　　　　　　(b)

图 3-11　巨石阵和古罗马神庙平面都受四个内接正三角形控制

(a)伊尼戈·琼斯根据遗迹测绘复原出的巨石阵平面；(b)帕拉第奥为巴尔巴罗的《建筑十书》注释本绘制的古罗马剧场平面

法国理性主义的影响通过尚布雷和佩罗的翻译逐渐显现。科伦·坎贝尔(Colen Campbell，1676—1729)在《英国的维特鲁威》一书中，既承认了古代希腊、罗马和文艺复兴时期的建筑权威，又将英国当代设计的简单、质朴的建筑与古代成就相提并论。他的追随者们更是宣称英国作为古典建筑的正统继承者，已经超越了同时代的其他国家。这一建筑宣言鼓励了理查德·波义耳(Richard Boyle)，即三代伯灵顿公爵，推动带有民族倾向的英国帕拉第奥主义，这一风格不再局限于 17 世纪一代辉格党人的贵族化取向，而是逐渐成为受到整个英国乃至欧洲大陆认同的民族语汇。

　　在伯灵顿公爵的民族主张帕拉第奥主义的影响下，罗伯特·莫里斯(Robert Morris，1701—1754)的和谐数比教条化取向得以显现。当时，英国尚未有帕拉第奥著作的可靠全译本，因此大多数声称源于帕拉第奥的观点实际上反映了英国古典主义者的理解。[①] 莫里斯所定义的三种希腊柱式与帕拉第奥的五柱式体系并不吻合，它们更多地反映了尚布雷试图与绝对君

――――――――

　　① 帕拉第奥《建筑四书》第一个英译本由加科莫·莱奥尼(Giacomo Leoni)从意大利语翻译并于 1728 年出版第一册，但是他将帕拉第奥的正投影图修改成了符合现代人喜好的样式，对其根本意图有所扭曲。第一个较接近原著的英文全译本到 1738 年才由伯灵顿公爵圈子中的艾萨克·韦尔翻译出版。

权结盟的理性主义思想,而非直接源自古人。在《古代建筑辩护论》(*Essay in Defence of Ancient Architecture*,1728)中,莫里斯明确表达了自己在"古今之争"中的立场。扉页上,女神从天而降向建筑师展示了三种希腊柱式,并刻有"三即是全"(Tria sunt Omnia),这体现了古典主义所遵循的毕达哥拉斯-柏拉图数学传统(图3-12)。莫里斯将文艺复兴时期基于有机宇宙论的和谐数比视为"一贯准确的法则",它是基于美和必然性的理性律和自然律的完美标准。[①] 他试图结合科学进步观念和理性主义,无条件地推崇古人的优越性。从英国的实用主义立场出发,莫里斯将科学的"必然性"(necessity)与建筑使用功能的"必需"(necessity)相结合,将自然的神性

图 3-12　罗伯特·莫里斯《古代建筑辩护论》扉页

女神一手指天,另一手向建筑师展示三种希腊柱式图绘,上书拉丁语"三即是全"(Tria sunt Omnia)暗示柱式的数学原理指向超越性的绝对知识

与比例原则的实用性融为一体。他一方面将美置于从属于功能的地位,另一方面又将比例作为实现"均衡"的规则化手段。在"促进艺术与科学知识协会"[②]的系列演讲中,莫里斯以实用主义的口吻强调:"便利必优先于美。"莫里斯在强调比例重要性的同时,也看重建筑的"境况"(situation)和设计的"方便"(convenience)。[③] 英国人对自然环境和景观园林的偏好促使莫里斯对柱式产生了全新的理解。他认为乡村别墅的柱式选择应基于周边环境特性及其对人产生的印象。平坦开阔的地貌与"简单"的多立克柱式相呼应,而爱奥尼柱式则适用于各种地形地貌。[④] 这种将住宅与景观相互对应的设

①　MORRIS R. Essay in Defence of Ancient Architecture[M]. Westmead:Republished in 1971 by Gregg International Publishers Limited,1728:ⅩⅧ.

②　Society for the Improvement of Knowledge in Arts and Sciences.

③　MORRIS R. Lectures on Architecture[M]. London,1734. 转自 MALLGRAVE H F. Modern Architectural Theory:A Historical Survey,1673-1968[M]. New York:Cambridge University Press,2005:50.

④　KRUFT H-W. A History of Architectural Theory:from Vitruvius to the present[M]. New York:Princeton Architectural Press,1994:243.

计理念,在沃顿的规则中已有所体现,即将建造物与不规则花园作为对比装饰的提案。

莫里斯巧妙地融合了比例古典原则的绝对性与英国如画园林的主观性。① 不同于亨利·沃顿爵士主张的规则建筑与不规则自然景观之间的对照关系,莫里斯认为这两者之间存在一种主从关系,即建筑应当从属于景观,规则应顺应不规则。在英国感觉论在经验主义背景下的崛起下,景观成为观察者体验的核心,被置于引导建筑设计的核心地位。17 世纪末感觉论的兴起,以及中产阶级消费与鉴赏力水平的提升,使得人造物的焦点从创作者的心灵领悟逐渐转向观察者的直观体验。景观,作为观察者眼中的"景象",为建筑赋予了独特的质感,而建筑的量感则完全受到几何和比例教条的约束。②

在《建筑演讲》(Lectures on Architecture,1734)中,莫里斯深入探讨了真正的和谐数比,并构建了一系列实践导向的建筑规则。他基于牛顿的和谐观念,坚信数学或自然中的和谐能够直接以吸引力和移情作用激发人的想象力。③ 莫里斯认为,建筑师需精通三门数学学科:几何学,用以绘制规则或不规则平面,确保建筑结构的合理性;算术,用于估算、测量和预算成本;音乐,用以判断和谐与不和谐,使之与和谐数比产生共鸣。④ 在莫里斯的视角下,数学不仅被视为技术工具,而且使用比例法则不仅出于实用目的,更是自然展现其神性的普遍法则。他观察到,几何中的正方形、音乐中的圆形和建筑中的立方体,它们之间存在着深层的联系,可以共用一套比例法则。⑤ 建筑中的立方体、半立方体和双立方体与音乐中的八度、五度和谐,遵循着一致的比例原则,为视觉和听觉带来相似的愉悦。⑥ 随后,莫里斯基于自己对自然数比的理解,以模度立方为体积单位,制定了一套确定建筑房间尺寸的规则。这一模度立方虽源于帕拉第奥,但莫里斯极大地简化了其复杂性,仅保留了五度和八度这两种数比。房间内的其他构件,如烟囱,也需根据莫里斯制定的表格来确定尺寸。此外,别墅建筑的立面整体由内切圆控制,实现了建筑与数学的和谐统一(图 3-13)。

---

① MALLGRAVE H F. Modern Architectural Theory:A Historical Survey,1673—1968[M]. New York:Cambridge University Press,2005:50.

② KRUFT H-W. A History of Architectural Theory:from Vitruvius to the present[M]. New York:Princeton Architectural Press,1994:243.

③ MORRIS R. Lectures on Architecture[M]. London,1734:preface.

④ Ibid:preface.

⑤⑥ Ibid:74.

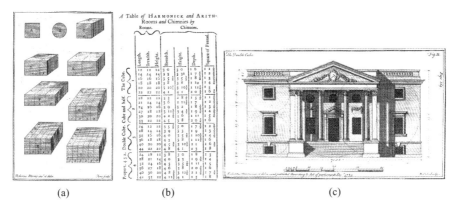

图 3-13　以模度立方为体积单位的建筑

(a)模度立方(modular cube):八度(1∶2)和五度(2∶3)以最简单的平均分配方式决定房间尺寸;(b)烟囱尺寸表;(c)立面别墅受内切圆控制

(Robert Morris,*Lectures on Architecture*,1734)

　　巴蒂·兰利(Batty Langley,1696—1761)与莫里斯同处一个时代,他同样坚定地维护着传统建筑无可置疑的权威。他不仅认同和谐数比的卓越性,还将几何视为简化传统建筑的全面且实用的工具。兰利主张一种普遍适用的应用几何学,这在当时并不常见。他坚信欧式几何学的定义、公理和定理体系是所有建筑工艺的基础,这些原理不仅适用于绘制园林道路中的不规则线条、迷宫、树林,还能精准地绘制古典柱式、城市布局、教区划分乃至自然界中的多样不规则形状(图 3-14)。① 兰利不拘泥于柱式和建筑布局的特定算术比例,也不为柱式是否仅限于五种或是否仅使用传统古典装饰而烦恼。他真正关心的是为每种柱式提供从总体到细部装饰的详尽几何绘制指导,甚至对于模仿古典柱式的五种幻想哥特柱式,他也采用了类似的几何构造方法。② 此外,兰利对建筑中的技术问题同样抱有浓厚兴趣,他研究了三角学、地形测量、石头切割等具体技术,还探讨了牛顿的物理原理,特别是静力学、机械力学和流体静力学。他还关注建筑中复杂结构如楼梯、穹顶

　　① LANGLEY B. Practical geometry applied to the useful arts of building surveying,gardening and mensuration;calculated for the service of gentlemen as well as artisans,and set to view in four parts…By Batty Langley[M]. London:printed for W. and J. Innys,J. Osborn and T. Longman,B. Lintot,J. Woodman and D. Lyons,C. King,E. Symon,and W. Bell,1726.;PÉREZ GÓMEZ A. Architecture and the crisis of modern science[M]. Cambridge,Mass:MIT Press,1983:121-124.

　　② LANGLEY B. Gothic architecture,improved by rules and proportions[M]. London,1747.

和脚手架等的几何构造方式。① 值得注意的是，兰利对几何学的广泛应用并不与他的形式相对主义相悖，两者都统一在他对几何作为神圣知识超越性信念的认同之下。兰利与石匠传统的紧密联系使他将实践几何学视为世界上最完美的知识，这种知识自远古时代起，便由上帝直接传授给以色列工匠，并一直传承至 18 世纪。他认为，各民族工匠之所以采用相似的比例和几何规则，是因为他们都源自基督教犹太传统的统一神话。因此，他对几何学普遍操作性的主张，源于他深信这种神圣知识是使各民族在更高层面上达成共识的根本途径，具有超越性的道德内涵。

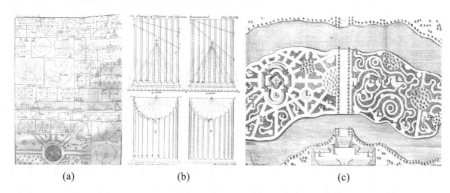

(a)   (b)   (c)

图 3-14　巴蒂·兰利指向全面操作的应用几何学

(a)与建造相关的所有设计和实施中应用几何描画；(b)柱身凹槽几何画法；(c)园林路径中的规则与不规则曲线绘制

3.3.2　柱式装饰的相对化

1. 绝对主义与相对主义

斯卡莫齐在 16 世纪末将五柱式体系推向了绝对化的高度，该体系深植于神授的自然秩序之中，既与理性相契合，又如同神圣法则般不可动摇。帕拉第奥和斯卡莫齐的追随者，罗兰·弗雷特·德·尚布雷（Roland Fréart de Chambray，1606—1676），致力于以理性主义为基石，强化古代建筑的权威性。他坚信，通过理论与实践之间的平行比较，可以实现对古代建筑的纯粹化。在《古今建筑之比较》（*Parallèle de l'architecture antique avec la moderne*，1650）

---

① LANGLEY B. The builder's complete assistant, or, A library of arts and sciences, absolutely necessary to be understood by builders and workmen in general[M]. London, 1738.

一书中,尚布雷详细对比了五对共十位大师的柱式理论(图 3-15),[①]旨在彰显古人在建筑艺术上对今人的优越地位,同时批评那些企图用幻想篡改古代经典的做法。尚布雷的古典主义建筑观使他坚信,希腊代表了完美的过去,自此之后,经过古罗马,建筑艺术进入了持续的衰退过程。对于现代建筑而言,追求完美的唯一途径就是向古希腊回归。这一主张体现了对希腊建筑和几何原则的教条式崇拜,这些原则代表了理性的简单性,也预示了后来温克尔曼(Winckelmann)对希腊艺术的极高赞誉。尚布雷对希腊复古主义柱式理论的推崇在 17 世纪的知识界产生了深远的影响。建筑师、雕塑家和画家纷纷阅读并参考他的柱式著作,例如,普桑在圣礼画中就运用了古典建筑元素来再现《新约》中的宗教场景。[②]

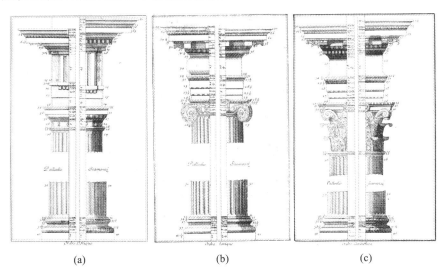

(a)　　　　　　　　　　(b)　　　　　　　　　　(c)

**图 3-15　尚布雷在《古今建筑之比较》中对帕拉第奥(左)
和斯卡莫齐(右)的三种希腊柱式对比**
(a)多立克柱式;(b)爱奥尼柱式;(c)科林斯柱式

新样式的创造在五柱式体系之外,从未被古典主义者们完全忽视。各种柱式以其多样性,在制度化体系形成的过程中,始终保持着对人为制度灵活挑战的姿态。自阿尔伯蒂将混合柱式引入建筑论著以来,遗迹考古结

①　十位大师分别是帕拉第奥和斯卡莫齐,塞利奥和维尼奥拉,巴尔巴罗和卡塔尼奥,阿尔伯蒂和维奥拉(Viola),布兰(Bullant)和德洛姆。

②　RYKWERT J. The First Moderns:the architects of the eighteenth century[M]. Cambridge, Mass:MIT Press,1980:17-19.

合推理与想象,既构筑了统一的制度化体系,又不断催生新的创意。无论是文字记载中带有想象色彩的塔司干柱式,还是无古代先例可循的方形壁柱,指向基督教本源的所罗门柱式,以及体现国家文化一致性的民族柱式,还有遥远古代棚屋的梁柱,甚至遥远的异国文明,都有孕育新柱式的可能性。

在五柱式体系之内,既然罗马人能在希腊三柱式的基础上增加两种柱式,那么任何试图效仿罗马建立帝国的后来者,也都能在柱式创新上有所建树。法国古典主义者德·洛姆(Philibert de l'Orme,1514—1570)秉承文艺复兴的理念,在追求理论体系的同时,也认同创造的多样性潜力。他主张柱式不应仅限于五种,创造了第六种"法兰西柱式"(图 3-16),为柱式名单增添

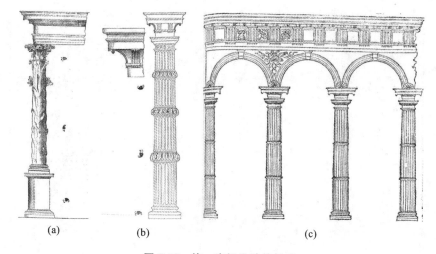

图 3-16　德·洛姆设计的柱式
(a)原木树干构成的柱式;(b)法兰西柱式;(c)法兰西柱廊

了新的成员,得到了弗朗索瓦·布隆代尔的支持。皇家建筑学院成立后不久,柯尔贝尔便举办了一次"法兰西柱式"设计竞赛,旨在征集具有民族特色的柱式设计。瓜里诺·瓜里尼(Guarino Guarini,1624—1683)在坚守建筑真实比例的基础上,秉持相对主义美学,试图为建筑装饰赋予多样化的魅力。他不仅赋予三种希腊柱式多种变化,还在其中加入了与古典建筑风格迥异的"哥特柱式"(图 3-17)。瓜里尼对结构表现力的追求与装饰的相对主义相结合,这使他敏锐地认识到哥特建筑的轻盈、通透和精致,并非源于工匠的无节制装饰和对比例的忽视。瓜里尼对哥特建筑结构理性的赞赏,促使他主张重新评估这一风格的价值。

布隆代尔并不拘泥于理性绝对主义者的观点,即认为柱式本身是不可改变的。他更强调和谐数比赋予的绝对美的稳固性和建筑的超越性,同时允许有形的柱头装饰保持灵活多变的特性。佩罗则更进一步,否定了和谐数比作为绝对美超越性价值的地位。他将精确数作为简化设计过程、控制实践的工具,同时否认数学作为可感世界体现不可见本质的能力。自古以来,建筑师在个别柱式的同种要素间所使用的比例关系,在数值上呈现显著的波动,这表明每个人都可以在前人的基础上进行增删修订。佩罗摒弃了古代先例中柱式比例的极端数值,期望创造出一种既不影响人们对柱式

图 3-17 瓜里尼设计的哥特柱式

观感习惯,又简单、易于掌握的数比控制体系。作为支持今人创造的倡导者,佩罗同样意识到法国人的审美与古罗马有所不同,他们更倾向于哥特建筑。因此,他支持新柱式的创造,认为这种新柱式更符合法国人的审美习惯,并能在实际建筑中得到应用:

> 我们时代的鉴赏力——至少在我们国家——与古人不同;其中有些哥特的方面:我们喜爱通风、光照和自由站立的结构。这使我们发明了第六种柱式,称之为双柱式。①

独立双柱的设计元素被巧妙地运用于卢浮宫东立面和圣安东尼凯旋门之中,这种"第六种"柱式正是佩罗基于法国人对哥特建筑独特鉴赏力的创造性产物(图 3-18)。其对于通风和光照的偏好,以及对独立柱的巧妙运用,后来成为 19 世纪洛吉耶理想教堂设计的重要理念,同时也是新古典主义代表建筑师苏夫洛在圣热内维也芙教堂设计中的核心意图。

---

① PERRAULT C. Les dix livres d'Architecture de Vitruve…Seconde édition reveuë,corrigée, & augmentée[M]. Paris,1684:79. Note 1 翻译参见 PERRAULT C. Ordonnance for the Five Kinds of Columns after the Method of the Ancients[M]. The Getty Center for the History of Art and the Humanities,1993:29; KRUFT H-W. A History of Architectural Theory:from Vitruvius to the present[M]. New York:Princeton Architectural Press,1994:135.

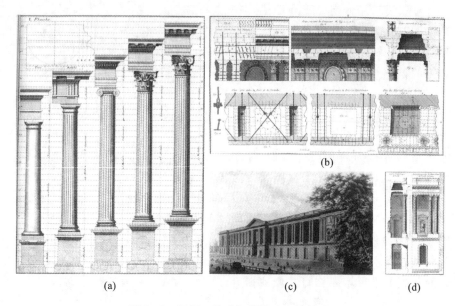

(a)　　　　　　　　　(b)　　　　　　　　(c)　　　　　(d)

图 3-18　佩罗五柱式规制和独立双柱式

(a)佩罗的柱式比例体系有三种互为整数比的基本度量：大模度即柱径(60 分)，中模度为半柱径(30 分)，小模度为三分之一柱径(20 分)，使各部比例尺寸是整数便于记忆；(b)卢浮宫东柱廊自由双柱廊强化金属连接结构；(c)卢浮宫东柱廊景观；(d)卢浮宫东柱廊剖面

2. 希腊-哥特式的挑战和中国风洛可可

当古典美的绝对性受到动摇，由和谐数比所确保的存在与生成之间，以及自然造物与人工造物之间通过人有意识的行为所建立的确定关联，开始受到人类生存和感觉需求的双重挑战。随着私人住宅的普及，建筑逐渐成为公众关注的焦点。最初，外行人士以人的基本需求为出发点，对古典主义装饰与美的核心地位提出挑战，尽管这并未立即得到学术界的回应，但随着时间的推移，建筑的使用、功能和结构开始占据主导地位，而美与装饰则退居次要位置。哥特建筑以其显著的结构起源和与文艺复兴古典主义截然不同的表现目标，展现出既神秘遥远又与现代科学精微机械相契合的特性，预示着与希腊建筑的明晰简洁相融合的新风格的形成。

在 18 世纪初，米歇尔·德·弗雷曼(Michel de Frémin)在《建筑评论》(*Mémoires critiques d'architecture*，1702)一书中提出了前所未有的观点，他不仅将美置于建筑(使用)功能的从属地位，还惊人地宣称柱式是建筑中最微不足道的部分。尽管弗雷曼既不是建筑师也非科学家,他作为财政部官员的写作完全是面向大众的,但这一观点在建筑专业领域引起了极大的震动。尽管职业建筑师们可能对他的观点感到震惊,但弗雷曼在建筑专业圈子之外拥有广泛的读者群,他的观点在一定程度上代表了公众对建筑问题的看法,①特别是在私人住宅建设日益成为公众话题的背景下。

　　弗雷曼坚定地强调建筑的功能性优于美学价值,他认为那些专注于柱式理论的著作,错误地将建筑的微小细节误当作整体,从而偏离了主题。他将建筑定义为:"依赖于客观、主观和位置因素的房屋艺术。"在弗雷曼看来,建筑的"美"被简化为满足使用的有序安排,从而被置于功能的次要地位。②他假设原始人最初依据"理性步骤"来建造房屋,并坚决认为建造房屋时若不以舒适性为首要考虑,而追求"愉悦",则是一种错误。弗雷曼贬低晚期文艺复兴建筑,认为更合理、更理性的应是哥特建筑。他主张重视功能和环境而贬低美的观点,摒弃了理论中的形而上学维度,指向了原实证主义。尽管这一观点在职业建筑师眼中初看似外行的惊人之语,但很快就进入了建筑理论的严肃讨论之中。

　　同样,让·路易·德·科尔德穆瓦(Jean Louis de Cordemoy,1651—1722)也将美置于功能之下,作为现代功能主义的另一位先驱。他在《建筑新论》(*Nouveau traité de toute l'architecture*,1706)中的观点深受佩罗和弗雷曼的影响。科尔德穆瓦赞同佩罗简化计算的柱式比例体系,但仅保留了那些有利于工匠直接使用的元素,避免了后者在文化指向上可能产生的模糊性(图 3-19)。他同样避免了佩罗在比例问题上与形而上学问题的关联,依据特定模数建立了比例体系的深层价值。从他对"装饰"的定义中可以看出,美与比例已成为理性建筑的潜在障碍,需要通过用途、习惯甚至是生产来加以约束和驯服。③ 与学院对弗雷曼的冷淡态度不同,科尔德穆瓦的论文

----

① NYBERG D. The "Mémoires critiques d'architecture" by Michel de Frémin[J]. Journal of the Society of Architectural Historians,1963,22(4(Dec.,1963)):217-224.

② 在他看来"客观"是将未来建筑的功能(使用)作为设计的先决条件;"主观"指合乎客观的条件的设计;"位置"是建筑与周围及相邻建筑关系的协调,对光照与风的深思熟虑。KRUFT H-W. A History of Architectural Theory: from Vitruvius to the present [M]. New York: Princeton Architectural Press,1994:139.

③ 科尔德穆瓦对维特鲁威"安排"(ordonnance)、"布置"(distribution)和"装饰"(bienséance, decorum)这三个术语有更加严格的规定。其中"安排"与"布置"都与建筑的使用相关。"装饰"与佩罗所说的对美的主动追求无关,变成确保"布置"没有与"自然、习惯和使用相冲突"的被动因素。ibid:141.

一经发表就立即引发了军事工程师弗莱泽尔（Amédée-François Frézier，1682—1773）的反对，这表明公众对实用性的关注已经开始影响学院的观念。

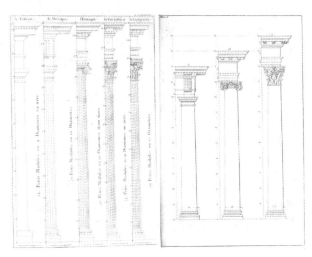

图 3-19　科尔德穆瓦的柱式比例追随佩罗的小模度（三分之一柱径），但去除了后者的文化指向，仅以实践的纯操作性为目标

　　科尔德穆瓦视简单的几何形式——如方形和平屋顶、避免锐角和弯曲表面——为理性的建筑典范。他强调结构统一性的同时，也要求建筑各部分保持独立性。科尔德穆瓦以结构的清晰表达为评判标准，将希腊和哥特建筑置于同等重要的地位。他主张"希腊-哥特"式建筑风格，设想了一种以古典希腊柱式实现西立面双塔的哥特式教堂。这一理念后来在塞万多尼（Giovanni-Niccolo Servandoni，1695—1766）于 1732 年赢得委托的圣绪尔比斯教堂（St. Sulpice）西立面方案中得到了体现（图 3-20）。该设计分为三层，从低到高依次采用多立克柱式、爱奥尼柱式和科林斯柱式；中央五开间为古典神庙立面，两侧则是哥特式钟楼。[①] J. F. 布隆代尔认为塞万多尼的设计充满了古典美的韵味，实际上，哥特双塔楼与古典门廊的结合，是哥特、希腊样式与法式独立柱廊的当代创新融合。在洛可可装饰盛行的摄政时期，塞万多尼已经开始尝试运用独立、规整的几何形体和柱廊来展现清晰的节奏感，

---

　　① 　方案在实施中又多次修改，1742 年二层立面改为连续自由柱廊，1745 年三层立面改为后退式古典神庙，1752 年最终方案将山花装饰改为栏杆。塞万多尼去世后，由其学生沙尔格兰设计的北塔楼于 1777 年竣工。RYKWERT J. The First Moderns：the architects of the eighteenth century [M]. Cambridge，Mass：MIT Press，1980.

因此被视为新古典主义的先驱之一。其思想和建筑语汇深受世纪之交佩罗、弗雷曼和科尔德穆瓦对环境、需求和美的深入思考的影响。

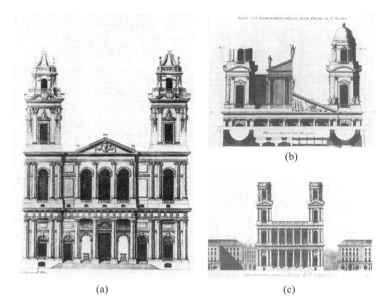

(a)　　　　　　　　　　(c)

图 3-20　圣绪尔比斯教堂(St. Sulpice)西立面由塞万多尼设计,是希腊-哥特折中方案
(a)1732 年设计竞赛得奖方案;(b)1745 年三层科林斯柱廊和双山墙方案;(c)1752 年最终方案

　　原民族主义和原功能主义倾向共同构成了对哥特式理性主义的挑战,而浪漫主义的历史观和异国幻想则成为推动古典制度解体的另一股力量。18 世纪中叶,英国古典主义的衰落体现在哥特倾向的幻想柱式上,同时中国风洛可可也作为哥特幻想的近似物,为观看者带来了源自直接体验的新奇感受。在 18 世纪中叶前夕,英国民族风格的数学抽象虽然仍属于帕拉第奥传统,但约翰·伍德(John Wood,1704—1753)的著作却巧妙地融合了历史主义与幻想元素,悄然揭示了英国古典传统逐渐式微的趋势。尽管维特鲁威原则作为古典建筑的基石已失去绝对权威,但伍德的研究使得古典之外的其他民族建筑,通过与初始源头的同一性关联,获得了与古典原则同等重要的合法性。[①]　为了建立更加本质的建筑原则,约翰·伍德追随了当时的

————————————

　　① 伍德在《建筑起源》(*The Origin of Building*,1741)中试图重新将各民族建筑的起源都追溯至《旧约》中的圣殿。伍德与同时代的维柯一样,认为从记载人类最古老历史的《旧约》中能够找到整合诸民族建筑的方向。约翰·伍德和此前维拉潘多将注意力放在所罗门圣殿不同,他将包括希腊和罗马在内诸民族建筑的起源,都追溯到更早的第一圣殿——摩西会幕中。以《圣经》为参照系的建筑神话历史,使源自维特鲁威的古典传统,变成有同一起源的诸民族建筑的分支之一。

感觉论倾向,在论证中引入了心理学术语,将建造行为背后的基本心理动机视为维特鲁威三原则产生的先决条件。在柱式问题上,伍德将《圣经》传统与法国尚布雷的希腊三柱式和洛吉耶的木构棚屋相结合,提出了摩西在会幕中就已发明三种基本柱式的观点。他认为,三种希腊柱式均源于原木结构,如多立克柱式象征着死亡的树,科林斯柱式象征着生命的树,而爱奥尼柱式则是生死之间的和谐统一。伍德的这种浪漫主义倾向预示了英国古典主义在琼斯、坎贝尔、伯灵顿公爵和莫里斯等人的努力下逐渐瓦解的未来。

　　巴蒂·兰利并不遵循帕拉第奥主义的理性传统,而是倾向于神秘主义的石匠传统。作为一位自由石匠,他出版了众多关于建筑和园林的手册,其对于数学的普遍信仰和对装饰的相对主义看法使他成为了历史折中主义幻想风格的杰出代表。作为哥特复兴的早期先驱,兰利并未像伍德那样给予哥特建筑深刻的历史解释,而是将其视为一种充满历史幻想色彩的装饰主题,将哥特建筑纳入古典柱式和比例的框架之中。兰利的论证基于英国古典主义的基本假设,即如果英国是希腊的传承者,哥特建筑也同样是本土的民族样式。因此,他提出通过融合希腊和哥特建筑的柱式和比例,可以创造出一种全新的民族样式。在他的著作《哥特建筑》(*Gothic Architecture, Improved by Rules and Proportions*…,1741—1742)中,兰利参照五种古典柱式,提出了五种"哥特柱式"(图 3-21)。然而,由于兰利对历史缺乏深入的理解,他对历史主题的任意重构被肯尼斯·克拉克(Kenneth Clark)批评为"哥特式洛可可"。

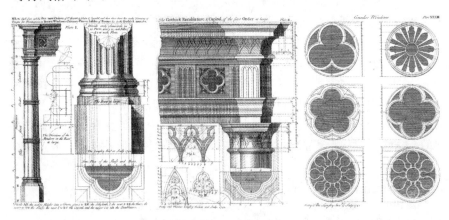

图 3-21　巴蒂·兰利的哥特柱式以古典柱式为参照采用类似的几何操作方法

在 18 世纪上半叶,中国风作为建筑装饰主题的流行,彰显了这一时期感觉论与历史折中主义的融合趋势。在威廉·哈夫潘尼(William Halfpenny)的实用建筑手册中,"哥特式"与"中国式"往往被相提并论,甚至相互替代。除了针对哥特样式的图集,哈夫潘尼还推出了《中国神庙新设计》(*New Designs for Chinese Temples*,1750)和《装饰得当的中国与哥特建筑》(*Chinese and Gothic Architecture Properly Ornamented*,1752)两部作品。从这些书名中,我们可以直接感受到哈夫潘尼对中国风与哥特风之间相似美感的认同,它们共同展现了与古典均衡相对立的"非均衡"与"幻想"之美(图 3-22)。此外,保罗·德克(Paul Decker)的《中国建筑:文化与装饰》(*Chinese Architecture:Civil and Ornamented*,1759)也展现了类似的装饰风格图集。根据肯尼斯·克拉克(Kenneth Clark)对巴蒂·兰利的批评,这些历史主义风格均可归入"中国风洛可可"的幻想风格范畴。

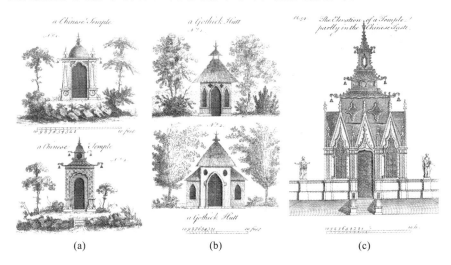

图 3-22　哈夫潘尼的中国风洛可可

(a)中国神庙;(b)哥特棚屋图;(c)"半中国风"神庙

有机宇宙的解体,伴随着相对性和虚无主义的泛滥,引发了深刻的理性危机。当人类有限的视角遭遇无限扩张的宇宙时,我们发现无法借助确定的基本度量来构建普遍的理解,这极大地挫伤了理性的尊严。在这种情况下,技术对于现实明确作用的功效,成为人们在外部世界缺乏确定性时的一种合理慰藉。数学的精确性和工具化使用在科学革命中扮演了举足轻重的角色。它作为精确科学的工具,彻底改变了欧洲人对宇宙——包括天、地、人、心——的基本认知,动摇了它们之间质的关联性和普遍的精神性。现代自然科学的基本结构,包括数学假说在自然中的应用、实验方法、第一性和第二性的区分、空间的几何化以及实在的机械论模型,在 17 世纪初已经基本确立。

在有机论的宇宙中,时间紧密关联着万物在世间流转的变迁,犹如生命的诞生、成长、消亡与再生的循环不息。经验主义视角下的科学进步观念,将真理从超越时间的精神启示中解放出来,转变为群体合作中沿着既定路径不断向前的无尽征程。然而,将真理置于遥不可及的未来,为人类社会活动设定了看似确定无疑的进步目标,实则否定了必然性真理基于个人体悟的可触及性,使所有人为理论都显得暂时而相对。无限的空间使得受限于有限视角的人类,因缺乏可靠的基本度量而陷入相对主义和虚无主义的深深焦虑之中。在无限的宇宙中,存在着无数世界和无数智慧的可能性,这使得基督耶稣道成肉身的救赎性不再以救世主的身份为依托,人的理智与尊严亦随之被削弱。当真理和救赎在缺乏确定性的无限中变得遥不可及,已被相对化的理论之现实性,便成了宗教之外维护人类理智尊严的一线希望。笛卡儿主张的现代行动科学,将强大的数学工具赋予人类,借助数学-物理对量的精确预测,赋予人类对真实自然的掌控力,以抵御面对无意义现象世界的恐惧和焦虑。从这一视角来看,科学进步观念的群体目标,以及原功能主义对使用和社会价值的强调,在神学形而上学超越性真理合法性论证的缺失下,也能发挥类似的替代作用。

开普勒基于柏拉图主义的上帝工匠假说,发明数学工具来探索天体运动的规律,旨在论证受新柏拉图主义影响的有机论几何宇宙体系。第谷提供的高精度观测数据,为开普勒的假设提供了坚实的基础,该假设结合了理性逻辑推理和精确数学计算,并置于经验观察结果的最终裁决之下。这一突破使得哥白尼基于古代同心圆假说的日心说体系,得以转变为一个能够用数学精确描述天体运动椭圆形轨迹的定量系统。伽利略的新科学打破了天空与地面物理学之间的界限,将精确的数学计算方法从永恒的天空扩展到变化多端的地面,从而开启了以数学公式描述物体状态和复杂运动现象的机械力学时代。伽利略以能否精确度量为标准,明确区分了以客观现实为对象的自然科学和以主观错觉为判断依据的人文学科。自然科学的结论可以数学化,因此具有绝对的真实性和必然性,而人文学科则很大程度上依赖于人的主观判断。这一区分成为笛卡儿二元论的重要基础。值得注意的是,伽利略的新科学得以发展,离不开中世纪晚期基于神圣精神关联的宇宙同质性假说以及柏拉图主义的数学宇宙本质假说。笛卡儿以数学的清晰性为参照,构建了数学化的理性主义认识论。通过数学工具的理性运用,人们能够超越感性经验的不准确和含糊性,借助清晰明了的逻辑和数学推理来探索终极真理。依照笛卡儿的二元论,存在被分为物质性的广延实体和非物质非广延的思想实体。理性人也被区分为身体和心灵两个截然不同的方面,前者是存在于广延物质世界的自动机械,后者则居于大脑之中,与世界相异却与上帝的神圣理智直接关联。身体在心灵的指挥下行动。然而,笛卡儿完全异在于广延世界的上帝观念,使得他与宇宙的距离几乎仅一步之遥。代数化的几何很快成为那些不在超越性真理上纠结的追随者们精确操作和预测广延物理世界的工具。与笛卡儿及其追随者基于直角坐标系的代数方法准确描述物体形状、位置和运动轨迹的解析几何学有所不同,射影几何学的创始人德萨格及其追随者,试图将艺术和工程中可能用到的几何学知识整合成圆锥剖面多样而统一的形式,以建立一种普遍适用的几何学。然而,将建筑指向超越性真理的知识性贬低为普遍的操作方法,使得德萨格的理论并未得到同时代大多数建筑师的接受。

　　17 世纪末,伽利略的新科学已普遍获得认可。与此同时,人文主义所倡导的科学、道德和艺术间以真善美为三位一体的稳固联系逐渐解体,标志着自古代以来基于知、做、造三元区分的传统认知框架的瓦解。新知识的基本认知框架,由科学和美术的新对立取代了自由艺术与机械艺术的旧对立。随着这一认知的转变,建筑作为知识地位,之前参照自由艺术确立的合法性受到了挑战,需要在新的认知体系中重新定位其知识与道德价值。美术作为一个新兴范畴,最初并非作为自然科学的对立面出现。夏尔·佩罗的“美术”概念是一个扩展的总体知识领域,它基于天赋与劳作的结合,旨在调和旧有知识框架中自由与机械的对立,并容纳当代在科学和技术上的新进展。他称建筑为“百科全书的艺术”,强调其需要天文学、数学、音乐等多种学科的辅助。当自然科学将其研究对象限定在可通过数学量化的客观物理现象时,对主观与感觉剩余部分的解释需求催生了哲学认识论和美学的诞生。美学观念的早期先驱们,如沙夫茨伯里,仍坚信美与真的超越性联系,认为美是连接物理、真理、人与人之间愉悦、尊重和爱的桥梁。体现美的艺术有助于培养公众公正开阔的判断力,进而构建自由社会。数字、和谐与比例不仅在道德中占有一席之地,也深深植根于人类的个性和情感之中。关于审美的普遍性和伦理价值,约瑟夫·艾迪生持有相似观点。他认为美术即“文雅艺术”,超越基本感觉,无须依赖知识或思考,而是通过愉悦或鉴赏力的培养,促进理性与社会教养的提升。

　　培根很早便洞察到美与善的不一致性。尽管他承认在特定情境下,形体美和精神道德可以达成和谐，但总体而言，他认为形体美常常是善的潜在威胁，需要通过经验和教化来驯服。美因此变得相对，不再是无疑引导心灵向善的直观现象。在培根看来，房屋的首要目的是居住而非观赏，尽管他亦认可在特殊情况下，如皇家宫殿中，实用与美可以和谐共存，但一般而言，实用性的现实性是建筑设计的决定性因素。约翰·洛克基于第一性和第二性的区分，将美归类为物体本身所固有的第一性特质，而美感的体验则成为依赖于人类主观感觉的第二性。大卫·休谟进一步将美从绝对的客观性转变为感觉经验的相对和主观范畴，以功利主义视角将美和丑的本质归结为产生快乐和痛苦的能力。鲍姆嘉登被誉为"美学"之父，因为他正式提出了一门独立于科学逻辑的新学科。这同样基于新科学对第一性和第二性的区分，使美学专注于"更低级"的感性认知。知觉与思维之间的界限预示了德国浪漫主义中诗与真的争论。18 世纪中叶前，夏尔·巴多迈出了科学与美术新对立的关键一步，正式将"美术"确立为与"机械艺术"相对立的知识范畴，取代了"艺术"一词。巴多划分的依据是"美"与"用"之间的鲜明对立：美术是令人愉悦而无实际用处的，而机械艺术则是不带来愉悦但有实用价值的技术知识。建筑源于人类寻求庇护所的基本需求，而非对自然的模仿，它既依赖于自然又修饰了自然，因此被置于美术与机械艺术新对立的中间地带。巴多的这一区分在欧洲得到了广泛支持，但许多人并未意识到他在美与用、愉悦与需求之间划定的新界限，便不假思索地将建筑归类于更高的美术范畴。

　　建筑知识超越性基石的动摇，显著体现在和谐数比与柱式装饰的相对化，以及英国自由式园林从早期意图到后续争论的演变中。17 世纪末，法国"古今之争"中，科学家克劳德·佩罗将和谐数比归类为相对武断的美学范畴，这一观点遭到建筑师弗朗索瓦·布隆代尔的强烈反对。布隆代尔认为，此观点严重威胁了建筑指向超越性真理的知识地位，凸显了经验科学进步论与古典主义绝对论在真理观念上的根本分歧。到了 18 世纪中叶以前，英国的罗伯特·莫里斯为古人辩护，坚持和谐数比的超越性，同时将帕拉第奥的理论简化为操作性教条。巴蒂·兰利也持有类似观点，强调几何与比例的超越性，并将其导向操作性教条。法国的布里瑟于格站在布隆代尔一方，反对佩罗的观点，他借助牛顿的色彩理论，支持视知觉效果与和谐数比之间的关联，从而将这一观念从普遍真理的层面转向心理学的特定范畴。意大利的托马索·泰曼扎（Tommaso Temanza，1705—1789）亦认为音乐和谐与建筑比例之间存在显著差异，比例不再是客观真理，而是个人感知的主观表现,他将其描述为"神秘而非理性的"。在柱式问题上,装饰主题的相对化受到了实用性的挑战,被激进的外行评论者从建筑核心观念中排除。同时,个人主义的主观审美倾向也对其造成了冲击,尤其是民族风洛可可、哥特以及中国幻想柱式的影响。

第4章
机械论宇宙中的知识路径

宇宙作为一个有机整体,在 17 世纪逐渐走向分崩离析的终结,而怀疑论引发的普遍焦虑则促使人们从物质和意识两个层面重新整合世界。在这样的背景下,现代机械论宇宙观应运而生。这同样源于对古代传统的再发现:原子论源自前苏格拉底时代的德谟克利特,而机械原子论则源自希腊哲学家伊壁鸠鲁及其罗马传人卢克莱修。然而,机械原子论在古代并未成为主流,直到 17 世纪才获得广泛的支持。皮埃尔·伽桑狄(Pierre Gassendi,1592—1655)等人通过卢克莱修的《物性论》复兴了机械原子论。笛卡儿则为他的广延世界的机械运动设定了由无限细分原子构成的涡旋。罗伯特·波义耳(Robert Boyle,1627—1691)将这一新的世界图景描述为"非同寻常的钟表",一旦启动,便依据笛卡儿的涡旋理论中的"普遍协同"原理永恒运转,并将此图景的根源也追溯到古代的机械原子论。莱布尼茨(Gottfried Wilhelm Leibniz,1646—1716)也接受了宇宙的新图景。他与牛顿主义者就上帝在世界中的角色产生了激烈的争论,争论的焦点在于上帝是永动机的初始推动力,还是不完美钟表的维护者。[①] 尽管牛顿的宇宙观在其生前受到了一些同时代人的质疑,但下一代人很快接受了他对自然现象的普遍解释,即经典力学。在 18 世纪中叶,这成了自然哲学乃至其他人文学科的主流学说。本章主要探讨了机械论宇宙观建立后,在重新寻求知识普遍性的过程中,理性主义、感觉论和技术决定论等不同方向的发展。

4.1　机械论综合与建筑知识类属

4.1.1　和谐数比复兴与新科学

和谐数比与绝对性的解体以及柱式装饰相对主义的兴盛,与 17 世纪以来的认识论危机并行不悖。基于神学超越论的客观知识,随着"客观科学"的兴起,逐渐受到挑战,被一些现代科学的先驱者质疑为相对、个别、主观,甚至是非科学的认知。培根、荷加斯和休谟均认为,和谐数比并不具备超越听觉的普遍性,不是视觉艺术中审美愉悦的本质要素,而是基于习惯、偏好和主观判断的非本质因素。他们甚至指出,以愉悦为本质的美常常违反比

---

①　(法)亚历山大·柯瓦雷.从封闭世界到无限宇宙[M].邬波涛,张华,译.北京:北京大学出版社,2003:214-248.

例原则。17世纪,霍布斯批判笛卡儿的二元论,而洛克和贝克莱则围绕天赋观念展开激烈辩论。同时,法国的克劳德·佩罗(1683)将比例视为相对美,与弗朗索瓦·布隆代尔共同点燃了"古今之争"的火花。意大利的托马索·泰曼扎(1762)则嘲弄同时代的弗朗切斯卡·玛利亚·波莱蒂,将和谐数比视为非理性的神秘观点。英国的凯姆斯勋爵(1761)则攻击莫里斯等人的比例理论,认为它违背了科学和感觉的原则。① 古代柱式作为建筑装饰的重要组成部分,是建筑形体美不可或缺的元素。然而,其相对化引发了鉴赏力判断的争议,并促使美学作为一门新学科诞生,其地位一度低于严密的科学逻辑。在文艺复兴时期,古典主义者们致力于将古代建筑传统知识化、制度化和等级化,形成了对柱式固定成员、装饰和比例的正统化普遍认知。比例和柱式在古典主义者之间形成了一种既是个体主观认知,又是群体普遍认知的客观认识。17世纪末,尚布雷已经将两种罗马柱式排除在外,仅承认三种希腊柱式的正统地位。到了18世纪初,弗雷曼宣称柱式在建筑中微不足道;而科尔德穆瓦则认为比例和形体美都是理性建筑的障碍。建筑中的柱式装饰在洛可可、哥特和中国风等风格的影响下,逐渐偏离了正统,这源于感觉论倾向下鉴赏力的主观性和相对化。

到18世纪中叶,和谐数比和柱式的普遍性在欧洲范围内重新获得了建筑理论领域有影响力的支持。这一复兴与古典主义的重生以及牛顿经典物理学对数学-物理自然的重建密切相关。然而,尽管牛顿的新权威确立了机械论宇宙的地位,但它并未为传统观念的超越性假设提供新的合法性,导致古典观念的复兴常常带有教条色彩,被视为历史倒退。法国的查尔斯·埃蒂安纳·布里瑟(Charles Etienne Briseux,1680—1754)在其著作《论艺术美的本质》(*Traité du beau essentiel dans les arts*,1752)中站在了古今之争中布隆代尔的一边,他使用帕拉第奥的和谐数比来反驳佩罗主张的相对美,并以牛顿的色彩理论作为和谐数比普遍性的科学论证。J-F.布隆代尔(Jacques-Francois Blondel,1705—1774)在《建筑学教程》中赞同布里瑟的观点,认为比例在建筑中是不可或缺的,并遵循老布隆代尔的观点,强调比例源于自然。他还批评将和谐数比视为相对性的观点为肤浅,② 其柱式理论回归到了文艺复兴时期的人体类比,旨在实现建筑可见轮廓与结构之间的和

---

① (德)鲁道夫·维特科尔.人文主义时代的建筑原理(原著第六版)[M].刘东洋,译.北京:中国建筑工业出版社,2016:131-136.

② (德)汉诺-沃尔特·克鲁夫特.建筑理论史——从维特鲁威到现在[M].王贵祥,译.北京:中国建筑工业出版社,2005:107.

谐统一(图 4-1)。显然,布隆代尔所指的"自然"更偏向于前现代的有机论宇宙,而非牛顿的机械原子论所描述的自然。

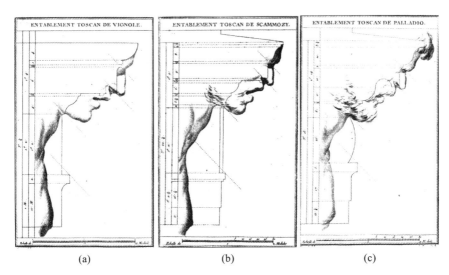

图 4-1　J-F. 布隆代尔《建筑学教程》中比较塔司干柱式楣构,因为塔司干柱式被认为是"最原始和最自然"的柱式

(a)维尼奥拉;(b)斯卡莫齐;(c)帕拉第奥

意大利的维托内(Bernardo Antonio Vittone,1704—1770),作为瓜里尼的门徒,同样运用牛顿的色彩理论来支持音乐和谐超越的普遍性。在《基本教育》(*Istruzioni elementari*,1760)和《扩展教育》(*Istruzioni diverse*,1766)中,他试图以不同的视角复活文艺复兴的传统。[1]　维托内的第一本书献给了上帝的完美原型,这位原型向人类展示了和谐与美的真谛,其中专门探讨了音乐比例的生成和本质。与此同时,波莱蒂(Francesco Maria Preti,1701—1774)并未从广泛的宇宙论视角审视和谐数比,他认为只有采用特定的六种比例(八度、五度、四度、大三度、小三度)才能体现美,这导向了对帕拉第奥和新古典主义的直接模仿。[2]　他代表了特拉维察地区比例传统的一种教条化取向,这种取向受到了泰曼扎相对主义观点的批判。在英国,罗伯特·莫

---

[1]　WITTKOWER R. Art and Architecture in Italy,1600 to 1750[M]. Penguin Books,1978:424-432.

[2]　(德)鲁道夫·维特科尔. 人文主义时代的建筑原理(原著第六版)[M]. 刘东洋,译. 北京:中国建筑工业出版社,2016:132-133.

里斯(Robert Morris，1701—1754)公开支持古典美学，他宣称从帕拉第奥的著作中发现了不为现代人所知的"秘密"。虽然莫里斯意识到在整体宇宙中和谐数比的超越性内涵，但他将比例的使用局限于工程实践的操作性守则，这在一定程度上背离了和谐数比与绝对美的本体论关联。

牛顿主义的简化原则在美学领域也有所体现，巴多(Abbé Batteux)的《美术简化为单一原理》(*Les Beaux Arts Réduits à un Même Principe*，1746)便鲜明地展示了这种影响，即将各种美术门类统一于单一的鉴赏力原则之下。① 在巴多看来，鉴赏力之于艺术，正如智力之于科学，是确保他所提出的美术范畴不受偶然性摆布的关键所在。他认为，知性被赋予人类，正是为了让人能够辨识真爱与善行，因此我们应该让心灵自由地做出选择。巴多认为人类意识的每个方面都具有某种固有的、合法的客观性，甚至对称和比例也由鉴赏力的法则所决定。然而，通过简要审视牛顿的时空观，我们不难发现，这种以牛顿综合为背景，以和谐数比和柱式装饰为表象的古代观念复兴，与牛顿的基本假设相去甚远，无法借此获得科学的合法性。因此，这种观念复兴作为时代的短暂逆流，逐渐在历史的洪流中消散。

4.1.2　牛顿综合与绝对时空观念

1. 绝对时空观念及其先驱

始于哥白尼，经过开普勒和伽利略，最终在牛顿(Isaac Newton，1643—1727)的综合下完成的科学革命，彻底瓦解了中世纪晚期神学-形而上学对于整体认识的建构，哲学认识论作为怀疑论的驳斥者和新世俗认识的建构者，再次登上思想史的历史舞台。② 哲学认识论的目标是独立于神学，为知识的可能性提供新的论证，进而明确知识的性质和范围，并重新确立知识的合法性标准，即决定知识真伪的衡量尺度。在笛卡儿以广延和非广延的根本差异宣告自然与精神的分离后，霍布斯随即建立了具有理性主义精神的心理-物理社会学说。随后，洛克对先天观念的否定性论证，正式标志着认识论中理性主义和经验主义两大道路的分化。理性主义虽然指向自然神论，但并未完全排除神圣智慧的存在；而经验主义则可能导向更为彻底的无神论。

---

① PÉREZ GÓMEZ A. Architecture and the crisis of modern science[M]. Cambridge，Mass：MIT Press，1983：83.

② 认识论(epistemology)源于希腊文的 episteme(知识)和 logos(理论)，别称为 genoskein，字面意思是"知识论"，即关于知识获得和探究知识的科学途径的理论。

洛克坚持感觉是认识的唯一来源和无可置疑的基础；贝克莱将所有推论归结为观念的连接，等同于归纳推论；休谟的极端经验主义更是将一切客观范畴推向虚构。[①] 在休谟的揭露下，一切关乎客观性的范畴都被视为主观虚构，这既包括前科学在日常生活中对心灵之外世界的客观性思考，也包括客观科学计量物质的客观性。[②] 数学物理学的知识基础，在经验主义的极端推进下，面临着根本的危机。因此，我们需要不断回应休谟指向的主观主义相对性终点，并对其知识合法性的根本质疑作出回应。

牛顿，作为经典物理学的集大成者，站在有机宇宙论崩溃的废墟之上，以及前人的肩膀上，重新构建了以机械论原子论为基石的宏伟体系，该体系从宏观天体到微观粒子无所不包，并统一于一个简洁的定律——万有引力定律。[③] 然而，牛顿的自然神论成为引力具有最大普遍性的前提。引力的神秘之处在于，牛顿的反比定律虽然能够描述它在物理宇宙中与距离相关的表现，但却无法证明无形的上帝能够不依赖中介而直接干预有形宇宙的可能性。牛顿的名言"我不杜撰假说"（Hypotheses non fingo）似乎彰显了他坚定的实证主义立场，但根据经验主义的真理标准，对于他数学物理学原理的基石——引力，牛顿本人却难以给出一个完整的解释。[④] 他将自己的数学物理学著作命名为《自然哲学的数学原理》[⑤]，并在序言中明确了自己的研究方向和目的。

> 我考虑的是哲学而不是技艺，所研究的不是人手之力而是自

---

① （德）胡塞尔.欧洲科学的危机与超越论的现象学[M].王炳文，译.北京：商务印书馆，2001：113.

② Ibid：113-115.

③ 虽然牛顿的《自然哲学的数学原理》拉丁文初版时间是 1687 年，但其第一版印刷量极少，只有相当大规模的图书馆才有收录，此理论影响扩大是在 18 世纪.

④ 语出《自然哲学的数学原理》1713 年第二版中新增加的"总释"，中译为："但我迄今为止还无能为力于从现象中找出引力的这些特性的原因，我也不构造假说；因为，凡不是来源于现象的，都应称其为假说；而假说，不论它是形而上学的或物理学的，不论它是关于隐秘的质或是关于力学性质的，在实验哲学中都没有地位。"转自（英）牛顿.自然哲学的数学原理[M].王克迪，译.北京：北京大学出版社，2006：349.中文译文"我不构造假说"似出自英译。柯瓦雷认为 1729 年 Andrew Motte 的英译"我不构造假说"（frame）是拉丁文第二版中"我不杜撰假说"（feign）的误译，扭曲了牛顿的本意。牛顿说"我不杜撰假说"对他而言意味着：不使用虚构的东西，不把错误的命题当作前提或者解释；反对既不能通过实验从感觉现象中导出，又不能在经验中被严格证实的普遍观念。详见（法）亚历山大·柯瓦雷.牛顿研究[M].张卜天，译.北京：商务印书馆，2016：46-47.（美）埃德温·伯特.近代物理科学的形而上学基础[M].张卜天，译.长沙：湖南科学技术出版社，2012：182-184.

⑤ 1687 初版后，又先后于 1713 年和 1726 年重新修订。三个版本均为拉丁文，第一个英文译本在牛顿去世两年后的 1729 年才出版.

然之力……因此,我的这部著作论述哲学的数学原理,因为哲学的全部困难在于:由运动现象去研究自然力,再由这些力去推演其他现象……哲学家们对这些力一无所知,所以他们对自然的研究迄今劳而无功,但我期待本书所确立的原理能于此或真正的哲学方法有所助益。①

这段论述清晰地展现了牛顿所指的"自然哲学",其实质是以数学为核心工具的理论力学。其研究过程分为两大步骤:首先,从特定的运动现象出发,运用数学原理推导出相应的力;接着,将这种力推广至自然界的其他现象,尝试用数学和力学的原理来解释所有自然现象。牛顿继承了自然哲学中演绎-数学和经验-实验两大传统,但最终以经验-实验作为判断真伪的终极标准。在牛顿的"自然哲学"体系中,数学不仅是还原物理现象的有力工具,更是解析由感觉经验引发问题的一种重要方法。自然,在本质上,被理解为有质量的物体在明确且可靠的力作用下,于空间和时间中运动的领域。而心灵,依然受到笛卡儿"脑中暗室"的束缚,成为这一庞大数学物理体系中依照力学定律运动的旁观者。

2. 时空作为纯粹直观与主体认识

外部世界的客观真理似乎已被牛顿的经典物理学彻底揭示,然而,在探讨内在世界即认识论的知识时,以数学和实验为基础的客观科学仍然面临着休谟对客观主义的终极挑战。休谟不仅否定了经验主义通往客观认知的道路,更对客观主义本身提出了根本性的质疑。胡塞尔认为,休谟的怀疑论深刻动摇了客观主义的基础,无论是对物质论的客观科学,还是对认识论的客观知识而言。② 休谟所关心的是,如果我们对世界的理解总是主观且武断的,那么科学的客观真理又该如何定义其意义和有效性? 无论是牛顿自然哲学的支持者,还是追求形而上学科学地位的哲学家,都不得不正视并回应休谟的这一挑战。

康德(Immanuel Kant,1724—1804)试图构建的新哲学,是基于超越论主观主义的科学哲学,旨在调和牛顿的自然哲学、休谟的怀疑论以及形而上学的理性主义传统。牛顿的自然哲学对形而上学假设的否定,动摇了形而上学作为科学合法性的传统地位,而休谟的怀疑论则进一步削弱了任何客

---

① (英)牛顿.自然哲学的数学原理[M].王克迪,译.北京:北京大学出版社,2006:2.
② (德)胡塞尔.欧洲科学的危机与超越论的现象学[M].王炳文,译.北京:商务印书馆,2001:115.

观主义的稳固性。在《未来形而上学导论》(1783)中,康德承认休谟的质疑打破了他曾经的独断论迷梦,为他的思辨哲学研究指明了全新的方向。[①] 关于人类知识的来源,康德并不认为知识仅仅是可感经验的产物,而是肯定知识是纯粹知性的成果。他沿用了笛卡儿将人类意识比作船舶驾驶舱的比喻,但进一步修正并具体化了这一比喻。康德认为,大海的航行不仅依赖于感觉中枢对外部刺激的即时反应,更重要的是驾驶员在依据经验做出判断之前,就已经受到逻辑上在先知识的指引。

> 这个驾驶员备有一张详尽的海图和一个罗盘,将根据从地球知识得来的航海术的可靠原则,能够随心所欲地把船安全地驾驶到任何地方。[②]

驾驶员详尽的海图和罗盘,生动地反映了康德对感性认识中某种先在客观框架的认定。值得注意的是,康德超越论主观主义科学哲学的基础在于对空间和时间作为纯粹直观形式的深刻阐明。在康德之前,时空问题的争议主要集中在牛顿主义者和莱布尼茨之间。牛顿主张绝对时间和绝对空间可以在可感物体之外独立存在,这基于虚空和原子论的假设。在牛顿主义者看来,上帝作为统治者,通过持续作用的审慎行动,维持着宇宙的有序性,这表现为引力。相反,莱布尼茨否认绝对空间和绝对时间的存在,他认为空间是物体间共存关系的体现,因此只能是相对的;时间则是运动的度量,仅存在于事物和事件的连续秩序中,无事物和事件则无时间。[③] 莱布尼茨的宇宙观基于充实性假设,他视宇宙为至高神智的上帝以其预见性创造的完美机器,一旦完成便无须修正。牛顿主义者认为绝对空间确保了上帝对世界的统治权,而莱布尼茨则批评他们将世界描绘成需要钟表匠不断上发条维护的不完美机器,这贬低了上帝创世智慧的完美预见性和能力。莱布尼茨坚持认为世界是神圣智慧所有可能创造中最完美的,而牛顿主义者则指责他假设上帝受制于充足理由律,将人为的形而上学假设强加于上帝,束缚了其无限的自由。在莱布尼茨逝世后的十年里,牛顿的科学理论及其隐藏的形而上学假设在欧洲得到了广泛的认可。到康德开始撰写《纯粹理性批判》之际(1770 年),他已经基本克服了笛卡儿-莱布尼茨的理性主义观点,并借助新科学的力量,极大地动摇了理性形而上学的合法性。这正是康德在认识论综合中,为形而上学重新奠定科学基础所面临的重大挑战。在

---

① (德)康德.未来形而上学导论[M].李秋零,译.北京:中国人民大学出版社,2013:5.
② Ibid:7.
③ (德)莱布尼茨.人类理智新论[M].陈修斋,译.北京:商务印书馆,1982:130-131,134.

时空观念上,康德所主张的超越论主观主义科学哲学,相较于莱布尼茨的相对主义,更倾向于牛顿的绝对主义。同时,康德传承的哲学理性主义需要调和18世纪兴起的经验主义感觉论,成为认识论层面指向时代科学成就的伟大综合。

　　康德深入剖析了牛顿和莱布尼茨在时空观念上的差异,并试图通过先验感觉论来证明感觉认识的客观性。他将空间和时间阐述为先天(纯粹)的感性直观形式。直观,即直接地感知到事物,是指主体直接与对象建立关系的感性知识,它是思维作为认识手段所获得的全部内容、材料和认识对象的唯一来源。直观包含内外两个要素:外部对象对感官的作用,以及内在接受感官刺激的认识能力。[①] 感性,则是指心灵或主体从感官中接收外界物自体刺激的一种认识能力,尽管这种能力是被动的,但在对象产生作用之前就已经存在于我们的心灵之中。[②] 感性决定了对象只能以这种方式向人类的心灵呈现,之后才能借助知性产生概念。

4.2　建筑想象的乌托邦

　　建筑,虽归类于以诗歌为参照的美术门类,其知识价值同样依赖于它与语言学说的紧密关联,以及语言学在认识论领域的新发展。在古代艺学知识中,语言三艺与数学四艺互为补充,而在现代早期,建筑知识地位的确立以诗歌率先取得高尚的自由学识地位为参照,随着科学革命的推进,逐渐演变为自然科学与人文学科之间的对立。在建筑中,文人思辨与语言相关的建筑理论,追求建筑的新普遍性,在自然科学精确的数学和机械原子论之外,形成了一股批判性的整合力量。当佩罗兄弟以科学进步观念和笛卡儿的理性主义为指导,将和谐数比定义为相对美之后,建筑基于传统知识的稳固地位开始动摇。后世对佩罗的误解导致了个人审美相对主义,而博法尔则试图通过古代诗学的"个性说",将这一观念整合成具有原民族主义色彩的普遍性。现代美学的核心观念,如画和崇高,最初都源于对语言,特别是诗歌的理论探讨。前者以文艺复兴以来建筑作为图绘知识的传统认知为基

　　① 杨祖陶,邓晓芒.康德《纯粹理性批判》指要[M].北京:人民出版社,2001:66.
　　② (德)康德.纯粹理性批判[M].邓晓芒,译.北京:人民出版社,2004:25,详见杨祖陶,邓晓芒.康德《纯粹理性批判》指要[M].北京:人民出版社,2001:67.

础,成为新式自由园林起源与演变的关键。后者则在 18 世纪中叶历史的新古典主义和浪漫主义的对立中扮演重要角色,推动了从客观作品向作者主体论的转变。被誉为"革命建筑师"的部雷和勒杜,都是 18 世纪中叶后从语言层面探索建筑新普遍性的先驱。

部雷(Étienne Louis Boullée,1728—1799),被誉为"幻想建筑师",其称号可从消极与积极两个层面解读。两者均与建筑作为美术类别的想象与情感取向紧密相连,但本节将聚焦于他追求建筑新语言和情感普遍性的积极面向。从消极视角看,部雷的建筑画似乎与当代科学的进取精神相悖,犹如培根所述的幻想魔宫,纯粹出自诗人的夸张想象,无须顾及环境、资金和材料的实际约束。然而,从积极层面审视,他在建筑画中刻意追求的崇高诗性,已被启蒙辩证法赋予了新的普遍性意义,成为他构建建筑新语言的起点。一方面,民用建筑的新知识身份为此新语言提供了支撑,它源自人类的想象认知功能,以诗歌为基本形态。另一方面,崇高的感觉和情感取向,相较于理性分析,被一些核心知识分子视为更为原始、自然的知识起源,它先于洛克抽象概念的普遍性。例如,孔狄亚克和卢梭都更倾向于认为认识源于惊骇。卢梭在讨论语言起源时,强调了直觉和情感的首要地位,认为原始语言源于情感激发的叫喊和形象,是一种诗的语言,而非几何学家的语言。无论是建筑作为美术新门类的地位,还是在语言-认识论学说中情感和直觉的首要地位,都为部雷以崇高诗意作为他追求建筑新普遍性的合法性提供了强有力的论证。

勒杜(Claude-Nicolas Ledoux,1736—1806)同样毕业于布隆代尔私人学校,与部雷有着相似的学术背景,他也反对将建筑审美归咎于习惯相对主义,而是追求建筑作为情感表达的普遍语言。埃米尔·考夫曼(Emil Kaufmann)首次将他们称为"革命建筑师"。然而,这些在大革命前后活跃的建筑师们所关注的问题,实际上在 18 世纪初就已被提出,他们所追求的普遍性建制目标与大革命的颠覆性特质并不完全一致。关于建筑鉴赏力及其表达,鉴赏力的相对性与普遍性、表达语汇的特殊性与一般性,以及它们与直接感觉经验和良好教养之间的关系,这些主题早已在佩罗与弗朗索瓦·布隆代尔关于美的绝对与相对之争,以及博法尔用文学中的"个性说"对勒克莱克鉴赏力相对主义的批评中得到了体现。此外,语言表达与数学精确计量的普遍性、直接经验与理性反思的关联性,以及艺术鉴赏力相关的使用与愉悦、情感与理性、秩序与自由、人工与自然之间的辩证关系,也早已融入自然科学、经验主义感觉论、美学和景观园林等领域的广泛讨论之中。部雷是皇家建筑学院的成员,在法国大革命后共和政府建立的第二年(1794年),他被指责为同情皇室的"愚蠢建筑师"。[①] 勒杜作为实践建筑师在达官显贵中享有极高的声誉,其声望甚至接近皇室成员。这种声望在革命前为他赢得了盐场监察官的职位以及巴黎城防收费站等国家委托项目。然而,他却被指控为君主专制服务,作为反革命分子而身陷囹圄,使得他在大革命后接踵而至的恐怖政治中仅侥幸逃脱了断头台的命运。[②]

4.2.1 部雷:崇高诗意的想象

1. 图像之诗:建筑的自然语言

勒·加缪以精湛的技艺为建筑赋予了丰富的形式和表达,他将古代柱式的复杂传统与格律诗的精髓相融合。他巧妙地以五种柱式诠释了五种不同的人格特质:塔司干柱式象征着充满活力的健壮男性,多立克柱式则代表着高贵且受人敬仰的达官显贵,爱奥尼柱式宛如美丽而坚韧的女士,科林斯柱式好似纤细窈窕的少女,而混合柱式则融合了前述四种特质。这五种柱式不仅展现了不同的个性,还分别唤起了人们对于力量、庄重、文雅、优美和华丽的深刻印象。[③] 在勒·加缪的影响下,部雷深化了对建筑自然"个性"的理解。他认为,建筑的魅力在于能够像大自然的壮丽景色一样,直接触动人们的心灵,是强烈情感效果的直接体现。既然人类在面对令人敬畏的自然景观时,受强烈情感的驱使创造了最早的语言——诗歌,那么建筑的自然"个性"便体现在这种崇高的诗意表达之中。与勒·加缪对古典建筑语汇的推崇不同,部雷主张建筑的语素有着更为深远的自然起源。他认为,对古希腊、罗马神庙的考古发掘,以及对早于古典时代、文明尚未开化的时期的建筑语汇的研究,只能提供局部、特殊的建筑知识,而非整体、普遍的认知。

部雷和勒杜都坚信图像语言不仅早于古典语汇,更具备超越古典建筑

---

① KAUFMANN E. Three Revolutionary Architects [J]. Transactions of the American Philosophical Society,1952,42(3):431-564.

② Ibid:476.

③ MÉZIÈRE N L C D. The Genius of Architecture; or, The Analogy of That Art with Our Sensations[M]. Santa Monica: The Getty Center for the History of Art and the Humanities,1992 (1780):79.

语汇的普遍表达能力。这一信念的基础已被前人深入阐述:人类感官的共通性,自然超越人为规定的解放力量,以及意志先于认识、情感先于理性、欲望先于意识等,这些对人类行为具有更为强烈而活跃的推动力。由于环境和地理的差异,最初在强烈情感驱动下的表达需求逐渐导向个别特殊的认知,这些认知进而演化为习惯和风俗,并融入文化中。随后,它们又转化为以传授、教化和操作为目的的规则化、制度化和方法化的知识。然而,文化作为一种特殊化和制度化的人为规定,被卢梭视为人类主动加诸自身的枷锁,使人逐渐远离了与生俱来的自由状态。但真正的解放和自由并非回归蒙昧,而是基于对自身生存境况的深刻认识,以及在自由意志的驱使下,而非规则的束缚下,选择有利于个体与整体幸福的善行。艺术作为艺术家伟大灵魂的表达,其最强烈的效果往往诉诸情感,成为他们在追求解放与自由之路上为他人架设的桥梁和路标。这正是时代赋予部雷和勒杜的使命,他们以图像诗的形式探索建筑表达的普遍语汇。

建筑师部雷借鉴并改写了柯勒乔的名言:"我也是一名画家。"①勒杜亦言:"若想成为建筑师,须从成为画家开始。"②这是因为建筑图画的象征语言,通过直观体验激发观看者的情感,这与人类在原始时代从自然景象中获取知识的方式相类似。这种认知不仅先于既定的习惯和制度,而且在力量和影响力上更胜一筹。

部雷对建筑幻想画的热衷,尤其是陵墓纪念建筑,并非偶然,这源于他对在建筑最高等级中追求抒情诗的崇高境界的深刻关怀。然而,当时的法国政治与经济环境使的实际项目委托极为有限。因此,在 1781 年从建筑实践中退休后,他将大量时间投入到了非实践性的研究性项目设计中。从1778 年到 1788 年,部雷设计并绘制了众多建筑画,这些作品收录在他去世后出版的《论建筑艺术》(*Architecture，Essai sur l'art*)中。部雷的建筑画方案来源广泛,既有针对公共机构需求和场地制定的方案,也有将这些需求移植到其他场地的设计;既有对过去方案的重新思考,也有完全出自他个人想象的创作。尽管部雷并非完全不期待自己的建筑作品能够得以建成,但他

---

① I too am a painter. BOULLÉE E-L. Architecture，Essay on Art translated by Helen Rosenau [M]. Boullee & Visionary Architecture. London：Academy Editions；New York：Harmony Books；80-116.

② KRUFT H-W. A History of Architectural Theory：From Vitruvius to the Present[M]. New York：Princeton Architectural Press，1994：159.

更担忧实际建造可能会阻碍或损害他的设计初衷。此外,这部著作中还包含了一部未完成的理论著作手稿,直至 1799 年他去世时仍未完成,这部手稿深刻反映了部雷的主要建筑思想。

2. "美术"①(fine arts)先于科学

在论文的开篇,部雷就直截了当地提出了一个核心问题:"建筑的本质究竟是什么?"他质疑了维特鲁威的经典定义——"建筑是房屋的艺术",并给出了否定的答案。部雷认为,维特鲁威在这个问题上混淆了效果与原因。② 他坚信,实际建造的有形房屋,是人类心灵中预先构想的蓝图在物质世界的具体呈现,其终极目标在于追求其表达效果对观者产生的深远影响,而非仅仅停留在物质实体本身。至于建筑的结构与建造技术,这些在当时被视为"科学"的范畴,实际上只是支撑建筑效果实现的次要物质基础。随后,部雷与洛吉耶一样,追溯至人类古老的祖先,探寻建筑真正的起源:

> 我们最古老的祖先在心灵中先有图像,之后才开始建造他们的棚屋。它是心灵的产物,这个创造的过程构成了建筑,然后它被定义为设计的艺术并达到完美。所以建造的艺术(art of construction)只是从属,可被称为建筑科学的方面。③

维特鲁威所提的"房屋的艺术"主要聚焦于实际建筑构造,因此,若其追随者们仅限于探讨建筑的技术和科学层面,则步入了"倒果为因"的误区,与维特鲁威的原意相悖。同样,这种误区也体现在维特鲁威的老师布隆代尔对建筑的理解中。然而,部雷则有不同的见解。他认同建筑结构的坚固性和安全性源于自然,这是建筑师应当首要考虑的问题。但强调这一点并不意味着建筑意识仅限于此。部雷与佩罗等秉持进步理念的理论家一样,认为古人并未达到完美。他们在某些方面的疏忽或错误,为现代人提供了超越古人、开拓新研究领域的机会。部雷早期作为画家的训练,使他敏锐地察觉到了这一进步的领域。他深受 18 世纪中叶前后艺术学科美术化潮流的影

---

① 指狭义的艺术,即美术。广义的"艺术",意为所有有技巧的行动,是 18 世纪以前绵延千余年的认识。广义的"艺术"既可以被学习又可以被传授。狭义的艺术,引入了观看者的主观感觉经验,本质上是不可传授的。

② BOULLÉE E-L. Architecture, Essay on Art translated by Helen Rosenau[M]. Boullee & Visionary Architecture. London: Academy Editions; New York: Harmony Books: 80-116.

③ Ibid: 83.

响,坚信 18 世纪是"美术的世纪",建筑亦应位列其中。

部雷积极乐观地肯定建筑作为艺术的新理解将推动学科的进步①,然而他也遗憾地发现,建筑"仍处于幼年阶段",其基本原则尚未得到广泛认知。这是因为迄今为止,鲜有作者将建筑视为严格意义上的"艺术"。② 这段自述表明,部雷已将建筑视为一种完整的"美术"形态。尽管"美术"概念的奠基者巴多并未将建筑归类为纯粹的"美术",而是置于中间位置,但巴多的后继者们却大多忽视了巴多"模仿自然"的基本原则,将建筑纳入了"美术"的范畴。建筑被归类为"美术",意味着作为狭义的艺术,建筑应当参照其他核心"美术"门类,如绘画、雕塑、音乐,特别是诗歌,以"美而无用"作为追求完美的终极目标。然而,在这种认知下,建筑画家和作家却比建筑师更为幸运:

> 他们是自由和自主的:可以选择各自的主题并跟随他们天赋的喜好。他们的声望仅仅取决于自身而不依赖任何人。……他们从自然提供的大量贮藏中收获丰盛的果实,名字被光荣地传给后代,他们自己就享有纯粹的快乐,每个人都足以正当地说:我仅仅凭借自己赢得所有声名。③

3. 虚构(fictional)超过真实

部雷强烈反驳了佩罗将建筑本质归结为"纯粹创造的艺术"的观点,这源于他们认识论的根本差异。部雷秉持感觉论,坚信人的所有观念均源自自然,因此,创造不可能脱离自然,成为个体心灵的孤立产物。④ 相反,佩罗的笛卡儿主义则在心物之间划下了一道鸿沟,赋予了精神在机械物质世界中独立创造的能力。通过质疑维特鲁威对"房屋的艺术"的界定,部雷清晰地划分了"建筑"和"房屋"的概念,两者如同一枚硬币的两面。其中,"建筑"与美学紧密相连,体现建筑的艺术和美术价值;而"房屋"则关联于建造,体现建筑的科学和技术层面。部雷以音乐作为类比,认为作为艺术构想的"建筑"如同作曲家创作的乐章,而维特鲁威及其追随者所关注的与建造相关的

---

① KAUFMANN E. Three Revolutionary Architects [J]. Transactions of the American Philosophical Society,1952,42(3):431-564.

② BOULLÉE E-L. Architecture,Essay on Art translated by Helen Rosenau[M]. Boullee & Visionary Architecture. London:Academy Editions;New York:Harmony Books:80-116:83-84.

③ Ibid:83-84.

④ Ibid:86.

"房屋"则相当于这些乐章被演奏出来。^① 尽管在"建筑"与"房屋"的区分中，建筑的实现层面似乎成为建筑师天赋在现实世界中全面自由展现的障碍，甚至成为建筑作为狭义艺术追求完美的绊脚石，但部雷从未主张建筑应完全摒弃其"科学"层面，即建造和理性推理的部分，而是将其置于一个相辅相成的地位。

基于这一认识，部雷对"建筑"作为想象认识进行了明确界定：建筑与其他艺术门类一样，其想象并非漫无目的，也并非一种既无联系又无秩序的"心灵错乱"。^② 部雷将这种心灵错乱称为"梦"，并以皮拉内西的蚀刻画作为此类建筑的典型代表。皮拉内西的幻想画深受感觉论影响，它从根本上挑战了启蒙时代的基本观点，即那种认为通过理性就能掌握的宇宙必然性网络并不存在。在部雷的理论中，视知觉成为颠覆基于透视学构建的必然性世界的核心力量。然而，部雷自己追求的幻想建筑并非"梦"，而是"诗"。"梦"与"诗"之间的区别，构成了部雷、勒杜及其追随者如约翰·索恩与皮拉内西及其追随者之间的根本分歧。部雷对"诗"与"梦"的区分，与鲍姆加登对虚构的三重划分高度契合。在鲍姆加登的理论中，只有两种虚构可被称为"诗"：一种是"真实的虚构"，即直接再现真实世界中的事物；另一种是"异世界虚构"，即表现那些虽不存在于现实世界但有可能存在的事物。^③ 部雷的幻想画之所以强大，是因为它在真实世界的边缘构建了一个图像中的"可能"偶然性世界。如果说皮拉内西的画作揭示了必然性的不可能性，那么部雷则试图构想必然性下的其他可能世界。这不是纯粹的幻想，而是鲍姆加登所说的异世界虚构之诗。这正是部雷将皮拉内西的建筑图称为"梦"，而将自己的建筑幻想图视为"诗"的根本原因。在部雷的观念中，所有观念都源于自然，"梦"是杂乱无章的观念集合，而"诗"则源于想象，通过情感效应激发想象，并具有明确的目的和有序的组织结构。

部雷的建筑幻想画之所以能被视为"异世界虚构"，不仅在于其理论上被归类为介于真实与虚构之间的诗歌，更在于其作品中展现的潜在现实图景与效果。回溯部雷作为实践建筑师的早年经历，他的建筑图绘并非全然

---

① Ibid：82.

② Ibid：86.

③ BAUMGARTEN A G，HOLTHER T B K A A W B. Reflections on Poetry[M]. Berkeley and Los Angeles：University of California Press，1954：57.

虚构,其中不乏以真实遗迹为蓝本,或以实际项目为基础的设计。① 例如,部雷对平顶阶梯金字塔的偏爱,在早期作品布鲁诺依乡间别墅(Hotel de Brunoy)中便有所体现(图 4-2)。该建筑屋顶的金字塔形状及顶部的芙罗拉(Flora)雕像,不仅丰富了房屋女主人的个性,还巧妙地融合了神话题材的象征,同时能在罗马时代的希腊城邦哈利卡纳苏斯的摩索拉斯王陵(tomb of Mausolus)中找到其真实遗迹的灵感来源。② 在"主权者宫"(palace for the sovereign)的设计中,部雷同样运用了平顶金字塔形,这一设计源于他作为皇家建筑总监时与六位建筑师共同商讨的成果,后来还应用于为国王兄弟设计的官邸。此外,他为巴黎马德莱娜大教堂的设计,为赢得圣热内维也夫教堂负责人的青睐所做的努力,以及参加建筑学院大奖的比赛方案,最终演

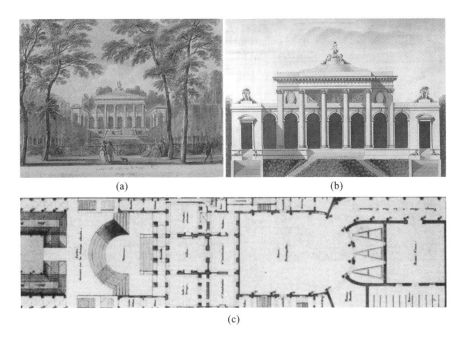

(a)　　　　　　　　　　(b)

(c)

图 4-2　布鲁诺依乡间别墅(建于 1772 年)

(a)《从爱丽舍宫看布鲁诺依乡间别墅》,Jean-Baptiste Lallemand,1775—1779;(b)别墅立面图(1779);(c)别墅平面图

———————

① MONTCLOS J-M P D. Etienne-Louis Boullee(1728-1799):Theoretician of Revolutionary Architecture[M]. New York:George Braziller,1974:21-31.

② Ibid:18.

变为"都会大教堂"（Metropolitan Church）的构想（图 4-3），都展现了他对现实与想象的无缝融合。在参与皇宫剧场重建设计竞赛时，部雷提交了基于古罗马圆形神庙的剧场方案，展现了他对古典建筑的深刻理解和创新应用。而在"公共图书馆"（Public Library）的设计中（图 4-4），他声称灵感来源于拉斐尔的名画《雅典学院》，并巧妙地将罗马的图书馆、露天阶梯剧场、凯旋门、卢浮宫和国家医院周柱中庭等元素融入其中，通过内部罗马智慧女神密涅瓦的形象，赋予了建筑独特的个性。[①] 从这些案例中，我们不难看出，部雷的幻想画深深扎根于现实与真实世界，同时又不受现实制约，通过超越现实的想象图绘，进一步进入象征性表达的诗性领域。

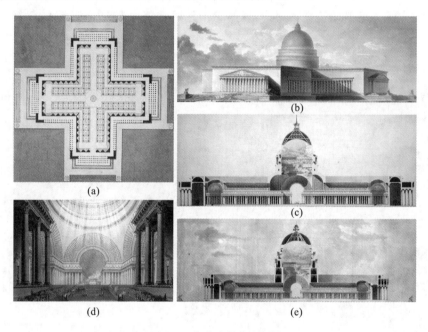

图 4-3　都会大教堂，部雷

（a）十字形平面；（b）大教堂室外效果图；（c）大教堂剖面和穹顶结构图；（d）大教堂室内效果图；（e）大教堂剖面和双层穹顶

　　部雷对天光的偏好源于他早年在实际项目中，为解决建筑上层采光问题而进行的特殊形式追求。他追求建筑具有更加封闭而连续的形体，因此

---

　　① BOULLÉE E-L. Architecture, Essay on Art translated by Helen Rosenau[M]. Boullee & Visionary Architecture. London：Academy Editions；New York：Harmony Books：80-116.

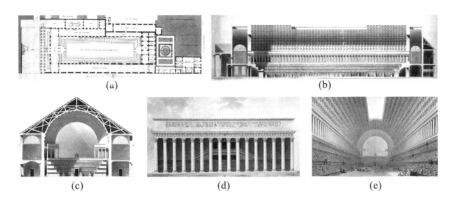

图 4-4　公共图书馆，部雷

(a)入口层平面图；(b)阅览厅纵剖面；(c)阅览厅横剖图；(d)立面；(e)室内单点透视

尝试通过建筑上层的天窗采光，以应对立面窗洞过多而削弱墙面实体感的问题。在部雷设计的"公共图书馆"中，巨大的巴西利卡方形中厅的天光被他形象地称为书的"露天阶梯剧场"①。连续的直线柱廊在前后相继的无限激发作用下，②营造出威严、非凡且富有创造性的氛围。在"都会大教堂"中，双层穹顶的设计巧妙地运用光线，创造出令人惊叹的光线效果。这一结构并非部雷的原创，而是借鉴了 17 世纪末孟萨尔(Jules Hardouin-Mansart)在国家医院教堂(Les Invalides)中使用的双穹顶结构。在该设计中，外层穹顶在起拱处开设的环形窗带被内层的假穹顶所遮挡。光线并非像万神庙那样直接从穹顶的圆形开口直射教堂内部，而是通过外层穹顶被照亮，产生柔和的漫射光，营造出宁静而柔和的顶部光效。部雷进一步发展了这一设计，以内层假穹顶遮盖自然光源，使得不同层次的光线在穹顶内形成如同奇妙云层的视觉效果(图 4-5)。这一创新不仅丰富了建筑的光影效果，还赋予了空间更加深邃和神秘的氛围。

　　部雷对于拥有封闭连续表面的简单形体的偏好，可以在伯克的理论中找到共鸣。伯克认为，视觉注意力通常聚焦于极少数物体上，只有那些巨大、统一、简单、纯粹的单一形体，在视觉受到类似刺激时，能通过累积的兴奋产生的持续紧张，使原本不会引起恐惧或痛苦的事物产生崇高感。③ 部雷

　　① Ibid:105.

　　② (英)埃德蒙·伯克.关于我们崇高与美观念之根源的哲学探讨[M].郭飞,译.郑州:大象出版社,2010:119-120.

　　③ Ibid:62-63.

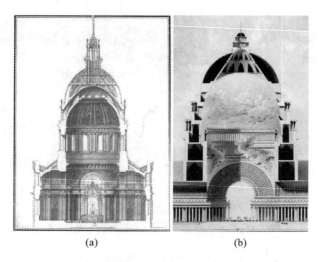

(a)   (b)

图 4-5 双层穹顶光效,孟萨尔-部雷

(a)孟萨尔设计的国家医院教堂剖面(1691),双穹顶形成柔和的漫射光线;

(b)"都会大教堂"穹顶,采光窗被遮盖形成奇特的云层光效

在比较规则和不规则形体时,沿用了伯克类似的逻辑。他认为,不规则形体由多个凹凸不平的面构成,给视觉带来的印象是混乱无序和令人困惑的,因此难以激发人的想象和理解,显得"沉默而贫乏"。相反,规则形体则展现出规则性、对称性和多样性的和谐统一。它们能在一瞥之间产生清晰的图像,使寻求理解的心灵能够迅速接受并把握其秩序性和完美性。这三者的结合是部雷比例概念区别于古典主义者的关键所在。当梅济耶尔可能为了建筑整体的个性和谐而牺牲对称性时,部雷却坚信对称形体能够直接被感官把握,产生清晰而规则的认知。在规则形体中,球体被认为是最完美的形态,原因有三:首先,球体完美融合了绝对对称和最大限度的多样性,其表面处处与圆心等距,展现出未被规定的多面体特性;其次,球体是形体表面扩展到极限的形式,同时也是形体存在的最简单形式;最后,球体的轮廓极易让人接受和喜爱,它所产生的光效渐变柔和多变,令人愉悦。①

以球体为基本形体的最著名设计之一便是牛顿衣冠冢。在立面效果中,阴沉多云的天空所投下的幽暗光线,巧妙地勾勒出巨大球体连续且光滑的表面。两幅分别描绘衣冠冢白天与黑夜的剖面效果图,更是令人叹为观

---

① BOULLÉE E-L. Architecture, Essay on Art translated by Helen Rosenau[M]. Boullee & Visionary Architecture. London:Academy Editions;New York:Harmony Books;80-116.

止。白天,光亮的室外环境骤然过渡到模拟星空的深邃黑暗;夜晚,则从沉寂的黑暗中迸发出难以置信的光明。这种设计完美契合了伯克关于光线快速转换以及通过室内外强烈光效对比来营造震撼人心崇高感的建议。伯克曾说:

> 当你走进一幢建筑时……若要使这种转变格外震撼,你就必须从某种最大程度的光亮里面,走入那幢尽可能黑暗的建筑之中。如果是在夜晚,这一建议就要反过来,但完全是出于同一理由;这时,房间越明亮,你就会越感到壮美。①

他仿佛是在亲自领略过牛顿衣冠冢的两幅剖面效果图的想象场景后,才发出如此感叹。

4.2.2　勒杜:建筑言论与社会契约

1. 建筑言论及其社会性

以语言为喻,勒杜进一步延伸了部雷的建筑理念,将其应用范围从公共建筑扩展到更广泛的题材,以向公众传达信息,使其更接近于诗歌般的演讲或戏剧般的展现。他坚守对自然宗教的热爱,同时融入更多的社会实践与道德教化元素。勒杜不受经济和技术等物质条件的束缚,他始终致力于将这些构想转化为现实。勒杜出狱后所著的《基于艺术、道德和律法的建筑》(*L'architecture considérée sous le rapport de l'art, des moeurs et de la législation*,1804)不仅体现了他对于新语汇的道德伦理追求,还以同时代的语言知识为基础进行了深入的论证。勒杜、部雷和让-雅克·勒克(Jean-Jacques Lequeu,1757—1826)三位被誉为"革命建筑师",他们将建筑视为一种公开发表言论的媒介。②

勒杜深受卢梭社会契约论的影响,他构想了一个基于自然契约的道德社会,并据此设定了社会中建筑所应肩负的各项任务。他致力于为每种任务寻求符合"个性"的建筑表达。早在 1769 年,勒杜为私人修建的德于泽斯

---

① (英)埃德蒙·伯克.关于我们崇高与美观念之根源的哲学探讨[M].郭飞,译.郑州:大象出版社,2010:70.

② BERGDOLL B. European Architecture 1750-1890[M]. Oxford:Oxford University Press,2000:97.

乡村宅邸(Hotel d'Uzes)①便展现出他对建筑纪念性的追求。他借鉴古典语汇,通过这座乡村住宅表达了房屋拥有者作为军事贵族的社会身份。这座乡村住宅拥有类似城市建筑的高大立面,中央拱门两侧矗立着两座向外突出的巨大记功柱,上面雕刻着丰富的战利品,彰显了屋主的军人身份和辉煌战功。而在举办舞会的大厅中,墙面嵌板上装饰着自地面生长出的树木,树枝上悬挂着各类战利品,更增添了室内的壮丽与荣耀。尽管这座宅邸被 J-F. 布隆代尔归类为现代建筑的案例,并赞赏其内部装饰的精美,但他认为外部尺度过于庞大,在适度修辞上稍显不足。这种批评源于二者对建筑"个性"理解的差异:布隆代尔从建筑本身的等级制类属出发理解其个性,而勒杜则更侧重于通过建筑语汇展现房屋所有者的社会身份。

勒杜凭借私人建筑委托在上流社会赢得了良好声誉,通过赞助人杜巴里夫人的影响力,他于 1773 年成功入选为建筑学院成员,并被任命为"皇家建筑师"。此外,他还担任了法国东部弗朗什孔泰(Franche-Comte)省的盐场监察官,并获得了其生平首个公共项目——肖镇盐场(Saline de Chaux)的建筑设计委托。这一项目在他的著作中,成为其花园理想城总体构想的起点(图 4-6)。1773 年,肖镇盐场设计方案获得了皇家的批准,随后从 1775 年开始建造,历时四年。然而,由于当地盐泉水含盐量的下降,工厂最终停产并搬迁至他处。勒杜在肖镇盐场的设计中运用了与部雷在纪念性建筑中相似的两套语汇体系:直观与反思。一套是为普通建筑使用者和观看者准备的象征性语汇,另一套则是为学识渊博的鉴赏者准备的传统古典建筑修辞。②在肖镇盐场带有纪念性要素的大门设计中,学识渊博的鉴赏者能够立即识别出无柱础的多立克柱式,这符合古典建筑中实用建筑的适当规制。他们还会认出勒罗伊考古书中公布的希腊式柱廊,它耸立在入口中央,为盐场赋予了准宗教的纪念性氛围。而对于那些未受过足够教育的人来说,粗犷石柱的严整肃穆、入口中央的人工洞穴以及两侧涌出的盐水,足以成为他们直观把握建筑整体个性的符码。

---

① 这座宅邸的委托人是德于泽斯公爵(Francois-Emmanuel de Crussol,Duc d'Uzes),在七年战争一开始就受封准将,也是当时地位最高的无贵族血统的公爵。德于泽斯公爵曾在 1751 年与伏尔泰通信讨论过卢梭。BRAHAM A. The Architecture of the French Enlightenment[M]. London: Thames and Hudson,1980:164-167.

② BERGDOLL B. European Architecture 1750-1890[M]. Oxford:Oxford University Press, 2000:98-99.

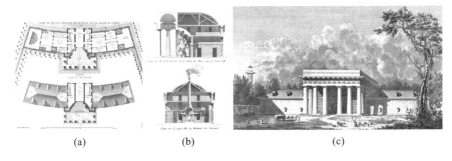

(a)　　　　　　　　　(b)　　　　　　　　　　(c)

图 4-6　盐场大门

(a)平面图；(b)剖面图；(c)效果图

2. 表现社会阶层

在 18 世纪 70 年代中期，即盐场修建期间，勒杜还设计了位于第戎东部的贝桑松剧场(Theatre of Besançon)。这座剧场充分体现了勒杜的一个核心建筑理念，即通过建筑公开展示社会身份，进而促进市民道德的进步。在这一设计中，建筑的使用功能被置于更高目的性的表达之下。简而言之，建筑的结构、材料和功能并非其最终追求，而是指向超越物质的整体意义。特别值得一提的是，勒杜巧妙地利用古典戏剧的准宗教效应，为表达社会道德诉求提供了一种结合过去与现实的古典主义合法性。当剧场建成后，勒杜在其著作中将其视为希腊戏剧传统在自然契约社会中延续其道德理想的典范。他期望戏剧古典传统的宗教和政治意义能在新的契约社会中得以复兴，使剧场成为净化市民心灵、实施道德教化的重要场所。

勒杜巧妙地将贝桑松剧场的建筑设计与其所承担的社会职责相结合，积极响应了 18 世纪 40 年代哲学家们对公共剧场改革的呼吁。[①] 这场讨论不仅聚焦于合适的戏剧题材，还深入探讨了公开演出对观众道德的影响。在贝桑松剧场的设计中，勒杜摒弃了巴洛克式剧场常见的盒子式或阳台式楼座包厢，而是回归到了古代剧场半圆形的阶梯座席形式。此外，正厅座席也采用阶梯状设计，并设置了下沉式乐池，这样不仅能确保一楼观众的视线

---

① VIDLER A. Claude-Nicolas Ledoux：Architecture and Utopia in the Era of the French Revolution[M]. Basel，Berlin，Boston：Birkhauser-Publisher of Architecture，2006：84.

不受遮挡,还能通过共鸣效应提供更佳的音响效果。[①] 然而,这些改变并不仅仅是为了满足使用需求,更重要的是,勒杜希望将剧场打造成为真实社会戏剧的展演场地。半圆形的座席设计直观地展现了社会阶层的基本经济地位划分。按照离舞台越近则社会地位越高的原则,整个座席被巧妙地划分为舞台前座席、楼座和多立克柱廊后楼座三个主要区域。乐池前的正厅座席通常由皇室及其随行人员占据;中间的楼座则属于富有的中产阶级、军队和行政长官、一般中产阶级、工人、女店员以及购票进场的男女市民;而楼座最上层的多立克柱廊后则是地方守卫军与仆人的座席。[②] 这种公开展示观众社会阶层的设计,恰好契合了卢梭关于增加社会透明度以促进道德的主张。通过这些精心设计的改变,贝桑松剧场不仅体现了使用与审美的完美结合,更深刻展现了社会与道德关系的多重意图。

3. 自然与人的新契约

在将崇高的凯旋门立面元素融入非贵族将领的乡村住宅设计中时,勒杜试图将圣马修(St. Marceau)郊区宅邸打造成"宫殿般的宏伟"。同样,在肖镇盐场的烧火车间、铸炮厂以及伐木者住宅中,他巧妙地采用了源自金字塔的四棱锥形态。这些设计从表面上看,似乎是对部雷简单形体崇高修辞等级的僭越和语义上的巧妙嫁接(图 4-7)。

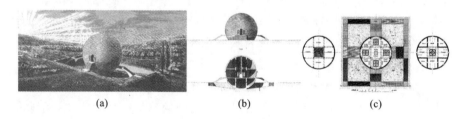

(a)　　　　　　　　　(b)　　　　　　　　　(c)

图 4-7　田地看守者之家

(a)效果图;(b)立面图和剖面图;(c)平面图

① KAUFMANN E. Three Revolutionary Architects [J]. Transactions of the American Philosophical Society,1952,42(3):431-564. VIDLER A. Claude-Nicolas Ledoux:Architecture and Utopia in the Era of the French Revolution[M]. Basel, Berlin, Boston:Birkhauser-Publisher of Architecture,2006:88.

② VIDLER A. Claude-Nicolas Ledoux:Architecture and Utopia in the Era of the French Revolution[M]. Basel,Berlin,Boston:Birkhauser-Publisher of Architecture,2006:86-88.

　　勒杜在设计农业建筑时,对基本形体的运用并非出于随意或对既有秩序的反叛。相反,他被考夫曼誉为"真正的复古主义者",[①]坚守着启蒙思想家们普遍的建制主张,既接纳神话主题,也不排斥古典建筑装饰的恰当运用。如果他们表现出某种反传统的倾向,那也只是因为传统在某些方面的不适应性,使他们能够为现代人的探索和创新开辟道路,而并非以否定和反抗为终极目标。从勒杜频繁引用法国重农学派代表人物安内-罗贝尔-雅克·杜尔哥(Anne-Robert-Jacques Turgot, Baron de Laune,1727—1781)的言论中,我们可以推测,勒杜将完美球体和四棱锥用于乡野小屋的设计,是在回应重农学派的主张,即将农业提升为社会组织的基石。略晚于杜尔哥的建筑理论家让-路易·维耶尔·德·圣莫(Jean-Louis Viel de Saint-Maux,1736—?)在《古今建筑信札》(Lettres sur l'architecture des anciens et celle des modernes,1787)中探讨了建筑的自然起源与农业的关联。他认为,建筑诞生于原始农业,源于耕种对天时物候的理解和与之相关的宗教行为。原始建筑所使用的象征语汇,体现了自然力量和创世者的伟大成就。维耶尔关于人类认识起源于农业,原始建筑的象征语汇与农业仪式的宗教目的紧密相连的观点,为勒杜将农业建筑提升至崇高地位提供了重要启示。简而言之,勒杜的基本建筑意图在于建立一套适合契约社会的全新语汇,而并非完全摒弃传统和装饰语汇。他通过巧妙的结合和创新,赋予了农业建筑新的意义和价值。

　　勒杜在肖镇理想城的公墓设计中巧妙运用了球体元素。这座公墓几乎完全掩埋于地下,只有坚硬且庞大的穹顶裸露在外。内部则是黑暗的长廊,壁龛中安置着死者的遗体,它们以"迷宫般"的形态环绕着位于中央的球体空洞。这个空洞平滑无起伏,仅通过顶部的孔洞透入一丝光亮。勒杜为公墓的死寂与空无赋予了牛顿宇宙般的启发式图景:地球与诸行星皆沐浴在云层中的光芒之下,而"那位建筑师"则在旋风和云间不懈地工作,支配着诸天。[②] 这里的"建筑师"与牛顿笔下的"工作日的上帝"相呼应,后者在天空中维持着宇宙的有序运转,而前者则在人间为社会的道德契约尽心尽力。古代自然哲学的几何原子论将水土火气四元素分别对应于四种基本几何形

---

　　① KAUFMANN E. Three Revolutionary Architects [J]. Transactions of the American Philosophical Society,1952,42(3):431-564.

　　② LEMAGNY J C. Visionary Architects:Boullee, Ledoux, Lequeu [M]. Santa Monica:Hennessey+Ingalls,2002:122-123.

状，这些形状以互不相容的方式组合，构成了丰富多彩、变化多端的物质世界。而勒杜则将这些简单的几何形状赋予构成社会基石的工农业生产者的小屋，作为肖镇理想城中为工农业生产提供基本支持的生产者之家。这些基本的生产者是社会的支柱性要素，他们的住所如同构成宇宙的基本几何形状，也是新社会整体时空的基本构成单元。肖镇，这座"穷人的庇护所"（图 4-8），宛如一位赤身裸体的哲学家，坐在卢梭所描述的河边橡树下，双手向天，渴望与云端的诸神重新订立自然的契约。众神正在见证菲劳罗嘉与墨丘利这对神与人的神圣结合，而远处，由密涅瓦领衔的缪斯女神们则准备向人间洒下知识的甘霖，作为与自然间签订新契约的见证与赠礼。这一场景仿佛重现了古代罗马象征普遍知识传授的神话，为肖镇理想城增添了深厚的文化底蕴与神圣的象征意义。

图 4-8 "穷人的庇护所"

4.3 工程师理性与工程技术职业化

在中世纪，建筑被归类于"武装"的机械艺术门类，这与其防御性特点紧密相关。工程师这一现代意义上的职业在 18 世纪诞生，经历了长期的经验积累和知识系统化的过程，其发展受到军事事业的显著推动。"工程师"（engineer）一词源自拉丁语中的"ingenium"，意为"思想"或"敏锐的智慧"。在 11 世纪左右，该词在文书中出现了拉丁语新词，如"ingeniator""engignor"

或"incignerius"等,它们均源自"ingenium",①并被用来描述战争机械的制造者和城市防御的建造者。然而,在中世纪,这个词在极少数文本中才被用来指代现代意义上的工程技术专家。在拉丁文本中,"ingeniosus artifex"(智慧的工匠)和"magister machinae"(大机械师)这两个术语常常被混用,用来指代工匠领袖或攻城机械的制造者。到中世纪晚期,"工程师"一词以"ingegnere"(意大利语)和"ingénieur"(法语)的形式融入罗曼语系中。15 世纪以后,"工程师"一词的使用变得更加频繁。在意大利,勘测绘图员和水渠修建者有时也被称为"ingeniarii"。18 世纪,这个词从法语被引入德语,被称为"Baumeister"(建筑师)或"Werkmeister"(工匠),这显示了工程与建筑之间的紧密联系。现代工程师(engineer)更准确的前身是法语中的"génie",即国家工程师,特指 18 世纪法国的军事工程师、皇家工程团成员,以及负责建造路桥等公共设施、机械设计与操作的工程师。② 到了 19 世纪中叶,尽管工程师的职责已经扩展,但《格林德语辞典》仍将"Ingenieur"列为外来语,并定义其为"战争建筑师或土地测量师"。从"工程师"的词源演变中,我们可以清晰地看到工程与建筑的融合,以及它们与军事之间的紧密关联。工程师的职责涵盖了城市攻防、大型城市建设项目和各种机械的设计与建造组织工作。

战争,自古以来便被视作一种普遍的技艺,它使得人们能够超越自身土地产出和生产技能的限制,迅速地将他人辛勤劳动的成果和地域性的独特产品占为己有。在罗马扩张其帝国版图的过程中,古代世界最富传奇色彩的机械师阿基米德,开创了几何理性传统中的数学-物理流派,其贡献不仅在于杠杆和滑轮的系统应用,还包括发明战争机器,帮助叙拉古抵御罗马的入侵。维特鲁威在青年时期作为随军工程师,追随恺撒南征北战,他在《建筑十书》中毫不犹豫地将筑城术、攻城机械以及武器的设计和制造纳入建筑师的职责范围。随着罗马帝国的解体,许多古代的工程技术逐渐失传,而相关知识则被用于修建大型修道院。在中世纪早期,仅有少数大型居民点修筑了防御工事,需要借助大型攻城机械才能攻克。到了中世纪中期,小型居民区也逐渐聚集成城市,并在周围修筑了防御工事。相应地,攻克和摧毁这些

---

① (德)凯泽,等.工程师史:一种延续六千年的职业[M].顾士渊,等,译.北京:高等教育出版社,2008:71-72.

② STRAUB H. A history of civil engineering:an outline from ancient to modern times[M]. Massachusetts:Branford,1952:118.

城市防御的大型机械也依赖于工程知识。这些机械包括：由木头搭建的高大攻城台，用于攻方兵士翻越城墙；防御城墙上方攻击的掩护棚，内部有时配备有摧毁城墙的撞击装置；以及大型投石机，能作为攻守双方的武器。木材的选取、随军运输、起重设备和能够快速建造的预制部件，均由工匠首领在军事统帅的要求下指挥并组织手工工匠完成。在14世纪火药从中国传入欧洲之前，攻城塔等大型机械的形态并未发生太大改变。然而，随着火药迅速被制造成发射弹药的战争机器，战争的机械化程度不断增长，芒福德所言"战争是机器体系的主要传播媒介"并非危言耸听。[①] 频繁的战争对武器的需求促进了冶金和采矿业的发展；同时，攻击与防御的博弈也推动了加固城市防御的筑城学的发展。16世纪的艺术家兼机械师达·芬奇、丢勒、米开朗琪罗等人都对战争和防御事业做出了重要贡献。到了17世纪，随着新科学的确立，讲求实际的军事工程师逐渐从受图绘训练的建筑师行当中独立出来。炮火攻击需要精确测算射程和攻击范围，而筑城防御则要求每个突出的堡垒上布置的交叉炮火能够完全覆盖堡垒间的区域。这些战争培育出的全新工程师们，兼具土建、机械和采矿等多种实用知识。[②] 无论是武器的组织化生产、城防建设，还是地形勘察、地图绘制，以及后勤补给的运输、供应和生产，都离不开准确的测算和计划。

4.3.1 军事工程从建筑学中区分出来

战争，本质上是一项由实际利益驱动的科技活动。城市防御，特别是筑城学，在所有建筑活动中最早孕育出实用主义的萌芽，并成为现代工程师成长的摇篮。15世纪，欧洲的君主们开始寻求巩固统治的策略。随着人口增长引发的土地问题，国家间的战争愈发频繁。因此，坚固的城墙、有效的防御工事和攻城器械成为君主们确保领土内统治稳定的必需品。到了15世纪，这些设计元素被整合到设计艺术（disegno）中，使得掌握绘图技艺的建筑师不仅能够设计教堂、宫殿和私人住宅，还能承担军事城防、桥梁和机械制造的设计与建造工作。对于阿尔伯蒂、菲拉雷特、马提尼等人来说，筑城学

---

① 刘易斯·芒福德. 技术与文明[M]. 北京：中国建筑工业出版社，2009：82. 为了克服封建主义危机，欧洲的国王们急切渴望土地和劳动力，以缓解因粮食危机产生的剧烈社会动荡，战争和殖民探险的最主要目的就是获得生存所需的食物、燃料，以及殖民地的驯服劳动力，此外香料和贵金属则能带来更多的利润。

② Ibid：84.

是建筑整体概念中不可或缺的一部分。阿尔伯蒂强调了城墙的防御性,菲拉雷特详细描述了如何迅速组织建造斯弗金达城的城墙,而达·芬奇和米开朗琪罗都曾涉足城市防御工程的设计。源自中国的火药在战争中得到了广泛应用,火炮的出现打破了传统战争中攻守的平衡,使得城市防御成为君主们关注的重点。面对中世纪城墙时,新型攻击武器具有显著优势,这促使国家将加强城市防御作为重要任务。频繁的战争推动了城市防御的需求,专门的城防工程师逐渐从建筑行业中脱颖而出。一方面,这些工程师能够成为君主的雇员并在政府中任职,提高了自身的社会地位;另一方面,城市能够吸引更卓越的专业人才,意味着城市的统治者能在更加坚固的城防下抵御外敌入侵,保护城墙内的统治,并借助先进的机械在攻城战中取得优势,以扩大领土和权威。

1. 均衡几何形

14 世纪,火药从中国传入欧洲,并迅速被应用于火炮的制造,极大地推动了攻城与防御工程的发展。大炮作为战场上的新兴武器,开始挑战中世纪城墙的防御能力,这些城墙往往难以承受长时间的炮火轰击。到了 15 世纪末,欧洲各地纷纷对城市防御工事进行了彻底的革新。主要的改造策略包括:降低原城墙的高度,并围绕其构筑壕沟和土堤,同时在倾斜的土堤上建造炮台。[①] 这种新式城墙设计——带有倾斜土堤的结构,相较于中世纪的垂直城墙,更能有效抵抗炮弹的袭击。斜坡地形使得进攻方的炮台难以接近,而土堤在遭受炮弹攻击时,能够使炮弹嵌入其中,减轻其冲击力。同时,防守方则能够利用土堤上的炮台,居高临下地向进攻方发起射击。此外,突出的棱堡设计解决了作战中的死角问题,确保了炮火的攻击范围能够覆盖到城墙角楼之间的区域。火炮的巨大优势促使筑城学逐渐专业化,虽然早期建筑师也曾负责筑城工程,但随着工程师与军事专家之间合作的日益加深,军人逐渐转型为工程师,并开始撰写关于城市防御筑城术的著作。到了 16 世纪中叶,军事与民用建筑学之间已经形成了基本的区分。[②]

然而,在文艺复兴时期,民用建筑与军事筑城学之间并未形成截然分开

---

① HALE J R. Renaissance Fortification: Art or Engineering? [M]. Thames and Hudson, 1977:7-8.

② KRUFT H-W. A History of Architectural Theory: from Vitruvius to the present[M]. New York: Princeton Architectural Press, 1994:109.

的职业界限。例如,彼得罗·卡塔尼奥(Pietro Cataneo,活动于 1555—1567 年)和温琴佐·斯卡莫齐(Vincenzo Scamozzi,1552—1616 年)在各自的著作中,不仅强调了筑城学的实用性,同时也始终追求城市布局与军事防御中的精神与审美价值。弗朗切斯科·迪·乔治·马丁尼(Francesco di Giorgio Martini,1439—1501)年轻时是一位画家、雕刻家和建筑师,后逐渐对工程学产生了浓厚兴趣。他的作品不仅展现了防御与攻城技术的考量,还体现了从建筑整体设计向军事工程的转变。作为一位实践工程师,马丁尼建造了若干城堡,这些建筑不仅具有军事实用性,还融入了审美元素(图 4-9)。他是一位注重实践的探索者,对与军事相关的物理学问题如弹道学也有所了解。与达·芬奇、米开朗琪罗、沙加洛一样,马丁尼也是一位受过广泛知识和绘画技能训练的艺术家-工程师。

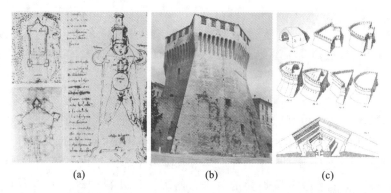

(a)   (b)   (c)

图 4-9 马丁尼手稿中城市-人体类比基于宇宙整体的精神关联性与实用性并存
(a)城市-人体类比;(b)防御性棱堡照片;(c)各种形状的棱堡

  阿尔布雷特·丢勒(Albrecht Dürer,1471—1528)的《城市、城堡和村庄的防御工事教程》(*Etliche vnderricht,zu befestigung der Stett,Schlosz,vnd flecken*,1527)被公认为第一本真正意义上的筑城学专著。这部作品不仅展示了筑城的实用性,还融入了乌托邦的设想。它首先强调了通过建设各种棱堡来增强现有城市的防御能力,进而提出了关于构建更为理想社会组织模式的见解。[①] 在"城防要塞"(fortified city)的规划中,丢勒选择将一座位于河边平地的要塞城市设计为方形体系,以此作为整体与局部的基本框

---

① KRUFT H-W. A History of Architectural Theory:from Vitruvius to the present[M]. New York:Princeton Architectural Press,1994:110.

架。城市中央的广场和王宫被壕沟和土城墙环绕,其他区域则根据行业和功能的关联性以及等级制度,同样采用方形布局,如铁匠铺与铸造车间相邻,市政厅和贵族府邸靠近王宫。丢勒还提出了一系列结合功能和伦理的社会组织化建议。他主张,只有那些对城防要塞有贡献的人才能居住其中,包括有能力、敬畏上帝、审慎、富有经验和男子气概的人,以及技艺精湛的工匠,他们能为要塞制造并使用武器。同时,丢勒认为,仿照古代大型工程,城防建设应优先雇佣穷人,既能为他们提供工作以维持生计,也有助于减少社会动荡因素,维护社会稳定。此外,丢勒还设想了位于山与海之间狭长通道的"城防通道"(fortified pass),以及能够容纳大量人口的"圆形城防"(circular fortification)。这些构想虽带有一定的幻想色彩,但丢勒使用几何形状并非仅仅出于军事上的考量,而是更多地反映了文艺复兴时期对精神性内涵的追求。海因里希·席克哈特(Heinrich Schickhardt,1558—1634)在 1599 年开始建造的佛罗伊登斯塔特黑森林镇(Black Forest town of Freudenstadt)中,便借鉴了丢勒的方形城防工事设计(图 4-10)。尽管社会效应和使用功能在设计中占据重要地位,但丢勒及其追随者并不过分担忧造价问题,因为他们认为与埃及金字塔相比,城防设施的建设成本要低得多,且更加实用和有益。[①]

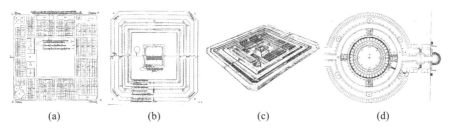

(a)　　　　　　(b)　　　　　　(c)　　　　　　(d)

图 4-10　丢勒的方形和圆形防御工事

(a)方形城防要塞平面布置;(b)方形城墙断面;(c)方形城防要塞复原图;(d)圆形城防

　　早在 15 世纪末,菲拉雷特在构想斯弗金达理想城的建造时就已经探讨了快速建造与预算造价之间的关联。建筑师在组织筑城活动时,不仅需要运用几何知识绘制设计图,还需借助数学的精确计算来制定工程预算、雇佣和组织工人,以及把控工程进度。菲拉雷特提出的假想城市快速建设方案

---

　　① DUFFY C. Siege Warfare:the fortress in the early modern world 1494-1660[M]. London and Henley:Routledge & Kegan Paul,1979:7.

同样基于丰富的想象。16 世纪初,一部重要的军事弹道学著作问世,极大地推动了数学知识在战争中的应用,并对该世纪的筑城学产生了深远影响。这部著作使得城市防御设计开始以炮弹的攻击方式为导向,而非仅仅依赖于形而上学的基本几何形状。威尼斯数学家尼科洛·塔尔塔利亚(Niccolò Tartaglia,1499/1500—1557)作为欧几里得和阿基米德著作的早期意大利文翻译者,在其弹道学著作《新科学》(*Nova Scientia*,1537)的扉页上,通过描绘防御性城市的图像,展示了数学从精神到物质的三重等级,暗示了弹道学所在的工程领域与数学知识的紧密联系,并阐明了弹道学在整体知识体系中的位置。尽管塔尔塔利亚的著作并未直接提及城防建筑的具体建议,但它仍为 16 世纪筑城学向军事经验转向提供了坚实的科学理论基础。

2. 筑城学的军事化和经验化

16 世纪,随着军事工程逐渐从建筑学中分离并趋向军事化和专业化,建筑师在建造活动中的主导地位开始动摇。乔万尼·巴蒂斯塔·贝鲁齐(Giovanni Battista Bellucci,1506—1554),虽未接受正式建筑教育,也非学者,却以其卓越的军事工程才能,成为佛罗伦萨统治者科西莫·德·美第奇(Cosimo de'Medici)麾下的军事工程师领袖,引领了筑城的军事化潮流。[1]他强调从军事视角重新考量城防工事的规划与修筑,认为传统的筑城学已无法满足当代的防御需求。那些接受过古典学术训练的建筑师或工匠,仅凭古典筑城技艺,已难以确保城市的坚固防护。贝鲁齐主张以弹道学为基石,将筑城技术按照其抵御火炮口径的能力分为实战级和非实战级。城市防御规划的职责不再由建筑师或工匠承担,而是由具备战争实战经验的战士来负责设计。随后,了解古代建筑原理的可靠工匠领班将负责实施余下的城防工程。这种专家合作的模式中,军事知识和实战经验占据了主导地位,而掌握古典建筑知识和审美理念的建筑工匠领班则成为城防建筑活动的辅助执行者。值得注意的是,尽管建筑工匠领班在建筑古典知识和审美考量上的作用有所减弱,但这些元素并未被完全排除在筑城学之外。贝鲁齐的主张迅速在欧洲传播开来,特别是在意大利、法国和英国,均有专著论证了方形规划在抵御炮火攻击方面的不足,并提倡采用带角楼的多边形城墙修筑方案。

---

① KRUFT H-W. A History of Architectural Theory:from Vitruvius to the present[M]. New York:Princeton Architectural Press,1994:112.

博洛尼亚工程师弗朗切斯科·德·马奇(Francesco de Marchi,1504—1576)作为教皇保罗三世(Pope Paul Ⅲ)的雇员,是一位职业军人而非艺术家。尽管他的教育背景有限,据记载他甚至在 32 岁时仍是文盲,[①]但他却深受贝鲁齐的弹道学思想及合作咨询理念的影响。不过,他重新确立了建筑师在绘制规划图方面的核心地位,并塑造了一种不同于维特鲁威和阿尔伯蒂的自由学识工程师形象——即那些在实际经验中接受训练、擅长建造活动规划与组织的工程师。德·马奇的合作理念并不仅限于士兵和建筑师之间,而是倡导以建筑师为中心,组织包括医生、农学家、矿物专家和占星家在内的多领域专家咨询团队。在这样的协作框架下,建筑师负责绘制规划图并监督建造,士兵负责确定地点和形式,医生提供环境和粮食储存建议,农学家确保粮食供应,矿物专家负责探明原材料贮藏,而占星家则负责选定开工的吉日。[②] 鉴于他主张建筑师在城市规划中的主导地位,德·马奇同样强调城市整体的几何均衡与美感,并寻求将其与军事、农业和工业的实用目标相结合。他坚信城市应以"坚固且美"为建设目标,推荐使用几何均衡与对称布置,但也鼓励根据具体情况灵活调整。此外,德·马奇还提出了另一种工程师类型——那些在实践中受训,虽未接受全面教育,但凭借经验和热情同样能够胜任规划和建筑工作的工程师。他的第三部作品是 16 世纪最全面的筑城学著作之一,其中详细列举并解释了上百座真实或假想地理条件下的要塞和城市规划案例。他对规则几何形城墙和内部放射形街道的偏好尤为显著,尽管他摒弃了不利于防御的方形城墙,但内部道路布置有时仍采用方形正交方式(图 4-11)。

军事工程重要性提升的一个显著表现,是人文主义者和工程师携手撰写著作,试图将城市防御的工程要素融入人文主义的知识体系之中。然而,这种尝试在某种程度上与已有发展的经验主义产生了冲突,导致了两者之间的张力。以重要筑城学著作《论要塞》(*Delle fortificazioni*,1564)为例,该书由人文主义者吉洛拉莫·马吉(Girolamo Maggi,1523—1572)和工程师贾科莫·福斯特·卡斯特里奥托(Jacomo Fusto Castriotto,1510—1563)共同编纂。其中,主要内容由卡斯特里奥托撰写,他作为贝鲁齐的朋友,专注

---

① STRAUB H. A history of civil engineering:an outline from ancient to modern times[M]. Massachusetts:Branford,1952:87.

② KRUFT H-W. A History of Architectural Theory:from Vitruvius to the present[M]. New York:Princeton Architectural Press,1994:113.

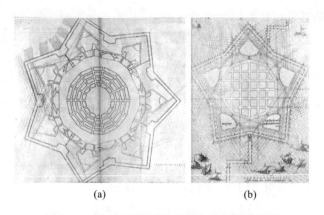

图 4-11　德·马奇的城市防御和规划布置案例

(a)星形城墙和放射形内部道路；(b)星形城墙和方形内部道路

于筑城学的实用技术层面。马吉，作为一位受人文主义熏陶的法学家，在书

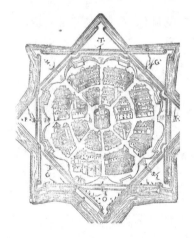

图 4-12　卡斯特里奥托设计的城镇：结合了由两个正方形嵌套构成的八角形城墙、圆形城镇和放射形街道

中的引言部分，通过引用历史素材，探讨了人类共同生存的要素，如家庭、房屋、邻里关系以及城市，试图强调社会结构在城防工程中的优先地位。他对方形和三角形城镇平面的反对，是基于这些形状在他看来"最不完美"的论点，这反映了他对于基本几何形象征性意义的重新解读。而卡斯特里奥托则从实用角度出发，推荐采用圆形或正多边形的几何形状来规划城镇和城防，认为墙面的曲折能增强防御的坚固性。他在城市规划中实际运用了八角形防护墙、圆形城镇和放射形街道的设计，这些都是基于他对基本几何形在实用方面的深入考量（图 4-12）。

　　军事工程被人文主义所吸纳，导致世纪之交的意大利筑城学回归几何形式主义，对圆形及其衍生的规则多边形和放射形街道布局产生了特别的偏好。这种将几何结构局限于特定形式，并主要基于形而上学假设即形状是否完美的观点，与以军事实践为导向的贝鲁齐和德·马奇的理念相去甚远。尽管加拉索·阿尔菲西(Galasso Alghisi,1523—1573)仍然视弹道学为城防建设的基石,但他却陷入了由马吉和卡斯特里奥托倡导的几何形式主义,过分推崇圆形及其衍生形状,而排斥方形和锐角棱堡。他认为筑城学是建筑、算术、几何和透视的综合体,使筑城学重新回到了阿尔伯蒂和瓦萨里所倡导的"disegno"范畴。伯奈尤托·劳瑞尼(Bonaiuto Lorini,1540—1611)则提出了一个包含九个棱堡、放射形街道和内部广场布置的城市规划方案,这与他后来在新帕尔玛城与朱里奥·萨沃嘉诺(Giulio Savorgnano)合作实施的方案相似。在他的著作中,劳瑞尼不仅为计算工程时间和成本提供了建议,还在第四卷中对现有的石头切割技术进行了扩展,这体现了军事工程与科学几乎同步发展的经验观察和定量测算的趋势。

4.3.2　工程师理性主导建筑

被战争驱动的筑城术历经长期的经验积累和标准化过程,工程师职业在 15 世纪至 16 世纪的经验积累基础上,于 17 世纪呈现技术知识系统化和工程师培养学院化的两大趋势。从 15 世纪到 18 世纪早期,筑城术不断累积标准化知识,从军事经验中提炼并超越个人经验积累,形成了一种可传授的职业知识体系。自 15 世纪起,军事工程与建筑设计的图绘传统开始分离,至 16 世纪中期,逐渐发展成为一门融合数学与军事经验的独立学科,其中几何和算术为经验知识的专业化提供了有力支撑。众多工程师愿意将个人经验公开化,通过书籍的形式广泛传播,极大地推动了工程学的职业化发展。例如,西蒙·斯蒂文从 16 世纪末开始,不仅为荷兰王子工作,监督各类工程项目并提供应用数学咨询,还出版了涵盖数学、算术、静力学、流体力学、筑城学等领域的著作。制图技术、三维模型以及通过出版物公开的技术专利,为个人经验的传播开辟了新途径。尽管 16 世纪的意大利筑城学著作曾建议设立城市规划议事会,让建筑师、军士或其他有经验的人士共同商议设计,但这种基于个人经验的协商机制已逐渐难以满足实际需求。此外,书本内容与实际情况之间的差距也依赖于测量学的直接经验来弥补。测绘技术不仅便于工程师掌握场地特殊地形,精准的土方计算还能切实地为城防建设节省开支。在 17 世纪上半叶,军事工程师卡萨帝和雅克·奥兹南各自发明了新的测量工具,尽管工程技术的实践要素仍受几何学理论普遍性的指导。战争促使建造活动本身成为目标,加之 17 世纪末认识论的转变,理论几何学逐渐转变为工具性的应用几何学,定量测算开始应用于工程计划制定和材料造价预算。当时,工程与建筑领域的界限尚未明确划分,军事工程中的机械力学原理和定量预算已被一些建筑师应用于非军事的民用建筑中,这一趋势将在大革命后通过综合工科学校的教学,成为建筑师和工程师的普遍认识。

1. 军事工程测量和预算

17 世纪上半叶,军事工程师仍然受到建筑理论传统知识地位的基本假设影响,尽管在城市规划中加入了特殊地形和材料强度的考量,但他们仍然倾向于维护规则几何形,尤其是基于圆形的正多边形的核心地位。然而,到了 17 世纪下半叶,筑城学对基本几何形的偏好发生了根本性变化。这一时期的认识论革命使得原本占据主导地位的几何学逐渐被视为一种以实用和经济为导向的技术工具。孔特·佩根(Count Pagan)在 1645 年的著作中提出,筑城学作为"科学"并非纯几何学,其研究对象是"物质的"且基于经验,但他并未对不规则形城市做过多的讨论。巴洛克建筑师瓜里尼在《论筑城学》(*Trattato di Fortificazionee*,1676)中虽然从材料和结构的角度考虑了建筑形态,但他仍然强调基本几何形的象征性价值。雅克·奥兹南在《论筑城学》(*Traité de Fortification*,1694)中则体现了将几何学实用化和形式化的倾向(图 4-13)。尽管他并未像意大利的贝鲁齐或德·马奇那样直接在筑城学中引入弹道学或静力学,但他依然坚信规则几何形是军事科学稳固性的保障。这部作品具有明显的实用和工具化导向,系统地比较了前人的筑城方法,使几何学成为解决所有问题的有效手段,并试图排除真实世界的偶然性和个别经验的"干扰"。在《数学教程……人类战争的必需》(*Cours de Mathématiques···Nécessaires à un Homme de Guerre*,1699)中,奥兹南赞扬了数学绝对的确定性在所有科学中的核心地位,并将数学与诗歌对立,前者作为纯形式提供了更为稳固的科学基础,而后者则仅仅让人沉迷于脆弱的感官体验。这些观点已接近伽利略关于稳固客观的科学与含糊主观的非科学之间的区分。然而,真正引领未来的是法国军事工程师塞巴斯蒂安·勒·普莱斯特·德·沃班(Sébastien le Prêtre de Vauban,1633—1707),他首次从现代工程学的视角审视问题。

沃班,路易十四时代最为杰出的军事工程师,[1]他率先领悟了伽利略的

---

[1]　沃班自 1655 年起任国王常任工程师,曾经成功围城 50 次以上,设计并改造过多达 160 座堡垒。1678 年被任命为"筑城总监",1703 年晋升为法兰西大元帅。

图 4-13　奥兹南的筑城设计

（几何是准确描绘规则与不规则城市防御布置的手段）

科学精神,将定量的数学方法广泛应用于追求效能的军事工程和政治经济学的社会事务中。他不仅在个人实践上,而且在制度建立上,都被视为现代工程师的先驱。沃班首次以我们今日所熟知的现代工程学方式,将数学作为高效实践工具,全面应用于地形测绘、城墙设计、炮火配置、食物补给、兵力部署、工程预算以及水利设施建设等军事和公共事务的多个方面。此外,他还是法国工程师团选拔制度的创立者,这一制度后来成为欧洲乃至全球范围内国家工程师培养体系的前身。[①] 沃班在继承和发展筑城学前人学说的基础上,进行了诸多技术革新,其独特性在于他推动了几何学从纯理论向实用工具的转变,为工程学的发展指明了方向。

　　沃班深刻认识到理论与现实之间的鸿沟,直到晚年才撰写著作分享他在军事工程领域的丰富经验。他并未像前人那样将几何学视为超越军事经验的普遍知识,而是明确告诉读者,阅读其著作无须以几何学为基础。沃班坚信,在策划围城战时,仅仅依赖书本知识制定战斗计划是远远不够的,实际战斗中,关于城市和地形的第一手资料才是关键。数学作为定量计算的利器,被用于精确计算火力、食物补给、兵力投入等与城市防御和棱堡设置密切相关的参数。沃班的筑城方案条理清晰,通常包括:对城市背景的介

　　① 　STRAUB H. A history of civil engineering:an outline from ancient to modern times[M].
Massachusetts:Branford,1952:118-119.

绍、各组成部分的详细描述、带有材料使用统计的花费预算,以及项目特色或优势的分析。[①] 他基于经济效率的原则,列出了涵盖基础、砖石瓦工、分配计划、木工、门窗构造等百余项考察内容。沃班还主张工程师应参与筑城工程的管理,以加强工程组织的严谨性,从而降低造价。这种报告和方案展示的方式,不仅使建造活动更加系统化,还有助于控制预算、提高效率。沃班还详细描述了工程师应具备的知识储备,包括数学、几何学、三角学、测量学、地理学、民用建筑学和图绘方法,并主张通过考试选拔国家工程师,这些要求成为 1699 年后工程师团选拔考试制度的基础。至 17 世纪末,沃班已享誉欧洲。然而,进入 18 世纪后,尽管仍有出版物试图将沃班的体系与其他人的进行比较,但筑城学著作的数量急剧减少,其地位在军事工程学中的重要性也逐渐降低。筑城工程学的重心从建筑转向工程技术本身,从审美设计转向对材料的控制性管理。[②] 沃班的贡献为世界向更复杂、更大型机械化转变铺平了道路。

2. 工程教育制度化

随着现代国家的崛起和稳固,工程师的职业化及其知识体系逐渐系统化。在 16 世纪末的西班牙菲利普二世宫廷中,为应对全球殖民扩张对技术人员的需求,曾有过设立国家统一管理的工程师学校的构想,然而这一设想最终未能实现。佛来芒工程师西蒙·斯蒂文于 1600 年创建了工程师学校,致力于培养以应用数学为基础的土地测量师和军事工程师,这或许是历史上最早的工程专科学校。然而,真正对现代工程师制度产生深远影响的,是法国在路易十四时代建立的工程师团选拔制度,以及随后基于此制度构建的工程师培养体系。德国由于长期未能形成集中制国家,而英国的经验主义则对纯理论学习持保留态度并摒弃了大陆的教学体制,这使得法国工程师教育制度在培养工程师的数量和质量上始终占据欧洲领先地位。在 19 世纪以前,德国由多个大小邦国构成,其中大邦国参照法国模式建立了军事工程师学校,而小邦国在面对复杂的工程需求时则多依赖于外来工程师。随着工程需求的不断增加,那些尚未建立专门学校的国家开始在大学中设立

---

① Georges Michel,"Histoire de Vauban";Paris,1879. 转自 STRAUB H. A history of civil engineering:an outline from ancient to modern times[M]. Massachusetts:Branford,1952:120.

② 刘易斯·芒福德. 城市文化[M]. 宋俊岭,等,译. 北京:中国建筑工业出版社,2009:98.

专门的工程学教席。① 与法国由强大政府主导文化和生产领域不同,英国的大型工程多由私人提议并建造。在 19 世纪以前,英国政府并未积极推动工程师教育,也未建立起大陆式的官方教育体系。② 尽管存在由顶尖工程师组成的社会团体,但大多数从业者仍从手工业阶层发展而来,他们更重视工地直接经验传授的学徒制,而对大陆工程师的理论和学院式教育持保留态度。这些工程师对整个行业的取向产生了深远影响,他们以实际经验为导向,塑造了行业的发展方向。

法国的工程师团在 17 世纪主要在政府官员、建造师和建筑师中招募成员。到了 17 世纪末,法军中的军事工程师组建了两个重要的军团:炮兵团 (Corps d'Artillerie) 和由军事建筑师构成的军事工程师团 (Corps du Génie)。在和平时期,这些军事工程师驻扎于各地的要塞中,负责要塞的日常管理;一旦战事爆发,他们便迅速集结,参与作战。他们的职责广泛,涵盖要塞的建造与管理、火炮的铸造,以及在阵地战或包围战中布置炮火等。在专门的教育机构建立之前,工程师们主要通过阅读出版物和积累实践经验来获取所需知识。直到 1697 年沃班创立了工程师团选拔考试制度,工程师团的组织架构才逐渐固定化。

在 18 世纪中叶以前,英国、法国和德意志联邦的科学院中兴起了一股直接参与工程技术问题研究的学术风潮。这一潮流涉及对各种自然科学和技术问题的实验与讨论,并将研究成果记录在科学院的出版物上。法国工程师团最早的考试官 J. Sauveur 和 F. Chevallier,均为皇家科学院的杰出几何学家。③ 他们为应征的工程师设定了明确的知识要求,④包括测绘和测量防

---

① 1712 年萨克森的奥古斯特从炮兵中分出军事工程师部队,并采用单独授课的方式培养学生。到 1743 年由新成立的德累斯顿工程师学院培训军事工程师,到 1766 年又成立一所炮兵学院。七年战争结束后,萨克森工程师军团有 60 多名成员,既负责军事工程又服务民用建筑。1799 年,普鲁士依照巴黎桥梁和道路学校模式在柏林创办普鲁士建筑学院。起初学院涵盖技术和艺术,后来改为培养地下和房屋结构以及测量领域的技术官员。

② 英国军队中的工程部门规模很小,职责范围限定在测量学和地形学方面。英国的伍尔维奇皇家军事学院(Royal Military Academy)专门为军队工程师培养后备人才。(德)凯泽,等. 工程师史:一种延续六千年的职业[M]. 顾士渊,等,译. 北京:高等教育出版社,2008:129-130.

③ 在法国教育体制和工程师教育体制中,以数学为基础的选拔考试被称为 Concours,一直是区分低级学校和精英学校的标志。原本为工程师军团选拔人才设置的考试制度,以智力而非门第为主要选拔标准,使得低级贵族和市民能够通过工程师选拔考试接受科学教育,成为为国家服务的专职人员。

④ PÉREZ GÓMEZ A. Architecture and the crisis of modern science[M]. Cambridge, Mass: MIT Press,1983:199.

御工事、工程预算与建造计划的制定等。此外,他们还需要精通算术、几何、水平测量等基础知识,掌握机械学和水力学的基本原理,以及地图绘制方法。备考时,他们参考了贝利多尔的《工程师的科学》和《建筑水力学》,以及弗雷泽的《论石材切割》等经典著作。进入 18 世纪后,法国在大革命前共创办了五所工程师学校,这些学校后来发展成为巴黎综合理工学校的前身(成立于 1794 年)。[①] 其中,位于比利时边界附近梅济耶尔要塞的军事工程学校(Ecole Royale du Génie)由加缪(Charles Étienne Louis Camus,1699—1768)担任考试官。1755 年,加缪的职责扩展至炮兵学校,并在接下来的三年里同时负责炮兵学校和军事工程师学校的课程设置。他所编写的《数学教程》(Cours de Mathématiques)成为教学的主要教材,内容涵盖几何、算术、比例以及基础静力学和机械学,这本书在很大程度上是基于他为建筑师准备的基础教程。

在加缪的任期内,另一位科学院成员查理·博斯(Charles Bossut,1730—1814)被任命为军事工程学校的数学教授,并作为建筑学院的非正式成员。博斯曾尝试在课程中引入透视、微积分和动力学等先进概念,但初期并未直接取代加缪所设定的以数学为基础的考试科目。随着牛顿主义的广泛传播,18 世纪下半叶的军事工程师教育开始更加强调实验物理学和实际应用。同时,军事工程学校也设有由 abbé Nollet 执教的物理课程,涵盖实验物理、自然科学以及各类工业实践的观察教学。在新院长的支持下,博斯的课程最终获得了官方认可,并取代了加缪原有的教程。新课程的核心在于将代数、解析几何和微积分等数学工具融入工程师的教育中,帮助他们解决机械学、材料强度计算、挡土墙设计和流体力学等领域的实际问题。然而,院长也意识到微积分的复杂性,因此将其定位为少数优秀学员的进阶课程。1770 年,博斯被任命为工程师学校的考试官。他的教材内容广泛,但在理论体系上尚不完整。1772 年,他为军事工程学校编写了涵盖解析几何、代数、流体力学和微积分等知识的教材。在《论几何要素和将代数应用于几何的方法》(Traité Élémentaire de Géométrie et de la Manière d'Appliquer l'Algèbre à la Géométrie,1777)一书中,博斯颠覆了传统几何学作为理论核心的地位,认为代数通过符号建立的定量关系比几何学更为抽象和高级。相

[①] 从 1720 年炮兵学校专门培养军事工程师开始,到 1747 年成立巴黎道路和桥梁学校。1748年军事工程学校(Ecole Royale du Genie)在梅济耶尔(Mezieres)成立,海军学校(1760)和巴黎矿业学校(1783)也相继成立。

对而言,几何学处理的是有形对象,建立在视觉和触觉基础上的点、线、面关系。博斯这一对代数与几何新关系的洞察,预示了以代数为基础的解析几何在工程学中的广泛应用前景。

在博斯任职期间,画法几何学的奠基人加斯帕尔·蒙日(*Gaspard Monge*,1746—1818)被任命为梅济耶尔军事工程学校的数学和物理教授。梅济耶尔军事工程学校于 1794 年停办,后由大革命后新成立的巴黎综合理工学校所取代,后者成为 19 世纪实证主义科学技术思想与教学的重要基地。蒙日的画法几何奠定了综合理工学校教育的基石。蒙日在年轻时期已在里昂的学校教授物理,并使用自制工具绘制了家乡的大比例平面图。19 岁时,他进入军事工程学院深造,并应用画法几何原理绘制了军事防御工程的设计图。在军事工程学校任教期间,蒙日强调了几何投影和透视学的重要性,认为它们是军事工程不可或缺的精确化工具。这些研究成果后来成为《画法几何学》(*Géométrie descriptive*,1799)的主要内容,该书因涉及国防机密而延迟了三十年才公之于众。大革命期间,蒙日被委任为制炮总监,在恐怖时期流亡海外幸免于难。重返法国后,他成为综合工科学院的创始人和核心负责人。[1] 作为拿破仑的支持者,他参与了埃及远征,并出任埃及研究院院长。他还曾担任参议员,并被授予伯爵头衔,其官方身份和深厚的理论教学使他成为拿破仑时代法国数学界的领军人物。蒙日的画法几何成为综合工科学院的核心课程,对包括建筑学在内的广泛理科教学产生了深远影响。正投影法,也被称为"蒙日法",是斜投影的基础。几何图绘用于确定每个构件的轮廓,而透视学则用于确定图绘或水彩画中的阴影,这在军事作业中绘制精细图形时尤为关键。蒙日甚至认为,使用画法几何描绘建筑的各个部分不仅与建筑结构的稳定性有关,还与建筑的装饰紧密相连。蒙日的画法几何学源于 17 世纪末德萨格和帕斯卡基于普遍精神追求推动的射影几何学。到 19 世纪末,蒙日实现了德萨格的理想,创立了一门能够统领所有实践的普遍几何学。他首次实现了将真实世界的物体轮廓准确地表现在二维平面上,并能够从平面图形逆推至三维,为工程学的发展做出了杰出贡献。

法国大革命爆发后,工程师学校被视为旧制度的残余而被革命派关闭。然而,这一变革并未削弱工程师团在旧政时期的声誉。从革命政府到拿破

---

① (英)亚·沃尔夫.十八世纪科学、技术和哲学史(上册)[M].周昌忠,等,译.北京:商务印书馆,1991:47-49.

仑执政,工程师团的规模不断壮大,为法国的对外扩张政策提供了有力支持。1794 年,巴黎综合工科学院(*École Polytechnique*)作为替代性的官方教育机构重新成立,标志着工程师培养体系进入了新的发展阶段。这一时期的工程师培养体系明确贯彻了"技术乃是应用科学"的理念,分为基础和专业两个阶段。巴黎综合工科学校承担了基础教学阶段的任务,工程师候选人需在此学习两年。在这两年中,蒙日的画法几何占据了核心地位,占据了全部基础课程的一半,其他课程还包括物理、化学、徒手画和数学。完成基础课程后,学员将根据最终考试成绩转入"应用学校"(*École d'application*)继续深造 1 至 3 年,以完成专业技能的培训。这些应用学校包括巴黎军事学院、梅茨炮兵和军事工程应用学校、布莱特海军工程师特别学校、巴黎道路与桥梁学校以及巴黎矿业学校。学员毕业后,将以军事工程师官员、炮兵官员和民用工程师的身份服务于社会。① 画法几何的基本假设在认识上的客观性和方法上的普遍性,通过制度化的需要,成为综合工科学院科学特征的合法性基础。其图像再现技术也成为建筑师、结构工程师和机械工程师交流的一般可视化语言。蒙日坚信,无论是为山地确定水平标高、为军事将领提供敌军位置地图,还是设计采矿、磨坊所需的各种机械,受过画法几何训练的工程师都能发挥关键作用。巴黎综合工科学校全面侧重于数学和自然科学的教学,其培养出的知名科学家所展现的计量和实用倾向,不仅主导了自然科学和社会科学的思维方式,也形成了国家工程师认识论的普遍信念。19 世纪,奥地利、德国和俄国的首府纷纷建立综合工科学校,这些学校都直接继承了巴黎综合工科学校的认识论与教学法,②将基于功利主义和实证主义的认识论种子广泛传播开来。

3. 综合工科学院与唯科学论

巴黎综合工科学院的创办,实际上标志着大革命前后认识论和方法论通过教育制度实现了对社会一般认识的决定性转变。哈耶克将其概括为三个相互关联的结果③:一是旧制度的崩溃,要求政府、道德、观念和风俗的全

---

① KURRER K-E. The History of the Theory of Structures: From Arch Analysis to Computational Mechanics[M]. Ernst & Sohn, 2008: 53-54.

② Ibid: 55-58.

③ (英)弗里德里希·A. 哈耶克. 科学的反革命:理性滥用之研究[M]. 冯克利, 译. 南京:译林出版社, 2016: 112-114.

面重建;二是旧有教育制度的崩溃与全面重组;三是教育制度的重组,最终引发了一代人对世界看法的根本性变化。其中,巴黎综合工科学院的建立是这一转变的战略中心,它主导了社会意识和科学知识从启蒙理性向"工程师理性"的演进。画法几何的创始人加斯帕尔·蒙日,作为革命时期的海军部长和后来拿破仑的挚友,倡导了一种综合所有工程教育的大学教育模式。1794 年,他与学生拉扎尔·卡诺共同创建了巴黎综合理工学院,致力于应用科学教育。蒙日的画法几何成为该学院应用科学教育的核心课程,为培养新型专业人才奠定了基础。历史上首次出现了这样一群人——经过严格学校教育而具备深厚学问的专业工程师。[①] 他们的社会地位不断提升,工程师教育体制和专门学校的建立与军事组织化和军事目的紧密相连,成为拿破仑在欧洲扩张中的关键技术支撑。他们取代了过去的理论家,被视为掌握普遍知识的人。然而,由于综合工科学院几乎完全摒弃了文科教育,这些科学家和工程师对于社会、生命、成长、问题与价值等方面的知识了解甚少,导致他们在这些领域处于不自知的无知状态。

受综合工科学校科学精神的启迪,空想社会主义者圣西门(Comte de Saint-Simon,1760—1825)提出了围绕"科学宗教"构建工业乌托邦的设想,为未来的社会形态绘制了蓝图。现代实证主义正是从圣西门的思想中汲取养分而发展起来的。实证主义的奠基人孔德,在其青年时代深受圣西门的影响。[②] 圣西门在大革命后广泛接触综合理工学校的学者,并构想出他的新社会计划——"空想社会主义",即构建一个以牛顿崇拜的"科学宗教"为核心的社会组织和分配制度。[③] 圣西门坚信信仰在社会组织中的核心地位,认为新的社会结构必须围绕新信仰的构建来展开,无论是早年的"科学宗教"还是信仰与工业的结盟都体现了这一点。在 1803 年发表的《一个日内瓦居民给当代人的信》中,他以自然科学的英雄牛顿为榜样,提出了一个社会改造计划。他前所未有地按照文化程度将人类分为三个阶级,并据此分

---

① Ibid:114.

② 孔德青年时代追随圣西门,曾在综合工科学院受工程师训练,后退学。在圣西门的最后时光中(1817—1825),孔德担任他的秘书,与他合写了《论实业体系》(1821),并共同创办《组织者》(1819—1820)杂志。后来孔德以一系列著作成为现代实证主义方法论的创始人。

③ 马克思使"空想社会主义"与"科学社会主义"相对,后者处于 19 世纪实证主义科学观的语境之下,同样倾向于贬抑形而上学,促进有步骤可实施的现实社会变革。

配权力[①]:学者、艺术家和一切有自由思想的人构成第一阶级,引领人类理性的进步;有财产但"不进行任何改革"的人属于第二阶级;而在"平等"的口号下联合起来的人,包括除以上两个阶级之外的一切人类成员,则属于第三阶级。圣西门提出从第一阶级中选拔出各领域[②]的杰出人才,组成由数学家担任主席的"牛顿议会",作为国家的领导和决策核心。这一设计与拿破仑在综合理工学校中排斥文科教育的主张相呼应。在圣西门的构想中,"牛顿议会"如同上帝在人间的代表[③],他们将引导人类借助科学的力量再次将人间变为天堂。他强调全人类的共同利益在于科学的进步,每个人都应以自己的力量为人类造福,无论是通过劳动的双手还是思考的大脑。在圣西门构想的新社会中,劳动被视为人的本性和社会价值的源泉,而那些不劳动的寄生者则被排除在生产和社会关系之外,甚至不能被称为真正的人。这一思想深刻反映了圣西门对于社会结构和人类价值的独特见解。

圣西门倡导社会重组,旨在终结革命并恢复秩序,他主张以科学为基石,全面规划人类生活的各个方面。在《19世纪科学著作导论》中,他进一步细化了社会改造的蓝图,提出建立以物理主义为核心的新宗教——"科学宗教",以取代传统的宗教信仰。这种科学宗教是各个科学领域应用的集合,旨在让有知识的人引领无知者。[④] 他将社会划分为两个阶层:受过教育的自由主义者与无知的愚昧者。在"科学宗教"尚未稳固之际,他主张对前者传授物理主义,对后者则采用一神论的教义。他支持的"科学宗教"以物理学家替代神学家,以拿破仑皇帝为精神领袖,通过法国科学院来发展和推广物理主义,同时借助法国教育署来普及物理学一神论。[⑤] 然而,圣西门也意识到"科学宗教"的潜在风险,并避免其走向绝对化,认为一旦它成为压迫的工具,神职人员的威望和财富也将随之消散。[⑥]

---

① (法)圣西门. 一个日内瓦居民给当代人的信(圣西门选集第一卷)[M]. 王燕生,等,译. 北京:商务印书馆,1979:1-27.

② 数学、物理、化学、生理学、文学、绘画和音乐。

③ (法)圣西门. 一个日内瓦居民给当代人的信(圣西门选集第一卷)[M]. 王燕生,等,译. 北京:商务印书馆,1979:1-27.

④ (法)圣西门. 十九世纪科学著作导论(圣西门选集第三卷)[M]. 董果良,等,译. 北京:商务印书馆,1985:104.

⑤ Ibid:113-114.

⑥ Ibid:105.

随着圣西门与奥古斯丁·梯叶里及其他追随者共同创办《与商业和制造业结盟的文学和科学产业》杂志,他的兴趣逐渐转向科学与工业的紧密结合,视工业为实现"科学宗教"世俗力量的关键。在 1819 年与奥古斯特·孔德合办的《组织者》杂志中,圣西门对 1803 年著作中提及的由"科学宗教"支撑的新社会构想进行了新的阐释,并结合他对工业的热爱,展现出一个全新的面貌。他认为,国家的文化繁荣和社会进步更多地依赖于少数科学家、艺术家和手工艺人中的天才,而非贵族、军人、教士、政客和富人。[①] 那些通过劳动为社会作出贡献的学者、艺术家和手工业者,被圣西门誉为"产业者",他们应当取代传统社会的上层寄生阶级,成为新社会的领导者。在这样的政府中,领导者的职责在于规划和组织社会生产,以更好地组织社会生产为导向,推动新社会的政治进程。对于社会成员而言,是否参与劳动成为衡量其是否承担社会责任的标准,他们的权利也应根据其劳动价值进行公正分配。

在这个以艺术、科学和工业为核心构建的新型社会中,社会组织方式严格遵循生产流程进行划分,政府的决策和规划亦紧密围绕生产的经济和效率展开。所有的"产业者"依据生产流程的不同阶段,被精细地划分为三个组织:①发明会(chambre d'invention),汇聚了 200 名工程师和 100 名包括建筑师在内的艺术家,他们负责为公共项目描绘蓝图;②审议会(chambre d'examination),由生物学家、物理学家和数学家的各 100 名精英组成,负责审核和批准项目计划;③执行会(chambre d'exécution),则是由最杰出、最成功的企业家构成,他们负责计划的监督与实施。[②] 整个社会的运作模式,实质上就是生产计划的策划、审查和执行,政治活动也转化为组织生产的行动,而社会整体福祉则通过提高生产效率来不断推动社会的进步。

在科学家云集的巴黎综合工科学院中,孕育出改变 19 世纪社会总体思想的最强大精神力量:现代社会主义和实证主义(唯科学主义)。[③] 随着学院专业科学家和工程师教育体系的建立,这些思想通过受教育者的传播,在欧洲社会广泛形成了对人类社会的新态度,即经济和效率成为新的社会伦理道德认同。巴黎综合工科学院在摒弃旧有形而上学的同时,也构建了一种

---

① (法)圣西门.组织者(圣西门选集第一卷)[M].王燕生,等,译.北京:商务印书馆,1979:235-249.

② OSSE,vol.20:17-26,转自(英)弗里德里希·A.哈耶克.科学的反革命:理性滥用之研究[M].冯克利,译.南京:译林出版社,2016:144.

③ Ibid:107.

新的"形而上学虚构"①，即认为在普遍精神的鼓舞下，人的理性能力无边界，可以驾驭并控制过去一直威胁他们的所有力量——包括神力、自然以及一切不确定的偶然性。

　　早在 18 世纪初，休谟就通过极端推演揭示了经验主义抽象认识的荒谬性，最终回归宗教的神秘主义。而综合工科学院则强调实践应用，所有学科都倾向于培养能在军事或民用领域运用所学知识的工程师。然而，关于理性边界的探讨，在 18 世纪中叶随着感觉论的广泛传播而兴起，却在 19 世纪初因综合工科学院刻意排除形而上学和文科科目，而促成了"唯科学主义"在现实中的普遍认同。圣西门的多项重要观点，为现代社会主义和实证主义提供了共同的思想源泉。他的人民创造历史、阶级斗争的学说；人类的劳动本性、生产者社会组织体系；对工业生产的热情，以及将政治实践等同于生产科学的理念，都通过其学生和信徒传递给了卡尔·马克思，并融入科学社会主义理论中。而他晚年的追随者奥古斯特·孔德，则成为现代实证主义方法的奠基人。孔德在唯科学论的道路上比圣西门走得更远，他与老师分道扬镳的原因在于圣西门对宗教信仰的坚持。至此，科学与技术的结合，通过知识和物质的再生产，共同创造并分享了社会福祉。工程师理性的经济和效率导向，成为新型社会伦理价值的核心评价标准。

4. 建筑与工程师理性

　　民用建筑与美术学校的改革和扩张始于 18 世纪中叶。在此之前，产业和经济意识已在启蒙时代萌芽，但真正使工程师的理性成为建筑师主导价值观的，是大革命后建立的教育制度。在启蒙时代，人类的理性与激情及其先后次序和权重，仍在一般认识中处于胶着状态。建筑师如部雷和勒杜，虽意识到建筑语汇需要彻底变革，但仍以感性认识为基础，未将实用性和工程效率作为建筑形式的主导因素。他们与社会契约论者和重农学派结盟，运用几何象征激发人们的普遍情感，让人们回顾先于社会存在的自然状态，并基于自然法重新建立人与人之间的情感纽带。然而，大革命中理性与激情的激烈冲突，使原本勉力维持的平衡被打破。民众无拘无束的激情与罗伯斯庇尔理性的狂热，使革命者之间的观念对立转变为恐怖时期的暴政，从思想的交锋演变为肉体上的摧残和消灭。面对此景，欧洲社会决心将理性与激情、自然与人类社会彻底分离。18 世纪，美学与逻辑的区分、崇高与美的

---

① Ibid:117-118.

分离、材料测量和解析几何学的进步，为 19 世纪的最终抉择奠定了基础。由"主权在民"推动的社会组织方式的变革，为新的道路提供了制度保障。功利主义主导的自由主义应运而生，鼓励各国以进步为基本假设，推动更高效的社会变革，制定各种经济和效率导向的计划方案。这些变革推动了建筑观念的转变，从道德伦理转向效率伦理，从自由意志的激情转向功利主义，从追求美和崇高转向追求高效经济的生产制造，从美学导向转向技术导向，从历史相对主义转向折中主义。简而言之，建筑认识至此完成了从启蒙时代的科学理性向现代技术理性的最终转变。使用、经济、效率、材料、结构、功能和准确计量，成为这一时期建筑理论的核心关键词。这些决定性转向的关键概念，如使用、材料、结构、功能和准确计量，早已由功能主义者们奠定了基本内涵。19 世纪的贡献在于，使经济和效率真正成为建造活动中的主导价值，数学计量方法成为实现功利主义社会伦理的高效工具。美被转化为实现功效最大化的自然结果，装饰需以材料和功能为前提，受到历史相对主义和社会伦理功效论的双重挑战。

勒杜的学生路易-安布鲁瓦兹·迪比（Louis-Ambroise Dubut，1760—1846）的著作《民用建筑》（*Architecture Civil*，1803）先于老师的作品一年问世。在这本书中，迪比用文字与图片记录了他于 1797 年获得巴黎美术学院重建后首次竞赛大奖后，受赞助前往意大利旅行的所见所感。尽管他受教于勒杜，并继承了老师对民用建筑尤其是居住建筑的偏爱，但他并未延续勒杜"建筑言论"对"个性说"的探索，也没有深入挖掘建筑整体形式与装饰要素在语义表达方面的潜力。相反，他回溯至 18 世纪初米歇尔·德·弗雷曼（Michel de Frémin）的理念，即"使用"（utilité）主导下的原功能主义。迪比提出了民用住宅设计的三大原则：合理的布置（disposition）、健康的居住环境（salubrité）以及经济的考量（économie）。在这里，美再次被置于满足使用需求的次要位置，但它被简化为满足基本生活需要的功利性愉悦。迪比以使用需求的满足替代了美学主张中的感性愉悦或崇高体验。在书中，他简要阐述了对装饰的看法："外部装饰的灵感源于两个方面：一是总体设计方案的需求，二是所用材料本身的特性。"①

装饰的正当性不再仅基于审美体验，而是需以平面布置和材料特性为

---

① La décoration extérieurement naît de deux choses principales，de la disposition du plan et de la nature des matériaux qu'on emploie. . . Dubut，Architecture civil，introduction. 转自 KAUFMANN E. Architecture in the Age of Reason：baroque and post-baroque in England，Italy，and France［M］.［Hamden，Conn.］：Archon Books，1966：209.

基石来支撑。对于阿尔伯蒂及其追随者而言,这一观点无疑是颠覆性的,因为他们坚信装饰是人类超越自然的象征,融合了灵魂的神圣与技艺的精湛,为自然造物增色添彩。洛多利及其弟子们是18世纪最显著地探讨装饰与物质材料之间紧张关系的学者。到了18世纪末,建筑师与工程师在这一问题上的分歧愈发明显,不同建筑师也呈现出各自独特的倾向。

勒杜和部雷等建筑师则忽略了材料和结构的表现力,将其视为建筑语义表达的附属物理层面。他们甚至将材料特性,特别是材料强度,视为表达上的障碍,并通过想象的图像来克服这一难题。加固开裂的圣彼得大教堂的穹顶形状在18世纪成为公众关注的焦点。而圣热内维也夫教堂则坚持希腊-哥特式的民族主义理念,并以洛吉耶的棚屋理念为依据,执着于卢浮宫东廊式的独立梁柱结构。然而,伽利略时代的"理论瑕疵"始终未能解决材料强度理论计算值与实际承载能力之间的巨大差异,这也让热内维也夫教堂的形式与结构问题困扰了至少两代人。迪比的《民用建筑》中的住宅2号案例,显著地展示了平面布置与装饰的分离。其中,"哥特"和"意大利"(即文艺复兴)两种截然不同的装饰风格被巧妙地融入完全相同的平面布置和结构框架中(图4-14)。^① 这一实践预示了后来空间布置与装饰分离的可能性,同时也反映了新古典主义风格论中的历史相对主义倾向。迪比的这部著作对德国新古典主义者卡尔·弗里德里希·申克尔产生了直接影响,后者在柏林阿尔德斯博物馆的主楼梯设计中明显参考了该书。此外,德国也是19世纪阿尔加洛蒂式严格主义的最大认同者和发展者。

5. 迪朗与综合工科学校的建筑教程

让-尼古拉-路易·迪朗(Jean-Nicolas-Louis Durand,1760—1834)是"革命建筑师"部雷的学生。他同样追求在科学综合之后建筑的新普遍性,但迪朗的目标并非启蒙时代的情感教育,而是侧重于设计方法论,旨在为国家工程师提供迅速且高效的技能培训。迪朗对公共建筑也颇感兴趣,他倾向于采用简单的几何形体,但更注重功效论的价值取向,使经济效率和使用功能成为塑造建筑形式的主导力量。迪朗自1777年起在部雷的事务所担任绘图员,并获得高度赞誉。进入皇家建筑学院深造时,部雷已担任学院的二级会员。在学院,迪朗跟随佩罗内(当时最负盛名的桥梁工程师和路桥学院的创始人)和考古学家于连-大卫·勒罗伊(Julien-David Leroy,1724—1803)学

---

① Ibid:209.

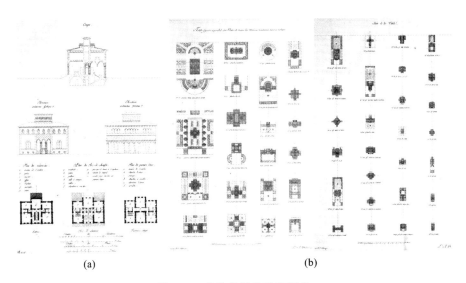

图 4-14 迪比的居住建筑图集

(a)住宅 2 号,完全相同的空间布置和结构分别有两种截然不同的历史风格立面,暗示结构与装饰的分离;(b)各种住宅类比,严格正交对称平面布置

习。勒罗伊的著作《希腊最美的纪念性建筑》(*Les Ruines des plus beaux monuments de la Grece*,1758—1770)是第一部基于实物测绘的希腊考古严肃作品。他认为希腊艺术的卓越性源于其环境、社会和政治背景,是希腊文化整体一致性的一个体现。从勒罗伊的主张中,我们可以看到凯吕斯伯爵(Comte de Caylus,1692—1765)的考古-艺术史古典方法,以及孟德斯鸠关于地理与环境对文化特殊性影响的观点。作为历史主义法国学派的代表,勒罗伊既与同期的英国希腊考古学者有所争议,也是希腊与罗马之争的中心人物。皮拉内西在这场争论中站在罗马人一边,反对勒罗伊和温克尔曼对希腊建筑的推崇。然而,在评价希腊建筑的价值时,勒罗伊并未像温克尔曼那样将其视为至高无上的完美典范,而是持有一种历史主义的进步论观点。他认为希腊建筑承接了埃及和腓尼基的传统,同时又影响了拜占庭和基督教建筑,是艺术历史中达到高度和谐的一个时期。希腊建筑的成就并非不可超越,其艺术的卓越性有可能被今人再次企及。佩罗内和勒罗伊分别代表了工程师的理性精神和历史主义的前驱,这双重影响无疑对迪朗产生了深远的影响。

迪朗在 1778 年至 1780 年间三次角逐罗马大奖,首次未获最终评选结果,但随后的两次均荣获二等奖。① 大革命无疑激发了他的建筑创想,大约在 1809 年,他开始为一部图文并茂的著作绘制草图,旨在为新社会的公共建筑提供全面方案。这些草图深受部雷和皮拉内西的影响,展现了他早期在公共建筑设计方法论研究中混合了感觉论的历史主义倾向。这项为出版物所做的详尽研究准备后来被龙德莱命名为《大型建筑的原理及准则》(*Rudimenta operis magniet disciplinae* ···),使他对前人的"个性说"与"类型"问题有了深刻的理解,为后来更加系统化的比较及设计方法论的建立奠定了坚实的基础。② 在 1793 年恢复的第十五届建筑竞赛中,迪朗凭借名为"平等神庙"(Temple of Equality)的设计方案摘得桂冠。随后,综合工科学校(Ecole Polytechnique)于 1794 年成立,成为革命政府一系列建制活动的关键标志。迪朗在综合工科学校成立的第二年(1795 年)起便在其中任职,并持续从事教学工作直至 1830 年。

为了给巴黎综合理工学校的未来国家工程师们提供建筑方面的教学指导,迪朗出版了其首部著作《古代与现代建筑对照汇编》(*Recueil et parallèle des édifices de tout genre, anciens et modernes*),其中更多地体现了勒罗伊的影响。该书是一部纪念性建筑的类型图集,以字母顺序索引关键字,通过图解形式汇集了各民族在各个时代最具代表性的纪念性建筑(图 4-15)。这种图像化比较方式,为后来比较人类学中的"物质文明"概念奠定了基础③,并扩展至不同民族的服饰、语言、工具等生活与生产的多个方面,形成了一种普遍适用的比较研究方法论体系。迪朗并非图示比较形式的开创者。早在文艺复兴时期,帕拉第奥便以统一比例比较不同建筑类型,塞利奥也对意大利和法国的建筑进行了比较;同时代的迪比专注于居住建筑的比较,加布里埃尔-皮埃尔-马丁·杜蒙德则出版了比较意大利和法国剧场的专著,维克多·路易专注于当代剧场的比较;勒罗伊则对历史上带穹顶的基督教堂进行了比较。然而,这些比较大多局限于单一建筑类型的特殊构成,更侧重于为特定问题的解决提供建议,而非形成系统化的设计方法论。迪朗也非首位将各民族建筑图像化的人。18 世纪初,约翰·伯恩哈德·菲舍尔·冯·

① VILLARI S. J. N. L. Durand(1760—1834):Art and Science of Architecture[M]. New York:Rizzoli International Publications,1990:24-25.

② DURAND J-N-L. Précis of the lectures on architecture:with,Graphic portion of the lectures on architecture[M]. Los Angeles,CA:Getty Research Institute,2000:6.

③ VILLARI S. J. N. L. Durand(1760—1834):Art and Science of Architecture[M]. New York:Rizzoli International Publications,1990:54-56.

埃拉赫(Johann Bernhard Fischer von Erlach)在其建筑史著作中已罗列了君士坦丁堡的清真寺、中国的宫殿等各民族古代建筑奇迹。然而,迪朗的目的并非像埃拉赫那样,让读者在比较中了解各民族社会生活方式和特征的差异,而是更接近于勒罗伊,试图将建筑特别是纪念性建筑视为人类文化活动普遍性的一个切面。尽管迪朗在扉页中引用了勒罗伊的复原图,但他摒弃了阴影和环境的表达方式,这与前人有着显著区别。书的扉页四角分别绘有四个神像,代表欧洲、亚洲、非洲和美洲,四周环绕着各民族代表性纪念建筑的透视图(图 4-16)。值得注意的是,除了标题页中的纪念性建筑采用透视表现外,书中其他建筑均按照功能和类型排列,并统一比例绘制平面、立面和剖面正投影图。迪朗在历史建筑的比较中,完全采用正投影线描图作为建筑表达的一般模式,摒弃了明暗、阴影、环境特征和透视表现等图画性特征。他运用几何作为严格再现工具和图形化的抄写技术,排除所有情感和感性特征,展现了一种以实证科学为参照的严格化认知倾向,以及为建筑创造一种彻底独立于绘画的抽象描述语汇的基本意图。迪朗在前人的基础上,试图区分历史建筑实物中的特殊性和一般性,将特殊方面系统化为建筑的语汇要素,而将一般共性系统化为依步骤实施的设计原则,即形成了一套设计方法论。

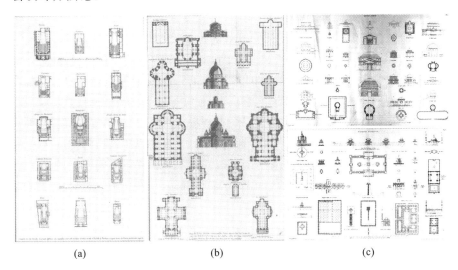

(a) (b) (c)

图 4-15　建筑古今类型比较的图像化方式

(a)维克多·路易的现代剧场同比例比较;(b)大卫·勒罗伊的基督教堂比较;(c)迪朗的圆形神庙比较(上)和清真寺、塔比较(下)

(a) (b)

图 4-16 迪朗建筑类型与诸民族建筑

(a)《古代与现代建筑对照汇编》扉页,迪朗,1800;(b)勒罗伊复原的雅典卫城山门,1758

迪朗在综合工科学校的讲座内容结集成《综合工科学校简明建筑教程》(*Précis des leçons d'architecture données à l'École Polytechnique*),并陆续出版。这部原本为工程师撰写的建筑教程,后来经过再版并翻译成多国文字,[①]成为 19 世纪上半叶最具影响力的建筑理论著作之一。在巴黎综合工科学校的教学中,迪朗将部雷所推崇的基于人类普遍情感效果的公共教育主张,推向了启蒙精神的极致——科学教学法和设计方法论。部雷认为,教育要达到普遍效果,基础在于观看者的感觉普遍性和自由意志。而迪朗则使思想服从于方法,使设计结果通过精确预测和控制的绘图构成。部雷的建筑理念介于精确计算和天才灵感之间,其最终目标是让建筑给观看者带来的印象成为诉诸人类普遍情感的建筑话语。而迪朗则追随狄德罗,视教育为解放人们于偏见和无知的重要工具,通过推动教育公平促进社会道德和文化的进步。[②] 他决定让建筑设计的教学法全面转向精确科学,这意味着未来的建筑师们在经过由简到繁的渐进学习、理解和训练后,将如同工程师一样,以经济性和实用性为最高准则,成为推动社会功利伦理发展的忠实实践者。在《综合工科学校简明建筑教程》(下简称《教程》)中,迪朗关注建筑

---

① 1831 年翻译为德语,后于 1840—1841 年间在比利时再版。1813 年出版《新简明建筑教程》,最后于 1821 年出版《建筑教程图版》。考虑到建筑公共教学的需要,迪朗将所有书的著作权转让给综合工科学校以支持教学。《建筑教程图版》在迪朗的学生 Coudray 的监督下于 1831 年出版德语版。正是迪朗著作的德语版中提供的方法论,影响了冯·克雷泽(von Klenze)、辛克尔(Karl Friedrich Schinkel)等晚期浪漫古典主义建筑师。

② VILLARI S. J. N. L. Durand(1760—1834):Art and Science of Architecture[M]. New York:Rizzoli International Publications,1990:34-35.

与民用工程学的区分,并预测后者将获得独立地位。他将建筑最重要的概念简化为两项:得体(convenance)和经济(économie)。① 其中,"得体"原则涵盖了坚固(solidité)、健康(salubrité)和舒适(commodité);而"经济"原则则包括对称(symétrie)、规则(régularité)和简单(simplicité)。特别是"经济"原则,它不仅将古代和谐数比简化为对称和规则,还将新古典主义中源自牛顿宇宙观的简单性原则,转化为 19 世纪的实用主义。

6. 设计要素句法化和步骤程序化

与考夫曼列举的"革命建筑师"不同,彼得·柯林斯将迪朗也归为 18 世纪末的第四位建筑革命者。② 迪朗的独到之处在于,他首次将经济视为建筑形式的积极因素,而非一种限制性障碍。以往的建筑师虽未全然否定建筑的经济考量,但总是与其妥协而受到局限,这表明经济在传统观念中扮演着消极的角色。然而,随着重商主义成为 18 世纪下半叶包括建筑在内的多种艺术教育改革的主要推动力,经济也成为巴黎综合工科学校的重要导向。迪朗顺应时代潮流,致力于工程师建筑教育,并在建筑理论领域极具创新地首次将经济作为推动建筑设计的主动积极因素。他运用几何图绘作为工具,对建筑进行要素化和设计程序化,赋予了这一过程独特的认识论内涵和自由主义对工业增进国家利益的倾向。尽管迪朗与部雷都以圆为理想形状,但两者在认识上的根本差异导致了他们在主张相同形式时,却有着截然不同的解释。部雷沿袭了传统观念,认为圆涵盖了所有正多边形,象征着宇宙的完满性。然而,迪朗的解释则完全不同,他摒弃了圆形作为所有向心形之祖的古老象征性内涵,赋予了这一特殊的基本几何形以现代观念特有的效率和经济最大化的解读。迪朗认为,在所有形状围合的封闭平面中,圆以最短的周长围合最大面积,是最经济也最完美的形式。他史无前例地将经济效应最大化,为抽象形式的完美性提供了合法论证(图 4-17)。

迪朗的建筑研究深深植根于现代科学的分析方法,它是对建筑各组成部分要素进行基于系统分析的综合研究。他坚信,建筑的整体构成是基本要素排布组合后的结果。因此,建筑学习应聚焦于两个核心方面:基本要素的分析及其排布组合的探讨。据此,迪朗将《教程》精心划分为三个部分:首

---

① KRUFT H-W. A History of Architectural Theory:from Vitruvius to the present[M]. New York:Princeton Architectural Press,1994:274.

② 其余三人分别是英国的约翰·索恩和法国的部雷和勒杜。(英)彼得·柯林斯. 现代建筑设计思想的演变[M]. 英若聪,译. 北京:中国建筑工业出版社,2003:9-14.

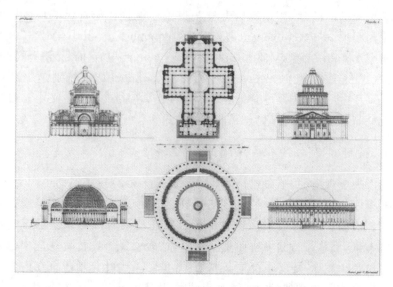

**图 4-17　迪朗以圣热内维也夫教堂为例,论证圆形在经济效率上较希腊十字更具
"完美性"**

[(上)十字形平面(当前方案),(下)圆形方案,同样面积所需柱子更少、墙体更短,也更经济]

先探讨建筑要素,接着解析整体构成,最后分析建筑类型。在建筑要素部
分,他根据结构原则,将建筑分解为墙、柱、楣梁、拱廊、穹顶和阁楼等基本单
位。这些基本要素既是材料和结构的实体,也是建筑构成的物质和形式语
言,它们之间并无等级之分,而是相互平等、协同工作。教程的第二部分是
其核心,专注于建筑构成。它详细阐述了如何将第一部分的结构要素以水
平和垂直的方式组合成建筑的各个部分,如柱廊、厅堂、连廊、楼梯、房间、庭
院、地下室和喷泉等。这些部分又按照"水平和垂直"的逻辑,进一步组合成
完整的建筑体。迪朗倡导一种以平行正交网格为基础的设计方法,该方法
从平面布局出发,逐步引导至垂直方向的整体设计。线性要素如墙和柱廊
沿着轴网垂直布置,柱子位于轴网交点,而门窗则设置在平行轴线的中点
(图 4-18)。这种从结构要素到建筑局部,再到整体建筑的组合过程,被迪朗
称为"构成",它是一套有步骤、从局部到整体、连贯而系统的建筑设计方法
(图 4-19)。教程的第三部分专注于不同建筑类型的组合,使迪朗被誉为现
代建筑类型概念的先驱。这部分内容主要分为城市和建筑两大领域。城市
部分包括进入城市的道路、陵墓、城市大门和凯旋门等基础设施;以及街道、
桥梁和广场等交流空间。建筑部分则涵盖公共和私人建筑,其中公共建筑
如神庙、宫殿、法庭、市政厅、大学、图书馆等,均作为拿破仑式城市的典范,

在拿破仑时期开始建设,并延续至后世,由学院的学子或迪朗的追随者们逐一实现。[①] 随着迪朗教程在欧洲大陆北部国家,尤其是德国的广泛传播,他对于建筑类型的建议也成为德国、丹麦、荷兰等国新古典主义城市的建筑典范。[②]

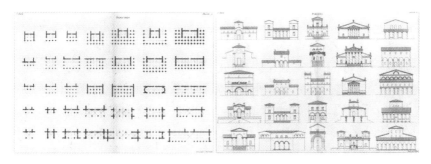

图 4-18　柱廊平面(左)和立面(右)

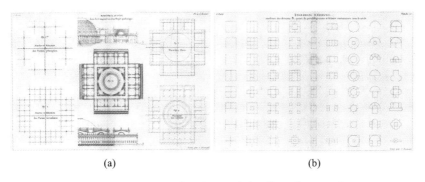

(a)　　　　　　　　　　　　　　(b)

图 4-19　迪朗的设计生产:"设计步骤"和"装配大厦"

(a)《教程》第二版(1825)中的"设计步骤"图示(fig1.轴线:建筑主要部分的数目与位置;fig2.网格:建筑次要部分的数目与位置;fig3.结构:绘制墙面;fig4.结构-装饰:柱子布置);(b)平行线文法规范及其与圆形的结合

迪朗将建筑的基本结构要素比作句子中的单词或音乐中的音符,将建筑的构成法则视为构建句子的语法规则。然而,他这种句法类比忽视了语言与建筑之间深层的差异。语言和音乐能表达的意义远超过其形式组合,

①　HITCHCOCK H R. Architecture, Nineteenth and Twentieth Centuries [M]. Baltimore: Penguin Books,1958:22.

②　Ibid:22-42.

而迪朗的设计法有时可能陷入纯粹的形式游戏,缺乏深层的意义指涉。当经济成为建筑设计的积极因素时,美和装饰的地位发生了转变,前者成为实用的自然产物,后者则被视为效率之外的冗余。迪朗通过几何图形化的工具,将基本几何形视作最经济的形式模板。这些几何形不再是自然和人造物共有的形式基础,而是成为与社会经济高效联系的操作性工具,从科学的必然性转向技术的功效性。他拒绝将自然视为建筑的模板,而是将建筑视为指向生产的工艺,而非模仿艺术。公制体系的引入,使得基于人体的基本度量成为历史,否定了建筑比例模仿人体的传统正当性。迪比和迪朗都认为,将传统比例视为决定建筑尺度的首要因素是不合理的。同时,视觉愉悦的主体权力和想象性暗示也被颠覆。美的愉悦转变为基于机械论的自动机制,当采用基于经济原则的设计方法论时,便能产生满足基本需要的功利愉悦。装饰在这种情境下,则被视为满足"非理性"幻想的无谓开销。对于迪朗的老师部雷而言,精确算计与天才灵感之间的冲突一直是他关注的焦点,最终他选择以想象图画来表达其理念。而迪朗则认为,建筑师的天才就在于精确的算计。功利主义为建筑师提供了社会伦理的合法性基石,他们的职责在于以有限的经费为私人委托建造适用的建筑,以及以最经济的结构满足公共委托所需的各项功能。

　　本章主要探讨了机械论宇宙确立后,建筑在总体知识体系中位置的转变,以及其在追求普遍性道路上出现的分歧。自17世纪机械论宇宙成为普遍解释体系后,到18世纪中叶,建筑知识出现了新的普遍化追求,形成了理性认知与想象认知的两种对立观点。此外,另一条不可忽视的轨迹是,自16世纪起,由战争驱动的军事工程逐渐从建筑师的普遍活动中独立出来。在17世纪末之前,地图绘制、弹道科学、职业军人的战争经验以及城市防御规划等,都对建筑图绘传统构成了挑战。到了18世纪,法国率先建立了军事工程师的选拔与培养制度,极大地推动了现代工程师的职业化进程。随着官方军事和民用工程师教育机构的建立,建筑师追求美学与工程师追求实效的目标差异进一步加剧。直至18世纪末,巴黎综合工科学校的建立标志着迪朗基于工程师理性的建筑设计方法论的形成。

　　怀特海认为,在19世纪众多发明中,最为重要的并非具体技术成就,而是方法论这一抽象认识工具的发明。迪朗在建筑领域运用其设计方法论,旨在将设计教学从个体天赋差异和偶然性中解脱出来,转化为一系列可遵循的理性"构成"原则。科学方法论使得原先含糊而神秘的思想和依赖于天赋与偶然性的创造活动,转变为可控和可预期的固定步骤和过程。设计方法论消除了理论与实践之间以往必须依靠个体积极行动才能弥合的鸿沟，使构思成为纯概念与发明之间的有组织的步骤和可控进程的计划。实证主义在教育模式中的渗透，不仅推动了知识的专门化，也使知识创造变为一种有步骤可循、结果可预期的可控过程。[①] 然而，法国的知识生产主要服务于拿破仑的帝国梦想。巴黎综合工科学校进一步狭隘化了科学知识的目标，将其严格限制在技术培训范围内，专注于培养为帝国服务的军事和民用工程师。法兰西帝国皇帝对"意识形态"的蔑视，以及对法兰西学院道德和政治科学部的压制，加剧了这种趋势。随着 19 世纪现代世界体系的最终确立，由巴黎综合理工学院培养的科学家和工程师的实证思维方式，从欧洲扩展至全球。工程师理性主导下的实证方法论，无意识中融入了现代世界的总体认知，对后世产生了深远的影响。

---

① 怀特海.科学与近代世界[M].何钦,译.北京:商务印书馆,1959:111.

　　科学革命颠覆了传统知识对世界的总体解释,代之以全新的机械论图景。基于对世界普遍的机械论理解,建筑在满足功能需求和结构-材料理性的基础上,能够自然展现出美感,从而削弱了美与装饰作为艺术核心价值的地位。原先由上帝担保的人与自然之间的神圣精神联系,逐渐转变为一种主体与对象、主动与被动、控制与被控制的关系。现代技术在对自然的全面胜利中,人类自视为自然的统治者,将神性彻底从世界中驱逐。19 世纪,古希腊机械论者伊壁鸠鲁提出的无神论的原子论世界,在学科原子化和全面世俗化的浪潮下成为现实。然而,一个世纪前的牛顿,尽管以数学化的哲学为宇宙提供了普遍解释,但上帝仍在维持世界的运转中发挥着关键作用。西方在失去宗教超越性权威的庇护后,人与自然、人与人、不同文化和民族之间出现了沟通断裂的危机,文化间的孤立与异化现象愈发严重。一方面,世俗化的自由主义越来越强调个体自由和权利的特殊性,另一方面,在追求个人利益最大化和效率的同时,却难以在更高层面上达成道德伦理的普遍共识。虚无主义作为世俗化认知的产物,既是尼采宣告“上帝已死”、批判基督教极端自我压抑的起点,也是其构想超越基督教善恶判断的超人形象的终点。

5.1　建筑存在价值:从追求美到满足使用

　　随着世界的世俗化进程,日常生活的种种需求逐渐瓦解了包括建筑在内的传统艺术的神圣地位。传统艺术之所以能够超越日常生活,正是基于它们对普遍性的认识和客观性的表达,进而实现其伦理目标。在 15 世纪,阿尔伯蒂仍视装饰为人类参与实现宇宙最高目的的一种积极途径。然而,到了 18 世纪初,法国财政部官员弗雷曼开始为大众写作,他强调“使用”的重要性,将其置于美之上,并质疑柱式在建筑中的核心地位,认为它不过是建筑中的“次要元素”。弗雷曼的这一观点,最初仅得到了关心私人住宅的民众的认同,而当时的学院建筑师们则将其视为外行的荒谬之谈,未予理会。

　　直到 18 世纪中叶之前,夏尔·巴多还在以“有用”和“愉悦”的对立来区分机械与更高级的美术。然而,巴多的追随者们很快忽视了他艺术分类的初衷,错误地将民用建筑归类为美术范畴。到了 18 世纪末,关于美与使用的一般道德价值判断发生了逆转,“使用”优先于“美”的观点在学院中成了新古典主义者的共识。德·昆西在其艺术百科全书《*Encyclopédie*

Méthodique》(1788—1825)的"建筑"词条中,便明确表达了这一观点:

> 艺术是愉悦和需要(necessity)之子,帮助人形成伙伴关系以忍受生命之苦痛,并将他的记忆传递给后代。在这些艺术中,建筑毫无疑问占据着最突出的地位。仅从使用的角度来看,它就超过了所有的艺术。建筑有益于城市的健全,守护人们的健康,保护他们的财产,它的作用是安全、休憩和市民生活的良好秩序。[①]

在德·昆西的时代,建筑之所以超越其他艺术形式,并非因为阿尔伯蒂赋予其普适的宗教与道德实践价值,也非夏尔·佩罗所描述的涵盖自由艺术与现代科技成就的"百科全书艺术",而是因为它通过满足使用功能来维护城市和市民生活的秩序。建筑必须凭借其物质上的坚固性和实用性,通过维系并推动世俗社会秩序化,才能实现其真正的社会价值。然而,工业化生产和市场激励下,个别建筑项目往往被裹挟在丧失超越存在必然性的潮流中。1848 年欧洲革命浪潮在普鲁士被镇压后,森佩尔在《科学、工业与艺术》一文中,致敬《共产党宣言》的同时,正式指出科学与技术发明与需求之间的主从关系已经发生逆转,从少数发明主导需求转变为消费主导下大量的发明创造。[②] 这一转变预示着欧洲正全面进入以机器化材料加工为基础的商品生产时代,这将打破过去建筑材料及其形式之间通过手工劳动建立的稳定对应关系。同时,手工劳动赋予传统材料和形式的独特价值,在机器生产的高效材料加工下,将受到极大的贬损。森佩尔在此清晰地预言:在工业化生产和消费主导发明的现代社会背景下,受消费欲望驱动的政治经济因素,将最终导向一切历史形式及其价值的终结。[③]

5.2　历史终结与装饰之死

在 19 世纪末的最后十年里,建筑领域传统的结构与装饰分野的形式,在无意义的历史主义、材料结构理性、社会经济学、浪漫主义和虚无主义等多

---

① M. Quatremere de Quincy, Encyclopédie Méthodique etc., Paris 1788, vol. Ⅰ:109. 转自 TAFURI M. Architecture and Utopia[M]. Cambridge, Massachusetts, and London: The MIT Press, 1976:12.

② (德)戈特弗里德·森佩尔. 建筑四要素[M]. 罗德胤,等,译. 北京:中国建筑工业出版社, 2010:120.

③ Ibid:120.

重思潮的冲击下,逐渐消解了其最后一点存在的必要性。同样是在 19 世纪的最后十年,维也纳建筑师奥托·瓦格纳(Otto Wagner,1841—1918)、英国建筑师威廉·理查德·莱瑟比(William Richard Lethaby,1857—1931)、美国建筑师路易斯·亨利·沙利文(Louis Sullivan,1856—1924),以及奥地利建筑师阿道夫·路斯(Adolf Loos,1870—1933)等人都敏锐地捕捉到了历史的终结感,并据此断言传统形式和装饰的终结。

维也纳建筑师奥托·瓦格纳深受森佩尔思想的影响,却走向了象征主义的反方向——机械功能主义与控制论。在他的著作《现代建筑》(*Moderne Architektur: Seinen Schulern ein Fuhrer auf diesem Kunstegebiete*,1896)中,瓦格纳首次断言,在现代生活与历史断裂的背景下,新的建筑形式应彻底摆脱历史先例和自然的束缚。现代建筑师的任务在于创造纯粹表达现代生活的新形式,这些形式既不需要借鉴历史建筑的先例,也无须从自然中寻找原型,而是完全源于自身并服务于自身的创新。[①] 在这种理念下,建筑师被赋予了类似造物主的绝对权力。建筑作为被创造的对象,应努力展现人类近乎神性的力量。建筑师"无中生有"的创造力取代了传统中"无中生有"的全能上帝,几乎成为隔绝于自然的现代人类世界的全新造物主。他们的创作素材不再是水、土、火、气这些基本元素,而是新材料、新技术、新结构以及新的社会需求,这些需求受到材料科学、工程学和政治经济的深刻影响。尽管瓦格纳声称建筑师不应仅被当作工程师来训练,但这些看似全能的造物者实际上仍需要依赖工程师的知识和技能。瓦格纳在积极拥抱均质化、现代化的民主生活的同时,支持国家将整个社会纳入军事化的全面控制之中。他主张建筑师应享有创作的自由,却又将建筑艺术的表达限制在极小的范围内:强调结构与材料的支配性作用,以及通过直线条和平坦表面来表达的纪念性。瓦格纳为建筑师描绘的现代形象,是一个充满矛盾的复合体。他们既是主动的又是被动的,既是超越的又是受限的,既是自由的又是被奴役的。这种形象恰如中世纪晚期关于"无中生有"的上帝形象所引发的神学论争,同样陷入了逻辑矛盾的循环论证之中。在没有基督教义担保的情况下,建筑师们试图拥有与上帝全能相似的权威,却不可避免地陷入了自由与奴役无法回避的悖论之中,最终可能遭受现代虚无主义的致命打击。

威廉·理查德·莱瑟比在 1892 年的著作中表达了对历史终结的相似感

---

① MALLGRAVE H F. Modern Architectural Theory: A Historical Survey,1673—1968[M]. New York: Cambridge University Press,2005:205.

受,但他通过建筑模仿自然的新象征主义,巧妙地避免了瓦格纳绝对主义引发的逻辑困境。与瓦格纳的自然-人类社会二元论不同,莱瑟比通过模仿论强调了自然与人的紧密联系。他认为,建筑不仅要遵循材料的本质属性,还要回应并表达人类平等自由、相互依存的新需求。现代新象征主义旨在展现平等与自由,因此不能简单地借用历史装饰来实现这一目标。莱瑟比基于这一逻辑,合理推断出附丽于历史主义的传统装饰终将消亡。

美国建筑师路易斯·亨利·沙利文在1892年的论文中宣称,装饰是"人类心理的奢侈而非必需"。他强调建筑"强壮、健康、简洁"的韵律形式本身,具有宁静而高贵的生命美感。[①] 沙利文作为一位持有机功能论观点的浪漫主义者,其"形式追随功能"的著名宣言与结构和装饰分离的论断,并未完全归入机械论的理性主义范畴。他基于建筑实体构成与装饰间分离的认识,断言美的建筑可以不需要装饰作为支撑,但同时他也认为,通过建筑师的研究与创造,结构与装饰可以达到更高层次的和谐统一。因此,一个由建筑师精心构建的和谐整体,不可能完全去除装饰而不损害建筑个体本性的表达。

维也纳的阿道夫·路斯提出了"装饰就是罪恶"的论断,这一观点与沙利文的"形式追随功能"一样广为流传,预言了文明演进将最终在日常生活中消除装饰。[②] 除了受到沙利文的影响外,路斯还回应了森佩尔之前关于政治经济学的评论。他认为,装饰在现代生活中已失去语义价值而变得陈旧,对瓦格纳为现代建筑设定的新任务——符合材料特性、传达时代精神——并无助益。此外,如果以劳动量来衡量建筑的价值,那么难以加工的石材和矫揉造作的装饰都将沦为金钱的游戏。[③] 路斯对装饰的宣言值得深入探讨。他区分了实用与非实用、古代与现代建筑中装饰的必要性,主张现代社会中一切具有实际用途的产品都应摒弃装饰,但他又赞赏原始部落和古代建筑上的装饰,并在自己设计的纽约电报大楼中直接使用了独立的多立克柱。就工业产品的价值评价而言,如果现代社会鼓励以金钱和劳动量作为衡量产品好坏的标准,并据此对建筑乃至人格进行道德价值判断,那么这不会使社会变得更好,反而会导致更大的罪恶。因此,文明的进步不在于追求材料的昂贵和装饰的繁复,而在于从数字计量转向创作质量的评判标准。路斯

---

① (美)路易斯·沙利文.沙利文启蒙对话录[M].翟飞,等,译.北京:中国建筑工业出版社,2015:200-203.

② LOOS A. Ornament and crime:selected essays[M]. Riverside,California:Ariadne Press,1998:167.

③ LOOS A. On Architecture[M]. Riverside,California:Ariadne Press,1995:37-41.

为装饰导致的危机提供了终极解决方案——在日常建筑中摒弃装饰，以"空间设计"（raumplan）即空间操作来解决设计问题。这样高质量的艺术创造将协同文明演进的力量，最终将人类从名为"装饰"实则是对物质不竭欲望的奴役中解放出来。

5.3　建筑知识追求超越性抽象

这也是我们整个讨论的核心议题，即探寻西方工业革命前建筑理论与实践中的精髓，这些精髓与现代科学思想和启蒙运动先驱者的目标相契合——超越物质世界的有限性，追求知识所指向的超越性、抽象性目标。维特鲁威的《建筑十书》在知识追求上深受希腊自由思考的影响，同时融入了罗马人特有的实用主义倾向。维特鲁威，作为服务于罗马两任执政官的学者，致力于将建筑纳入瓦罗所列的自由学科之一，使建筑知识服务于罗马帝国权威的扩大和增强。通过组织和建设神庙、公共建筑及设施，建筑成为帝国首脑与民众在神意见证下建立稳固保护关系的媒介。借助人造物的美学魅力，利用技术手段打造宏伟的公共建筑，以彰显建筑的权威象征。与此同时，犹太教神学家斐洛体现了古代晚期希腊知识传统与宗教神秘主义结合的深远影响。斐洛认为，实际建筑并非知识传递的必需中介。相较于人工建造的圣殿，《摩西五经》中直接受神启示的神圣建筑规则，已揭示了神创宇宙和普遍知识的蓝图。对宇宙神庙的静观，是人类从世俗世界逐步迈向终极知识真理的道路。基督教借鉴了斐洛的观点，将建筑视为认识论的典范，通过救主耶稣基督的血肉献祭，为信徒们开辟了从世俗世界通向终极知识启示的救赎之路。教会和信众无须依赖砖石建造的有形神庙，也能团结一致，形成高度精神化的社会共同体。君士坦丁大帝改宗后，基督教成为帝国的官方意识形态。为了实现教育、宣传和政治合法化的目标，再次产生了对有形物质神庙的需求。然而，古代晚期神圣与世俗的界限使得知识追求更多地指向神圣的精神目标。在帝国晚期的普及科学读本中，建筑被排除在七艺之外，位于神圣与世俗之间的较低位置。到了中世纪盛期的加洛林王朝，知识的编纂中出现了自由艺术与机械艺术的二元划分，这既打破了神圣知识从无形到有形的单向传递，又使建筑成为人类脆弱身体在俗世生活中的外在防御和物质保障，为他们在精神修炼的道路上提供物质支持。此外，从事建筑活动的工匠们运用了属于更高自由艺术的几何学，这一学科被视为连接神圣沉思艺术与世俗机械艺术之间的桥梁。

随着中世纪大学的建立,古代自然哲学和逻辑学文献从阿拉伯文被翻译成拉丁文,并与基督教义相融合。一方面,基于古代亚里士多德和托勒密的天文学,形成了封闭有序的同心圆宇宙体系;另一方面,逻辑学的引入神学研究,触发了古代异教学识与基督教真理之间的论争。将亚里士多德哲学融入基督教义的知识整合,导致了 14 世纪的智力危机,最终神学占据上风,并明确宣布哲学应服从于神学。随后,欧洲进入了"前早期时代"的 14 至 15 世纪,文艺复兴的萌芽悄然出现。中世纪晚期形成的宇宙运动的神学折中解释认为,宇宙的运动是由持存的人格化力量推动的。上帝无处不在的精神、超距作用的意志,以及非物质与人类精神之间的神秘联系,使得中世纪的哲学-神学宇宙结构不仅作用于物理世界,也构成了解释人类理智及其灵魂神性的宇宙心理学——大宇宙和小宇宙普遍关联的存在之链。值得注意的是,无论是亚里士多德的形式-质料说中物质与位置的关联,还是柏拉图的神圣造物主依照理念塑造物质的理念,都与基督教上帝无中生有、创造万物的教义相悖。基督教上帝无须任何原始物质或位置作为创世前提,而是从虚无中创造出所有物质和有序世界。这暗示了在物质充盈的有限世界之外,可能存在着与物质有限性截然不同的无限虚空——绝对非物质的精神虚空。这一虚空既是大宇宙与小宇宙之间神秘精神关联的基本假设,又是现代同质空间思想的根源。

在 17 世纪之前的现代科学奠基者中,他们普遍受到超越性神圣精神统治下的宇宙观影响。哥白尼在构建其日心说宇宙论时坚信宇宙是有限的。他并非经验论者,他的大地绕日运动的观点与人们的直观经验相悖。哥白尼的结论并非基于天文观测,而是超越了经验认知的毕达哥拉斯-柏拉图主义几何化和谐宇宙的形而上学假设。托马斯·迪格斯、乔尔丹诺·布鲁诺和库萨的尼古拉则更倾向于宇宙向精神性的无限敞开。早于哥白尼的日心说宇宙理论,阿尔伯蒂受到人文主义熏陶,深受佛罗伦萨艺术繁荣的启发。他在维特鲁威之后,通过几部理论著作,试图为绘画、雕塑和建筑争取接近自由艺术的知识地位。阿尔伯蒂的理论静观指向具有普遍价值的积极实践,既重视城市、宗教和建筑墙的道德象征,又基于欧几里得几何学和无限空间假设,为新型艺术家职业设置了单眼线性透视的图绘再现领域。他主要通过三个途径提升建筑的知识地位:首先,重新界定新型艺术家的知识方向和职业技能,提升建筑的知识地位;其次,区分并贬低工匠加工材料的中世纪职业认知,使建筑师以图绘为新技能成为建造活动的核心;最后,通过主张建筑师追求全体人类最高福祉的普适伦理,为新职业设置了更高尚、更普遍的伦理诉求。

16 世纪初,随着新权威的崛起,知识传播呈现出制度化和标准化的趋势。新型职业在寻求知识地位的提升过程中,自然倾向于扩大认同以巩固其合法性。建筑知识的快速传播和新型职业教育的需求,使得知识规范化成为官方关注的焦点。这些变化促使早期理论从追求知识思想性逐渐转向操作性方法,这些方法既易于传授又可直接应用于实践,并能作为评判标准。在这一过程中,图绘作为科学研究手段发挥了关键作用。阿尔伯蒂对建筑的开创性理解,为后续发展提供了重要论题。装饰与美作为古典主义的核心,分别体现在柱式和和谐数比两个方面。在装饰上,最为显著的成就是以图像化形式确立了“五柱式”的等级序列;在美学上,则构建了基于宇宙普遍和谐信条的建筑空间配置理论。值得注意的是,古典语汇的形成并非仅由最初的思想化诉求推动。新职业的技能培训需求、教会主导下的古代建筑规范化,以及显赫赞助人建立意识形态合法化的意图,都促进了古代建筑的规范化。同时,考古测绘的直接经验与维特鲁威权威文本的深度互动,为古典建筑语汇的形成提供了与现代科学经验主义共享的知识根源。五柱式体系在人体类比和考古测量的基础上逐渐规范化、制度化,甚至被温琴佐·斯卡莫齐绝对化为上帝直接传授、不可更改的神圣法则。文艺复兴时期对和声数比的研究可追溯至伯鲁乃列斯基,后经帕拉第奥结合当代音乐研究的最新成果,成为建筑内外空间布置的终极参照。受巴尔巴罗新柏拉图主义认识论的影响,帕拉第奥坚信建筑作为艺术,与科学的确定性真理密切相关。他认为,如果艺术是人类意志对科学不变真理的实现,那么建筑的科学化就是寻求建筑在数学上的内在一致性。帕拉第奥对和声数比的使用,不仅涵盖了音乐中可听见的和谐音程,也包含了非和谐但可算术表达的非和谐音程,这表明其基于和谐数比的建筑设计理论本质上追求的是宇宙中不可见的超越性普遍关联。

中世纪晚期基督教与哲学的双重真理论争,自 15 世纪起便围绕古典向心平面与巴西利卡式方形平面的调和问题展开,成为古典主义时期的核心议题。建筑知识化追求超越性真理的科学取向,使这一问题吸引了众多建筑理论家的关注。15 世纪对向心形与方形的调和多从建筑与人体关联的认识论出发,通过人体比例调节教堂东端集中式与长方形前殿之间的数比关系。在 16 世纪反宗教改革运动的背景下,如何在教堂建筑中融合运动与静止、变化与永恒、有限与无限的意象成为新的挑战。这要求超越 15 世纪古典建筑语汇在超感觉层面的明晰性,通过增加可体验的修辞手段来增强其说服力。因此,手法主义和巴洛克式的古典修辞应运而生。在巴洛克建筑中,无论是平面布置还是立面设计,我们都能找到更加静态、清晰、秩序化的古典元素。16世纪创造的椭圆形宗教集会空间,早于开普勒对行星运动椭圆轨迹的发现,其独特的几何性质为展现运动与力提供了保障。此外,波罗米尼和瓜里尼分别从复杂到简单和从简单到复杂两个截然不同的感知方向,体现了宗教教义中需要调和的变化与启示的超越性真理内涵。

5.4 普遍性的重建:从理性危机到社会功效伦理

17世纪,有机宇宙的解体与缺乏度量的相对性和虚无主义交织,引发了一场深刻的理性危机。当人类视角的有限性遭遇无限开放的宇宙时,我们难以通过确定的基本度量建立普遍理解,这极大地挫伤了理性的尊严。在这样的背景下,技术对于现实明确作用的功效,成为人类面对外部世界不确定性的合理慰藉。数学的精确性和工具化使用在科学革命中起到了举足轻重的作用。精确科学以数学为工具,全面重塑了欧洲人对宇宙——包括天、地、人、心——的一般认识,动摇了其质的关联性与普遍的精神性。现代自然科学的基本结构在17世纪得以确立,包括数学假说在自然中的应用、实验方法的运用、第一性和第二性的区分、空间的几何化,以及实在的机械论模型。在建筑领域,这一变革也尤为显著。建筑知识的超越性基石开始动摇,体现在和谐数比的相对化、柱式装饰在民族风洛可可中的相对化,以及英国自由式园林早期对自然与人工对立的追求,乃至后来园林体验中直接感性与历史反思的冲突。

17世纪末的法国"古今之争"中,生理科学家克劳德·佩罗结合笛卡儿的理性主义和培根的科学进步观念,将和谐数比归为相对的、武断的美范畴。这一观点遭到了建筑师弗朗索瓦·布隆代尔的强烈反对,他坚持认为和谐数比是建筑知识地位的基石,动摇其绝对的精神客观性将严重威胁建筑追求超越性真理的地位。两者围绕建筑绝对美与武断美的争论,体现了经验科学进步论与古典主义绝对论在真理观念上的深刻分歧。

到了18世纪中叶以前,尽管和谐数比和柱式装饰仍有众多支持者,但曾经作为精神与物质之间超越性知识担保的几何学,逐渐转向了操作性的实际取向。英国的罗伯特·莫里斯和巴蒂·兰利,在捍卫和谐数比的超越性同时,也将帕拉第奥的理论简化为操作性教条。法国的布里瑟于格站在布隆代尔的立场反对佩罗,并运用牛顿的色彩理论支持视知觉效果与和谐数比之间的关联,将其从普遍真理的层面转向心理学特定范畴。意大利的托马索·泰曼扎则与佩罗持相似观点,认为音乐和谐与建筑比例之间存在显著差异,和谐数比不再是基于宇宙普遍精神性关联的客观真理,而是被视为个人感知的主观方面,具有"神秘而非理性"的特征。

装饰主题的相对化在柱式问题上,既因实用性挑战被激进的外行评论家摒弃于建筑核心理念之外,又受到民族风洛可可和特别是哥特与中国幻想柱式的个人主义审美倾向的冲击。此外,英国在 18 世纪初兴起的自由式园林,初时承载着上帝天国乐园的超越性寓意,象征着人间理想政治制度的体现。随着英国与法国文化主导权的竞争,以及新自然观念和对中国园林政治的理想化想象,文人在新式园林中既探索了直接的自然体验,又寻求了历史风景画般的叙事性图像化表达。至 18 世纪下半叶,新式园林与自然景观难分伯仲,引发了钱伯斯与布朗之间的争议。钱伯斯不再视自然为真理与美的源泉,而主张通过人工改造以激发审美感受。这一争议亦映射出新古典主义理性秩序与如画景观浪漫主义之间的目标分歧。

17 世纪标志着有机整体宇宙漫长分崩离析的趋于完成,普遍焦虑促使人们寻求物质与意识层面的重新整合。科学革命始于哥白尼的日心说,经开普勒和伽利略的推进,最终在牛顿的综合体系中取代了中世纪晚期神学-形而上学宇宙论体系。伽利略划定自然科学的研究范围,将不可数学量化的主观感性排除在外,而笛卡儿的理性主义和洛克的经验主义则成为驳斥怀疑论、构建新世俗认知的基石。牛顿的机械论宇宙,基于其高度抽象的绝对时空观,虽与其经验主义主张相悖,却赋予了巴罗关于上帝在场、全能和持续存在的信念以数学实证科学的稳固合法性。万有引力在无限时空中的持续作用,彰显了上帝永恒且无处不在的统治力量。牛顿虽非彻底的机械论者,但与其先驱巴罗和波义耳一样,均将宗教神意作为绝对时空和实验科学的终极阐释。直至牛顿主义的通俗化版本中,上帝神意被剔除,世界机器才彻底成为遵循数学规律有序运动的机械系统。

民用建筑与美术学校的改革及扩张始于 18 世纪中叶。产业和经济意识在启蒙时代萌发,但真正将工程师理性确立为建筑师主导价值观的,是大革命后的教育制度。启蒙时代,理性与激情的权重和次序悬而未决。部雷和勒杜等建筑师虽意识到建筑语汇变革的必要性,但仍以感性认知为基础,未将实用性和工程效率置于建筑形式的首位。他们与社会契约论者和重农学派结盟,运用几何象征激发人们的普遍情感,回望先于社会存在的自然状态,重建基于自然法的人际关系。然而,大革命中理性与激情的激烈碰撞,使原本平衡的天平倾向一方。民众的无羁激情和罗伯斯庇尔理性的狂热,将观念之争转化为恐怖时期的暴政,思想交锋演变成肉体摧残。欧洲社会因此决心彻底分割理性与激情、自然与人类社会。美学与逻辑的区分、崇高与美的分离、材料测量和解析几何学的进步,均为19世纪的最终抉择奠定了基础。

由"主权在民"所驱动的社会组织方式的根本变革,为开辟新道路提供了坚实的制度基础。在这一背景下,以功利主义为导向的自由主义应运而生,它鼓励各国以进步为基石,推动更高效的社会变革,并制定了一系列经济和效率为主导的计划方案。这些变革促使建筑领域从道德伦理转向效率伦理,从自由意志的激情追求转向冷静的功利主义考量,从对美和崇高的追求转向高效经济的生产制造,从美学导向转向技术导向,并从历史相对主义走向更为包容的折中主义。简而言之,建筑认识至此才真正完成了从启蒙时代的科学理性向现代技术理性的转变。在这一转变过程中,使用、经济、效率、材料、结构、功能和准确计量等关键词成为建筑理论的核心。这些决定性转向的关键概念,早在18世纪已由原功能主义者们奠定了基本内涵。进入19世纪,迪朗的方法论为这些概念注入了新的活力,使经济和效率成为建筑活动中的主导价值,数学计量方法成为实现功利主义社会伦理的高效工具。美,这一曾经由人类主动而审慎创造的产物,转变为实现功效最大化的自然结果,装饰也需以材料和功能为前提。这一前工业时代即已形成的建筑基本价值的转变,在全球范围内的社会工业化生产进程中得到了进一步的强化和激化。它迫使建筑界必须面对方法与意义分离所带来的历史相对主义挑战,以及社会功效论导向的物质主义和消费主义所引发的结构性危机。这些问题最初由科学思想在建筑中引发,虽起源于西方,但随着世界体系的建立,不可避免地影响到了所有文明的现代化进程。中国亦不例外,我们与现代世界同步,在接纳其积极效用的同时,也需面对其内在悖论的挑战。